Concepts, Techniques and Cautionary Tales

Data Science Ethics

数据科学伦理

概念、技术和警世故事

David Martens

[比] 大卫·马滕斯 著

张玉亮 单娜娜 译

中国原子能出版社　中国科学技术出版社

·北　京·

Data Science Ethics: Concepts, Techniques, and Cautionary Tales, First Edition was originally published in English in 2022. This translation is published by arrangement with Oxford University Press. China Science and Technology Press Co., Ltd. is responsible for this translation from the original work and Oxford University Press shall have no liability for any errors, omissions or inaccuracies or ambiguities in such translation or for any losses caused by reliance thereon.
Simplified Chinese edition copyright © 2024 by China Science and Technology Press Co., Ltd.and China Atomic Energy Publishing&Media Company Limited.
北京市版权局著作权合同登记　图字：01-2023-1902。

图书在版编目（CIP）数据

数据科学伦理：概念、技术和警世故事 / （比）大卫·马滕斯（David Martens）著；张玉亮，单娜娜译 . — 北京：中国原子能出版社：中国科学技术出版社，2024.1
书名原文：Data Science Ethics：Concepts, Techniques and Cautionary Tales
ISBN 978-7-5221-2923-5

Ⅰ . ①数… Ⅱ . ①大… ②张… ③单… Ⅲ . ①科学哲学—伦理学究 Ⅳ . ① N02

中国国家版本馆 CIP 数据核字（2023）第 161595 号

策划编辑	杜凡如　王雪娇		责任编辑	付　凯	
封面设计	奇文云海·设计顾问		版式设计	蚂蚁设计	
责任校对	冯莲凤　焦　宁		责任印制	赵　明　李晓霖	

出　　版	中国原子能出版社　中国科学技术出版社
发　　行	中国原子能出版社　中国科学技术出版社有限公司发行部
地　　址	北京市海淀区中关村南大街 16 号
邮　　编	100081
发行电话	010-62173865
传　　真	010-62173081
网　　址	http://www.cspbooks.com.cn

开　　本	880mm×1230mm　1/32
字　　数	230 千字
印　　张	11.75
版　　次	2024 年 1 月第 1 版
印　　次	2024 年 1 月第 1 次印刷
印　　刷	北京盛通印刷股份有限公司
书　　号	ISBN 978-7-5221-2923-5
定　　价	89.00 元

前 言

关于本书

我开始在安特卫普大学（University of Antwerp）给研究生教授数据科学和伦理学课程的时候，觉得有必要编写一本能够指导此类课程的教材。我尤其想写一本既有益于商业专业的学生，又对计算机科学专业的学生有帮助的教材，因为数据伦理对两者均有重要意义。我认为该主题本身囊括了多学科内容，因此本书在关注概念的同时，也注重技术和警世故事。

谁适合读这本书？

此书谨献给希望了解数据科学伦理的读者，包括：

——商业专业学生和从事数据科学或管理数据驱动型企业的商业人士。在涉及数据科学时，各大部门、不同级别的管理人员需要能够提出恰当的问题、解释并质疑结果，并在此基础上做出正确的决定。随着伦理层面的重要性愈发凸显，商业人士因此需对此有个大体概念，了解有关数据科学伦理的技术和警世故事。这也是本书的目的：在开展数据科学研究时，本书能为读者提供指导和启发性建议，从而使他们做出正误判断。

——数据科学专业的学生和数据科学家。数据科学家不仅要在现有数据集上调用预先定义的数据库，还要在数据科学项目里的每一步都做出重要抉择，从数据收集到模型调度，概莫能外。本书旨在帮助有抱负的数据科学家了解技术选择与伦理之间的关系（既有好的方面，也有坏的方面），同时了解其工作的广泛社会影响力。

——对科技具有广泛兴趣的人。本书涉及的话题也是大众媒体经常讨论的话题。数据科学是当今时代最具影响力的技术创新之一，本书构思并总结了其关键概念和警世故事。

阅读本书需要掌握一定的数据科学的基础知识，因此，本书很适合当作数据科学硕士课程教材、商业分析硕士课程教材或任何包含数据科学入门的硕士课程教材。

序 言

基于人工智能、机器学习或其他数据科学技术的产品和服务所涉及的道德陷阱有哪些，你能毫不迟疑地说出来吗？

如果你做不到，那么这本书恰好适合你。

我在十多年前就认识了大卫·马滕斯（David Martens）。他是一位建树颇丰的学者，因数据科学研究而屡获殊荣，他也是一位经验丰富的实践者，曾建立多家基于数据科学的公司。不过他让我印象最深刻的是他培养了许多优秀的学生。看到他的学生一个个出类拔萃、卓有建树，我们有必要仔细看看这位教授的过人之处。大卫将其对数据科学的深刻理解和丰富的实践经验结合在一起，为学生和读者提供了一个健康而真实的视角，让他们真正了解数据科学最重要的精髓所在。

这种学术专业知识和实践经验的结合填补了一个重要的空白。

关于数据科学和伦理学的著作通常分为两大类。第一类是学术文章，主要是为其他学习者而写的。虽然我自己也写，但我一般不向开展实践活动的学生推荐学术性文章，因为这类文章很少包含直接的实践经验，社会从业者也常常看不懂这些文章。另一大类是大众媒体中关于数据科学和伦理学冲突碰撞的文章。然而，这些作品缺乏坚实的数据科学基础，往往只是为了哗众取宠，"干货"并不多。

大卫的书填补了这两类作品间的空白。本书将实际相关的例子与坚实的数据科学基础有机结合。我最喜欢的是本书中收集的现实世界的真实小故事，每个故事都生动阐述了商业（或政府）的道德问题。这些小故事揭示了各种道德陷阱。当我们将数据科学技术应用于我们的工作中时，应该注意避开这些陷阱。

有些故事我们已经听过，比如图像分类器将人标示为大猩猩；零售商根据数据预测，对可能怀孕的人设计销售策略；还有人别有用心地利用获得的数据，干扰人们的选举活动。然而，我们中有多少人仔细思考过这些案例所揭示的实际道德问题（这是我们应该做的）？

大卫为我们整理了这些问题，并启发我们更认真地思考这些问题。他充分利用现在广为人知的数据科学流程展开论述。数据科学实践包括：获取数据、（预）处理数据、分析数据、对数据进行建模、评估结果，然后使用模型或结果学习知识、支持论点或做决策。根据以上步骤将伦理问题分开论述，可以使原本令人生畏的一系列潜在伦理陷阱变得有章可循。

老实说，没有一本书能让我们成为专家。但我们也不能只是希望别人为我们解决问题。例如，我们的律师也许能够帮助我们处理法律和声誉问题，但恪守道德不是简单地遵守法律或维护名誉。我们都要成长，变成善做正确事情的好学生。

伟大的老师可以让学生一生受益无穷，而大卫老师便是这么一位伟大的老师。

福斯特·普罗沃斯特（Foster Provost）
2021 年于美国纽约

目 录

第 **1** 章

数据科学
伦理导读

1.1
数据科学（伦理）的兴起

> 这是最好的时代，也是最坏的时代；这是智慧的时代，也是愚蠢的时代。
>
> ——《双城记》，查尔斯·狄更斯（Charles Dickens），
>
> 写于 1859 年

2010 年，马克·扎克伯格（Mark Zuckerberg）被评为《时代》（*Time*）杂志年度风云人物。时年 26 岁的扎克伯格是脸书（Facebook，现更名为"元宇宙"）创始人，因创新信息交流方式而声名显赫。当时，扎克伯格对脸书的发展前景满怀希望："过去 5 年脸书处在快速发展阶段，而接下来的 5 年时间，脸书会被各大行业认可。他们会认为脸书本应如此，甚至会发展得更好。"接下来，让我们看看 2018 年 4 月发生的一件事。扎克伯格在美国国会听证会上回答有关英国数据分析公司剑桥分析（Cambridge Analytica）引发的问题。剑桥分析侵犯了约 8700 万脸书用户的数据，这些数据在未经用户的明确许可下

被外部公司获取。据报道，美国联邦交易委员会对此侵犯隐私的行为处罚了 50 亿美元。此外，该公司还面临着伦理道德问题，如在广告定向投放中歧视敏感群体，以及开展了一项情绪操纵研究。到 2021 年为止，脸书已经采取了诸多解决伦理问题的办法，包括设立独立的监督委员会，对脸书的内容策略发表政策咨询意见；开通公平流（Fairness Flow）、"隐私核对"、"我为什么会看到这篇帖子"等功能；耗资 750 万美元在慕尼黑创建独立的人工智能伦理研究中心，以此证明在 21 世纪数据科学伦理的重要性。

迄今为止，数据科学主要应用于积极方面：比如在危机管理方面预测恐怖袭击或者检测税务诈欺，或者在商业中增加盈利收入或降低成本。公民因数据科学享受着高效服务。然而，数据科学与其他技术一样，也造成了一些负面影响，比如隐私侵犯行为有增无减、数据行业给敏感群体带来歧视以及无法解释数据行业做出的决策。

伦理事关是非对错。本书主要探讨了与数据科学伦理相关的不同概念和能够解决或者引发伦理问题的数据科学技术，同时还讲述了有关数据科学伦理的重要性和具有潜在影响力的警世故事以供借鉴。

1.2
为何关注数据伦理？

数据科学家被誉为 21 世纪最具吸引力的职业，实际上也确实如此。数据科学家就像一名侦探，寻找解决实际问题的有趣模式；同时又像一名设计师，寻找创意十足的数据源、性能或使用案例；数据科学家还像一位摇滚明星，拥有众多对你神奇的工作充满敬畏的观众；数据科学家更像一个现代预言家，能够预测未来的结果。但最重要的是，这个职业会让你成为具有影响力的人，你的工作会影响商业基础，并帮助许多人做出决策。你拥有许多机会，但同时也意味着你身兼重任。数据科学家不仅要在现有数据集上调用预先定义库，还要在数据科学项目里的每一步都做出重要抉择，从数据收集到模型调度，概莫能外。

可以说，数据科学伦理对以数据科学实践为重要资产的企业管理者来说更为重要。麦肯锡（McKinsey）2011 年的一份报告估计，到 2018 年为止，仅美国就需增加 14 万至 19 万个深度分析师岗位以及增加 150 万名掌握数据知识的管理人员（现已有 250 万名）。尽管这些数字早已过时，但是 1∶10 的比例耐人寻味。这并非意味着每位数据科学家需有 10 名管理人员，相反，这意味着在涉及数据科学之际，各大部门、不同级别的管理人员需提出恰当的问题、解释、质疑结果，并在此基础上做出正确的决定。随着伦理层面的重要性愈发明显，商业人士需了解其相关概念，了解有关数据科学伦理的技术和警世故事。这也是本书的目的：在开展数据科学研究时，能为读者提供指导和启发性建议，帮助其做出正误判断。

数据科学家和管理人员并非天生缺乏职业道德，而是未曾受过相关培训。许多警世故事将阐述伦理层面的问题是如何迅速进入人们视野的。比如：微软的聊天机器人具有种族主义倾向，谷歌照片将一张黑人照片误认为是大猩猩，苹果信用卡无法及时回应对歧视女性的指控，亚马逊（Amazon）的预测性招聘系统对女性有明显的歧视以及与脸书数据有关的剑桥分析公司的溃败。这些事件足以说明，即使拥有强大的数据科学能力、杰出的数据科学家和商业人士，科技巨头公司同样也会面临伦理问题。

你可能会想，这有什么重要的呢，为什么要关注数据科学伦理？合乎伦理规范虽然早已成为一个人生目标，但它同样也具有社会和商业意义。首先，本书中有诸多案例表明，数据科学伦理会导致严重的声誉和金融风险。不仅大公司会面临声誉风险，初创企业和小型企业也应关注于此，因为他们更依赖新的数据科学产品和服务。一个公司如果处理不好伦理道德问题，那么其经济增长甚至业务往来均会受到影响，也可能在尽职调查期间或投资谈判中陷入困境。声誉风险容易引发金融风险。不合乎伦理的数据科学会给人们带来精神和身体伤害，而诉讼与和解也会导致严重的经济损失。

其次，注重数据科学伦理会带来实际效益。伦理思维有益于数据和数据科学模型的改良，可能会给我们带来更精准的预测，或者用户更易接受的数据科学模型。比如，本书第 4 章会涉及复杂的预测模型如何帮助我们探究模型出错的原因并且找到修复这些错误的方法等。除了改良的数据科学模型，伦理实践也是一种成功的营销工具，例如苹果公司越来越强调其产品的隐私性。因此，数据科学伦理可通过高收入、低成本、高利润来提高它的商业价值。

最后，当今社会期望企业领导和数据科学家均能承担伦理责任。数据主体、数据科学家和企业领导都很清楚数据科学的巨大作用。广大群众经常通过媒体获悉相关案例，包括与隐私相关以及对待某些敏感群体不公的真实数据科学案例。1995年到 2010 年间出生的一代人被称为 "Z 世代"，他们尤为关注社会正义和伦理道德，同时也格外重视企业承担的社会责任。在任意一家数据科学占据重要地位的企业中，数据科学伦理和企业社会责任占有同样的分量。

1.3
对错之分

伦理学和哲学皆是传统学科，伦理学的定义如下：

伦理：决定一个人的行为或进行一项活动的道德规范。

道德：与个人行为对错有关的准则和规范。

——摘自《牛津英语词典》（Oxford University Press）

许多著作都在讨论伦理道德行为的形成问题。亚里士多德（Aristotle）的《尼各马可伦理学》（*Nicomachean Ethic*）便是探讨伦理的重要哲学著作之一。亚里士多德认为学习伦理学可以提高我们的生活质量。我们接受正统的教育、选择正义的行为、培养优良的习惯，这些都有利于我们形成良好、稳定的性格（与意识有关，与习惯不同）。本着这种精神，本书旨在讲解伦理数据科学的内涵。如此，你就可以在必要时保持数据科学行为的公义性。

亚里士多德的另一见解是伦理道德行为即在两个极端（过度和不足）行为之间的平均值。在两个极端行为中找到一个适度的位置，你的行为就会合乎道德规范。此"中庸之道"是一个重要的概念，我们谈及伦理数据科学时也会倾向于此：在不使用任何数据（不足）和所有的应用都使用数据但不考虑隐私、歧视或透明度等问题（过度）之间找到平衡点才是正确的做法。

我们可以对伦理和法律进行一个颇为有趣的区分：法律告诉我们可以做什么，而伦理则告诉我们应该做什么。伦理回答了是非对错的问题。虽然数据科学的法律层面并不是本书的重点，但法律和伦理之间密不可分，伦理有时会上升到法律层面，而且法律思维和伦理思维会有所重叠。例如，欧洲联盟（欧盟）通过的《通用数据保护条例》（*General Data Protection Regulations*, *GDPR*）涵盖了许多与隐私相关的数据科学以及数据科学的可解释性（分别在本书第 2 章和第 4 章中讨论），而在本书的撰写过程中，欧盟甚至提出了一项关于人工智能信任方面的新法规。而今，数据科学领域的技术在飞速发展，立法方面也在不断更新。

如果没有法律的指引，我们怎么判断何为道德、何为善恶呢？在不足和过度之间，每个人和企业都将自行决定所处的位置，这将受到社会和客户如何评价数据科学伦理的影响。事实上，你既是客户又是社会的一员，所以你也在决定着对错之分，这进一步说明了伦理学的主观性。我们从歧视这个重要的伦理层面来进行阐述。数据科学本身就与歧视有关，比如：区别是否可能偿还贷款的申请借款人，区别忠实客户和可能会流失的客户，区别对我方产品感兴趣的人和对我方产品不感兴趣的人。然而是否符合伦理的一项指标是不歧视敏感群体，可是谁来区分敏感群体呢？通常，在涉及公平时需要考虑三个关键因素：种族、性别或宗教。因此，对这三个因素的歧视被认为是有失公平的。但事实并非只是如此，这还需取决于用途：比如在医学诊断中，种族和性别是重要的科研动机变量。

接下来让我们谈谈歧视在应用中的依赖性。这种依赖性具有敏感性，因时间和地区的变化而变化。例如，男女平等最近才被社会普遍接受。美国女性于 1920 年才普遍获得选举权。美国西点军校直到 1976 年才首次招收女学员。欧洲的妇女花了一个世纪的时间才首次拥有了投票权。例如，比利时女性在 1948 年获得了投票权，而摩尔多瓦也直到 1978 年才赋予女性投票权。同样，反对种族歧视并非一直被社会认可。1865 年，美国宪法第十三条修正案规定在全国范围内禁止奴隶制（其中奴隶主要是黑人），而 1870 年美国宪法第十五条修正案才正式赋予黑人投票权。

虽然现在我们大多认为这些是理所应当的权利，但将来我们也会被认为是时代的受害者。如此一来，就会出现两个敏感群体。第一个是我们认为可以歧视的人群，但是他们现在有多数人拥有的权利。比如老年人和低收入人群。年龄在营销和保险决策中起着重要作用，收入也是如此，针对 iPad 用户的定向投放广告就是一个简单的例子。也许未来我们会认为，把年龄和收入看作敏感因素令人无法接受。第二个是我们现在认为不值得拥有我们所有权利的群体，比如动物或机器人。图 1-1 表明近几年人们对素食主义的关注度呈上升趋势。照此趋势继续发展，我们的曾孙可能会谴责我们这些肉食者道德败坏。因此，我们要提醒自己，在看历史上和本书中的警世故事时，要保持温和的心态，因为这些故事往往是用我们新获得的伦理观点来阐述的。

图 1-1　谷歌统计的素食主义关注度的趋势图
（截至 20 世纪 20 年代早期）

区域因素也很重要，美国和欧洲法律的差别可以证明这一点。2018 年，麻省理工学院的一项调查研究了人们解决电车难题时做出的选择：一个司机在无法刹车的情况下，不得不撞死一个成年人或者一个婴儿，这名司机该如何选择？通过让数千人做出相关难题的回答，以及更换不同的选择对象（婴儿、儿童、猫、狗、老人、高管、无家可归者等），他们进行了一个伦理偏好排名。研究表明，就怜悯程度而言，儿童排名高于成年人，成年人排名高于老年人。有趣的是，犬类排名高于犯罪嫌疑人。这项研究还发现了重要的地区差异：与北美和欧洲等西方国家相比，日本和中国等地区对年轻人的排名要低得多。作者也同样发现，在拉丁美洲国家，人类的排名低于宠物。这充分显示出了在尊重老年人或动物方面各个地区的差异。欧洲各国、美国和中国不同的隐私条例表明，不同国家对个人和国家权利的尊重程度也不同。

由于伦理具有主观性，每个公司都有责任决定在公司日常工作中进行何种数据科学伦理实践。本书探讨了数据伦理的基本概念和技术以及需铭记于心的警世故事，目的在于帮助管理者和数据科学家做出正确的决策。

1.4
数据科学

术语容易让读者感到困惑，所以本部分对部分术语进行了解释，旨在帮助读者理解相关背景知识和重要概念。

数据：事实或信息，尤其是指用于查证或做决策时所检验、运用的事实或信息。

算法：在解决一个特定问题时需遵循的一组规则。

——摘自《牛津英语词典》

预测或人工智能模型：通过预测或人工智能算法从数据中学习的决策公式。

数据是构建所有数据科学的关键模块。算法可以应用于这些数据，以此来建立特定的数据科学模型。有人认为有些数据不合乎伦理规范，比如含有当事人不愿透漏的私人数据，或歧视敏感群体的数据。一个预测模型也可能会违背伦理，这种情况大多因为该预测模型建立在有伦理问题的数据基础之上。例如，一个利用个人信息进行预测的模型，或者预测模型歧视敏感群体。算法只不过是一套需遵循的规则或步骤，我们无法直接判断其是否合乎伦理道德（除非算法的开发者明确表明该算法涉及伦理层面）。试想一个应用于隐私数据的决策树算法做出一个涉及隐私问题的预测模型，这就与常见的关于数据质量的说法相一致：无用输入、无用输出。数据和由此产生的预测模型不合乎伦理，但因此称决策树算法也不合乎伦理似乎缺少充分的证据。克兰兹伯格总结的"六大科技定律"中的第一条也有类似的表达："技术没有好坏之分，但技术也不是中立的。"

我们需尤为关注以下几种类型的数据：首先是涉及个人隐私的个人数据，这一点很重要；同时还要多留心涉及隐私的敏感数据，此类数据同样也不应该用来歧视他人（在医疗诊断等多数情况下，此类数据可能会有所帮助）；最后一种是行为数据，由于我们在环游世界的过程中，处处留下了"数字面包屑"，行为数据越来越成为一种有用的数据源。

个人数据：与已识别或者可识别的自然人（资料当事人）有关的任何信息。可识别的自然人指根据标识符，例如姓名、识别号码、定位数据、网络识别符号，或与该个人生理、心理、基因、精神、经济、文化或社会身份相关的一个或多个因素可被直接或间接识别出的个体。

——摘自《通用数据保护条例》第四条

敏感数据：表明种族或民族起源、政治见解、宗教或哲学信仰或工会身份的数据；为了识别某一自然人，而对其基因数据、生物数据进行处理；以及与某一自然人的健康或性生活、性取向相关的数据，包含以上信息的个人数据不得泄露。

——摘自《通用数据保护条例》第九条

行为数据：个人行为的证据。

——徐茉莉（2017）

随着时代的发展，处理数据时用于算法和其应用程序领域的术语也层出不穷，比如数据科学、数据挖掘、人工智能、商业智能、分析学。

数据科学：研究并指导有原则地从数据中提取信息和知识的学科的统称。

数据挖掘：利用"数据科学"领域的技术从数据中提取知识和信息。

人工智能：随着时代的发展，根据智能代理的经验来提高其知识或性能的方法。

——福西特·普罗沃斯特（2013）

关于数据科学伦理的讨论大多以预测模型或监督学习为主，其中数据挖掘（或机器学习）技术用于发现数据中的模式，以预测模型的形式，预测一些目标变量的值。描述建模或无监督学习也将从数据中提取模式，但这些模式并非（明确地）用于预测，而是用于探索数据中的描述模式。目前，聚类和关联规则挖掘是较为普遍的描述性数据挖掘。虽然其重点是监督学习，但无监督学习可能也面临着同样的伦理问题。

人工智能一直被归为智能代理领域，计算机试图模仿人类的学习和解决问题等认知功能。显然，数据挖掘也属于其中一部分：计算机从数据中学习可解决特定问题的模式。最近，人工智能越来越受欢迎，这主要与深度学习有关。这些大型人工神经网络取得成功，主要归因于数据可用性不断增强、数据处理能力和方法的改进。深度学习主要在图像和语音识别方面取得了重大成就，有时甚至超过了人类取得的成果。此类模型面临的一个主要伦理问题是它们是典型的黑箱模型，无法解释做出某种预测的原因。人工智能常用于数据科学和数据挖掘。因为"数据科学"至关重要，所以本书的余下篇幅将主要使用此术语。但在讨论相同案例时也会使用"人工智能"（谁也不知道下一个流行词是什么）。此外，人工智能的某些领域已经超过了数据科学的范畴，比如通用人工智能和奇点。但是与这些领域相关的特定伦理可能并不会与我们未来的日常生活有太多密切的关系。

1.5
数据科学伦理平衡

本书中反复提到伦理思维不属于布尔逻辑体系，数据科学实践不能简单地被认定为合乎伦理还是违背伦理，它更多的是要平衡伦理考量和数据（科学）效用。有一种极端观点认为，人们既不会对数据科学伦理投入丝毫的时间和精力，也不会对它感兴趣；而另一种极端的观点认为，人们过于在乎数据科学伦理考量，所以不会使用任何数据。大多数据科学应用程序或多或少都会关注这两者。这与亚里士多德的观点有相似之处，他认为伦理美德通常是两个极端之间的某个平均水平。因此，不管怎么样，拒绝使用数据的极端行为也被认为是不合乎伦理的。

图 1-2 展示了伦理考量和数据效用之间的平衡。我们根据伦理考量的重要性和数据效用来决定数据科学实践。在很大程度上，两者之间的平衡与环境有关，也取决于其对人类和社会的潜在影响，以及这种影响的好坏程度。对此，我们可以参考以下问题：有多少有价值的数据可用？数据科学对公司的重要程度如何？我是否使用过个人资料？数据行业做出的决定对人们有影响吗？如果有，那么会对多少人产生影响呢？正如前面所提到的，伦理的重要性对个人而言具有主观性，它引导人们考虑以下问题：客户、我的股东或其他利益相关者是否关心与数据科学实践有关的伦理问题？企业总经理或数据科学家对此持什么看法？2021 年欧洲新出台了与人工智能有关的规定，采用了类似的以风险为基础的方法。例如，人们认为人工智能系统威胁人类安全，会带来巨大的风险，因此此类系统被明令禁止。高风险系统包括用于就业、执法或移民等具有严格义务要求的系统。这时，天平的支点向左倾斜，因此我们需要更严格的数据科学伦理实践。欧洲新出台的规定中，最后两个类别是

有限风险（如聊天机器人）和最小风险（如垃圾邮件过滤器）。

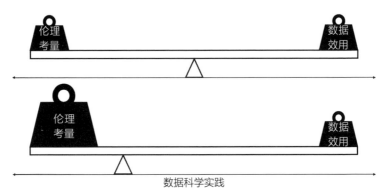

图 1-2　数据科学伦理的平衡状态

　　但是我们不能把问题想得太简单，因为一些企业根本不会担心这些问题，还称"人们不可能发现什么"。从这一角度来说，一家公司是否看重数据科学伦理与公司的价值观密切相关。如果一家公司不注重伦理思维、透明度，缺乏客户至上或引领行业的态度，那么此公司也不会重视数据科学伦理。数据科学实践受伦理平衡的影响：天平的支点越往左侧倾斜，则表示越需要本书中讨论的数据科学伦理实践，比如限制用于公共用途的数据、通过添加噪声或者概括性变量来移除信号、改变标签，消除对敏感群体的歧视、进行更多评价分析，并且将预测模型的空间限制在可理解的范围内等。

　　数据科学伦理平衡：受伦理考量和数据效用影响的一

种数据科学实践的状态。

以信用评分为例：银行使用数据科学建立一个可用于评估贷款申请者信用的预测模型。预测模型就会帮助银行判断是否同意贷款人的申请，而且银行拥有大量的个人数据和敏感数据，这些数据包括客户的收入以及其所有付款记录。在这种情况下，伦理考量是很重要的。这需要保护隐私，银行做出的贷款决定需向贷款人解释说明，并且不歧视敏感群体。与此同时，数据科学在银行业的成熟应用表明了数据科学效用的重要性。这是数据科学的一种平衡状态（类似于图1-2），这种状态下，预测模型通常不使用性别模型和传统的预测模型，并且伴有严格的保护隐私的政策。另一方面，也是对预测性维护（一种行业应用）方面的考虑，即数据科学会预测机器发生故障的时间，以便在故障发生前分派技术人员进行维护。预测性维护使用的数据通常与机器相关，如机器的温度、振动、运行时间等。这些数据无关伦理，但是却有极大的效用。如此一来，天平的支点便向右侧（不重视伦理考量的一侧）倾斜。现在我们可以考虑一点：维护机器人员的数据也会被获取，这些数据会有他们的姓名、性别、工作时间和国籍。这次强调的是伦理考量，因此随着数据科学伦理实践的变化，天平的支点会再次向左侧倾斜。

如果不考虑伦理平衡就会产生一定风险，导致失衡，如图

1–3 所示。我们并非不考虑伦理约束，只不过容易忽略它而已，但这可能延误未来的数据科学实践。深入了解伦理问题尽管并不容易，但这是本书的目标。伦理学需要讨论这种平衡行为，所以本书通过诸多讨论活动，以结构化形式锻炼你的伦理思维。此外，大多警世故事都是伦理失衡的案例。但需要明确的一点是，这些故事大多与当时前沿领域的技术创新有关。我们可能会在后来意识到这涉及伦理问题，但在当时并不容易察觉。

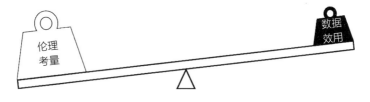

图 1-3　数据科学伦理不平衡的状态

尽管其他书籍已经阐述了数据科学的效用，但本书将重点探讨伦理概念及其对个人实践的重要性，而且还将讲解数据科学伦理技术。你可以用这些技术进行数据科学实践，以实现数据科学的效用和伦理之间的平衡。最后，我们不可能解决所有问题（本书的后几个章节将仔细阐述这一点）。例如，我们很难完全保证存储安全和通信安全，无法完美解释黑箱模型并对此做出评估，还有如何避免数据科学模型针对不同的、相互冲突的数据主体存在的歧视现象等问题。不切实际的要求可能会导致人们拒绝使用任何数据的极端情况。

1.6
数据科学伦理的 FAT 流程框架

主流媒体对警世故事的关注，以及大量的新兴技术研究——从解释预测模型的新方法到讨论自动驾驶汽车中是否包括伦理偏好等研究，都说明了人们愈发关注和认可伦理数据科学的重要性。本书将从以下三个角度对"FAT 流程框架"进行研究。

1. 数据科学过程阶段。

2. 评估准则。

3. 人类的角色。

框架的第一个方面包括数据科学项目的五个常见且相关的阶段：从数据收集到模型调度阶段。第二个方面重点研究社会中的三个属性：公平、责任和透明（FAT）。第三个方面探讨人类的四种角色（涉及讨论数据科学伦理时）：资料当事人、数据科学家、管理人员和模型主体（图 1-4）。此框架应用范围广，涵盖诸多已知的数据科学伦理的方方面面；它还极具灵活性，使用了新技术和新案例。与此同时，FAT 流程框架能为我们提供指导准则和警世故事，使我们能够从科学的角度对数据科学进行研究。

资料当事人

数据科学家

管理人员

模型主体

图 1-4　数据科学项目中的不同角色

目前，关于 FAT 流程框架的讨论尚未结束，任何一种框架或核查表都会很快过时（因此需要定期更新）：数据源、技术、应用程序和伦理考量都在不断地变化。相反，数据科学家和商业人士在数据科学项目伊始以及审查现有数据科学项目时，则可以将 FAT 流程框架作为通用的指导准则。

▮▮ 1.6.1　数据科学中的不同角色

马滕斯和普罗沃斯特说过，人类在数据科学过程中扮演了不同的角色。人们通常只考虑数据主体，虽然数据主体确实是关键角色之一，但也应考虑其他的角色：

1.资料当事人：其（个人）数据正在被使用的人。监管机构可以充当代理人的角色。

2. 管理人员：管理或签署数据科学项目的人。

3. 数据科学家：从事数据科学研究的人。

4. 模型主体：模型预测的对象。

我们可以通过分析一些数据型信用评分模型所做的决定来说明不同的角色（笔者将在第 4 章中详细讨论这个问题），也请参见表 1-1。这一模型能够预测贷款申请人是否能够偿还贷款，并由此决定是否同意借贷。

表 1-1 信用评分中不同角色可能会需要的解释说明

角色	信用评定角色	相关的解释说明
资料当事人	客户	我的数据是如何被使用的？
数据科学家	数据科学家	这个预测为什么是错误的？
管理人员	风险经理	模型是如何运作的？
模型主体	贷款申请人	为什么驳回了我的贷款申请？

首先，被驳回的申请人会想知道自己无法贷款的原因（尤其涉及法律要求时）。是因为收入太低吗？是因为抵押资产价值比太高吗？是信用记录有问题吗？是多种因素叠加造成的吗？但是仅凭解释一句"电脑系统显示无法贷款给您……"是远远不够的。其次，在使用信用评分模型前，管理人员需要了解其运行原理。就算某个不可理解的黑箱模型在超时测试集

（out-of-time test set）中是准确的，管理人员也不能只部署这个模型。对于管理人员而言，一个客户的贷款申请是否得到许可并不重要，重要的是模型的运作方式。再次，数据科学家则需要了解模型做出某些特定的错误决定的原因。是因为缺少足够针对此群体的数据吗？还是因为数据质量有问题？如果能知道这些问题的答案，数据科学模型会得到进一步发展和完善。最后，我们要注意的是，在本案例中，数据主体与贷款申请人不同：数据主体是以前申请过贷款的所有客户。银行通过这些人确定实际的目标变量：该客户是否已偿还贷款。模型（建立于先前贷款人的数据之上）对正在申请贷款的人进行信用评定。所以本例中的资料当事人，其实并不需要银行的解释说明，因为这无足轻重（除非使用的是资料当事人的数据，但是这种情况实属特殊）。

我们在考虑框架中的不同阶段和准则时，有些角色的重要性变得愈发明显，甚至有时会在要求进行信用评分解释时给予特别对待。

ul 1.6.2　FAT：公平、责任和透明

数据科学伦理的评定依据三个准则：公平准则、责任准则和透明准则。前两个准则用于评定伦理概念，比如隐私、歧视和可解释性。责任准则与这些概念的有效性和核查性有关。

"FTA"读起来不那么顺口，因此稍作调整以"FAT"来表示。接下来我们看一下每个准则的定义和解释。

公平准则包含两个重要概念：歧视和隐私。

公平（1）：平等待人，不偏袒、不歧视。
公平（2）：在某一特定情况下具备合理性，被普遍接受。

——摘自《牛津英语词典》

如上所述，这两个定义都太过笼统：许多数据科学模型的重点是区分群体：付款及时的人和付款延迟的人、流失的客户和忠实客户以及对我方产品感兴趣和不感兴趣的人等群体。同样地，"特定情况"也需详细说明。因此，我们将使用以下定义：

公平（1）：不歧视敏感群体。
公平（2）：对隐私进行可接受的处理。

除了公平的歧视面，还有公平的隐私面。合理使用个人数据需要尊重资料当事人的隐私。

隐私是公认的人权。联合国的《世界人权宣言》（1984）（*Universal Declaration of Human Rights*）规定："任何人的私生活、家庭、住宅和通信不得任意被干涉，他的荣誉和名誉不得被攻击。"《欧洲人权公约》(1953)(*European Convention on Human Rights*)关于隐私权的规定："每个人的私生活和家庭生活、住宅和通信都有受尊重的权利。"

从奥威尔(Orwell)的《一九八四》到欧盟通过的《通用数据保护条例》,关于隐私方面的书面资料一直数不胜数。但是隐私是什么呢?

隐私:不受他人观察或干扰的状态。

——摘自《牛津英语词典》

换句话说,公平也涉及用可接受的处理方式尊重他人隐私(不想受他人观察或干扰)。这也可能是不言而喻的事情,但是这并非布尔逻辑体系那么简单明了。有些应用涉及的范围更广:检测欺诈、破案或医疗诊断,与定向广告或音乐推荐相比,前三者通常要求更多的个人数据(当然仍受一些限制)。各地区对隐私的规定不尽相同,例如欧洲的《通用数据保护条例》对隐私有相对严格的规定。

透明准则可能是最重要的一个准则,因为它影响着责任准则和公平准则。尽管人们通常将透明准则应用于解释数据科学模型所做的决定,但实际上透明准则的使用范围不限于此,它适用于数据科学项目研究的所有阶段。

透明：很容易理解或检测。

——摘自《牛津英语词典》

主体不同，所要求的透明度也不尽相同：组织的管理人员会要求完全透明，而资料当事人不会获得此权利（以免泄露公司机密）。另一方面，数据科学家希望以前的模型工作中，所有的算法步骤完全透明；而管理人员则对正则化逻辑模型的正则化超参数进行交叉验证时所使用的超参数网格不太感兴趣。基于数据科学的过程和角色，接下来我们会讨论透明准则的标准以及实现途径。

透明度对公平和责任而言也至关重要。为了明确一个模型是否公平，数据的使用（隐私）或者对不同敏感群体的评定（歧视）一定要公开透明。正如我们所看到的，要实现数据科学进程和预测的透明公开，就要进一步改进数据科学模型：删除不必要的数据来源、消除使模型性能下降的数据偏差，或者可以解释错误分类，从而掌握改善数据质量或预测模型的方法。

透明准则的重要之处在于它可以解释数据科学模型对模型主体所做的决定。一些法律学者认为，欧洲《通用数据保护条例》中有"解释权"，其第十四条第二款（g）项规定，资料当事人不仅有权知道存在自动化决策、分析，也有权获得所涉及逻辑的有意义信息。欧盟《通用数据保护条例》的咨询机构第二十九条工作组[①]对"所涉及逻辑"这一概念做出了详细的解释。他们写道："数据控制者应以简洁易懂的方式，告诉资料当事人背后的理由或者所做决定的准则。《通用数据保护条例》要求数据控制者提供所涉及逻辑的有意义信息……所提供的信息应足够全面，以便资料当事人对所做决定的原因知情。"这并不需要企业将每个细节告知模型主体，因为这样做会泄露机密，甚至侵犯资料当事人的隐私。你使用的确切的数据科学技术是你"独家秘方"的一部分，正如你不一定要告知模型主体具体的预测分数一样，这也表明了透明准则也不像布尔逻辑体系一样规范，而是更加具有灵活性。

透明准则中的两个方面可以定义如下：

透明度（1）：数据科学进程的明确性。

透明度（2）：数据科学模型可以解释所做决定的能力。

第三个准则——责任，这可能是 FAT 评定准则中最难定义的一个准则，因为其概念宽泛，可用于不同的情境之中。

[①] 29 Working Party，简称 WP29，根据欧盟 1995 年数据保护指令 95/46/EC 第 29 条设立，提供关于数据保护的咨询意见。Directive 95/46/EC 被 GDPR 废止后，工作组及使用保留。——译者注

责任：被要求证明行为或决策的合理性、负责任。

——摘自《牛津英语词典》

马克·波文斯（Mark Bovens）在一篇关于公共责任的论文中谈到了"难以捉摸的责任概念"。数据保护工作组在一份关于责任意见书中指出："尽管难以在实践中定义责任的准确含义，但查尔斯·拉布（Charles Raab）在隐私保护方面谈到了这个概念，'责任问题……是高度复杂的，对组织和公众之间的关系有着深远的影响'。"

《通用数据保护条例》的文本文件和证明文件有助于我们理解"为什么我们需要责任"（见2010年关于责任原则的第3/2010号意见）：责任就是要从理论走向实践。但要指望一个公司履行责任，仅仅有政策是远远不够的。一个公司有诸多关于数据科学伦理的政策，这听起来可能非常令人敬佩而且印象深刻，但这些公司也有义务确保这些政策的实施。责任旨在加强公司及其员工的责任感，这让我们想到另一个定义。

负责的：即作为一个工作或者角色的一部分，有义务做某事，或者管理、照顾他人。

——摘自《牛津英语词典》

这种责任意义重大。一个人或公司必须为自己的行为（或未执行某些行为）向他人负责。这种责任由以下三部分组成。

责任：有义务①实施恰当有效的措施以确保遵守原则；②要求这些措施确实符合现有的政策和条例；③认识到不履行责任的潜在消极影响。

第一部分是关于采取恰当的措施，确保以既定的政策和相关规定进行数据科学项目。技术措施包括正确运用加密手段确保隐私安全，或者通常在实施过程中考虑所讨论的数据科学伦理技术。组织措施包括对此类事项的培训和监督等方面，我们将在第 6 章讨论与模型调度相关的伦理问题时探讨这些方面。

第二部分是关于要求这些措施得到有效落实，并且这些措施确实符合现有的政策和条例。从这方面来看，确保已经采取措施至关重要，并且需要说明采用的具体途径和相关训练以及监督和核查制度。换句话说，责任不是等待系统出现故障，而是要求公司根据相关要求证明其遵守了数据科学伦理。这种核查通常由公众的代理人进行，比如监督部门或审计代理人。

责任的第三部分是必须面对不履行责任带来的后果。出现问题时有人需要对此负责，这意味着要承担责任。经济方面的后果，一般是政府进行罚款或由法官判决进行赔偿，但是这可能带来更严重的后果，因为惩戒性影响或声誉影响也可能对公司不利。按照波文斯的观点，是否被制裁（不一定是实际实施制裁）对于评判公司是否在信息提供方面承担了责任有着重大影响。图 1-5 总结了责任的三个组成部分。

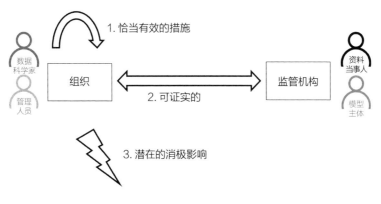

图 1-5　责任的三个部分

公司的财务会计和股东之间也可以建立一个有趣的联系。年度报告记录了公司一年的"账目"或历程，也对公司的成功和失败的案例以及其目标和策略进行了总结。根据公司的规模和类型，经独立审计后的报告符合某些种类的会计准则和惯例。上市公司的股东也可以向公司提出质疑，并要求赔偿。当然，不当行为也可能带来非常明显的负面后果。

1.6.3　数据科学伦理的 FAT 流程框架

FAT 流程框架为数据科学项目提供了参考依据。这三个

维度足以覆盖所有当前和未来的数据科学伦理的层面。图 1-6
所示框架基于以下三个维度建立：①数据科学项目所处的阶
段，②FAT 评定准则，③不同角色的参与。图 1-7 总结了在
数据科学项目的不同阶段，书中涉及的公平和透明的概念。公
司应在部署阶段考虑部分责任问题，并要求真正执行有效明显
的措施，其中包括与公平和透明有关的概念和技术。

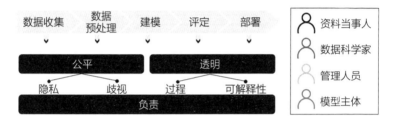

图 1-6　数据科学伦理的 FAT 流程框架

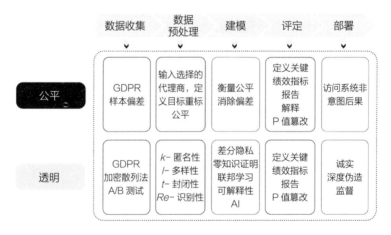

图 1-7　FAT 流程框架中的公平和透明概念

我们需要强调的是该框架并没有对应用于何种伦理的概念和技术给出"明确"的答案。这三个 FAT 准则均有一系列的应对措施。其中可能涉及一些法律要求，从而构成必要条件。公司解决不同问题的能力取决于其业务和数据情况：与一个拥有专业的数据科学和法律团队的大型跨国企业相比，一个小型初创企业可采取的措施少之又少。同样，数据的规模、风险和敏感度也起着一定作用。

伦理数据收集

公平准则

数据收集过程是建立数据科学伦理的 FAT 流程框架的第一个重要阶段。从隐私角度和歧视敏感群体的角度来看，这个阶段需要公平对待资料当事人和模型主体。有一点需要注意，在这种情况下，资料当事人和模型主体的角色可以不一样，因为在数据收集过程中，可以对每个人使用不同的数据。我们再回到信用评分的案例，银行会保留曾经成功申请到贷款的客户数据，从而建立信用评分模型。该模型的目标变量是：这个客户是否偿还了贷款？他们在开始贷款时成为银行客户（假设他们之前并非银行客户），并签署一份合同，合同内容涉及哪些数据被使用、目的是什么、数据会被存储多长时间等。另一方面，贷款申请里也有许多尚未成为银行客户的人。他们只是提供自己的详细资料（收入、年龄以及职业等）以便进行评分，并获得贷款或利率。但是，这些个人数据只是用于给申请人评分，还是会被保留下来以便建立其他的数据科学模型？如果是后者，获得当事人的同意便至关重要。公平不应该只包括隐私，也应该考虑对敏感群体的公平性，以免降低以后对敏感群体的预测效果。

以下问题需要重点考虑：

● 公平对待**资料当事人和模型主体性**：在收集资料当事人和模型主体的数据时，是否尊重了他们的隐私？

● 公平对待**模型主体**：对所有的敏感群体来说，样本是否充足？

责任准则要求采取恰当有效的措施，从而与上一段问题的答案保持一致，如数据最小化、投诉和整改处理程序以及知情同意等问题。

透明准则

保持数据收集过程的透明度时也需考虑资料当事人和模型主体的隐私。这包括知情同意权：资料当事人和模型主体对数据收集是否知情？组织是否提供知情同意书？数据收集也应透明公开：数据收集的目的和持续时间有多长？A/B 测试是用于收集所有模型主体数据的专用设置。作为实验当中的一部分，模型主体具有敏感性，他们会要求数据透明。假设你的自来水公司正在测试一种会让人感到极为不适的物质（这个案例可能有些牵强）。他们正在进行 A/B 测试：其中一半客户收到的水不含此类物质，另一半收到的水含有此类有害物质。一年后，你发现自己属于第二组。你会有什么感觉？你认为自来水公司应该通知你吗？你可能会觉得难以置信，但是如果这个实验是在网上进行，而且是以更加隐秘的方式进行的呢？例如仅将过滤后的信息呈现给你呢？A/B 测试具有普遍性，需要让模型主体意识到他们是测试的一部分，尤其是这一实验会对测试对象产生重要影响的情况下。当然，这并不意味着你需要告诉他们，他们属于哪一组。

　　数据科学家和管理人员也会要求数据透明，他们需要知道数据的收集方法。数据科学家要了解数据收集过程以确保数据的质量，从而有效地进行数据预处理和建模，而对此进行复检确认的管理人员需要了解整个过程。

- 对**资料当事人**和**模型主体**公开**透明**：使用的是哪种数据？用于什么目的？持续时间多久？

- 对**模型主体**公开**透明**：用户清楚自己是 A/B 测试中的

受试对象吗？会收到知情同意书吗？

● 对**数据科学家**公开**透明**：数据的收集方法是什么？是否考虑过对某些特定群体过度采样或有采样不足问题？

● 对**管理人员**公开**透明**：数据的收集方法是什么？

伦理数据预处理

公平准则

假设有这样一种观点：穿大码鞋子的人寿命短。让我们好好想想，然后找一下其中的原因。或许是因为他们需要在鞋子上花更多时间？还是因为他们容易跌倒呢？一种可能的解释是男人比女人的鞋码大，而男人的寿命却比女人的寿命短。但这个相关性的例子并不意味着因果关系，也表明了相关变量的问题。

不包括种族等敏感变量，并不一定意味着你不歧视种族敏感群体。任何与种族密切相关的变量都会引发歧视。如果银行的信用评分过程不允许使用性别变量，那么会允许使用鞋码变量吗？一个银行的工作人员可能不会问你的鞋码（小心会这样问的工作人员），但会问你的家庭地址，地址可能代表种族。在过去，银行一般会驳回一些种族社区居民的贷款申请，这种做法被称为"歧视"，我们将在本书第4章详细讨论这个问题。

公平准则除了涉及特征维度（关于歧视），还与实例维度（关于隐私）有关。当你声称对数据进行隐匿处理时，你能确保外人无法识别这些数据吗？对数据进行隐匿处理可能会对你有所帮助，因为你可以继续对其使用聚合分析法，或处理不包括任何个人信息的细粒度数据。后者的用案也便于提供可用的数据集来促进学术研究，这通常通过卡歌网（Kaggle）等系统来实现。然而，正如我们将要看到的，假名化（消除个人标识符）和匿名化（个人不能获取数据集中的任何信息）之间还是有差别的。

2006 年，美国在线（AOL）公布了一组搜索查询的数据集，为我们展现了用户的搜索记录。这组数据集已经进行了用户匿名化处理［消除网际互联协议（IP）地址和用户姓名，也为每个用户随机生成用户身份证明（ID）等］。然而，有些用户依然能够被识别出来（包括一名 62 岁的寡妇），而且有些查询词条令人相当担忧，比如如何杀死你的妻子。本书的第 3 章会详细阐述本案例以及类似的奈飞公司（Netflix）数据集和思想实验。

数据预处理的第三个伦理问题是如何定义目标变量。定义一笔贷款什么时候算违约并没有那么简单：当某人拖欠一次还款时，这算违约吗？如果他拖欠两次呢？如果这个人在度假，忘记转账，或者忘记确保账户上有足够的资金，这时该怎么办?《巴塞尔协议Ⅱ》(*Basel II Accords*)规定将贷款人连续三次未还款的情况视为违约。现在让我们以一个人力资源分析应用程序为例,我们要使用这个应用程序预测雇佣哪个求职者。我们可以利用历史数据集建立一个预测"成功聘用"的数据挖掘模型。但是如何定义"成功聘用的员工"呢?是在公司工作了至少五年的员工吗?还是晋升到管理层的员工?或者只是过去雇佣过的员工?所有这些都可能引发伦理问题:如果该公司对女性担任此类职位有偏见,模型也会有此类偏见。如果女性员工在公司的第一年休了产假,这是"成功聘用"吗?

● 公平对待**资料当事人**和**模型主体**:如果匿名化保存数据,数据能否避免去识别化?敏感信息是否会泄露?

● 公平对待**资料当事人**和**模型主体**:纳入的变量是否不是敏感群体?也不是歧视敏感群体的相关代理人?

● 公平对待**资料当事人**和**模型主体**:是否以不歧视敏感群体的方式定义目标变量?

透明准则

数据预处理阶段的透明度涉及关于上述实例、输入变量和目标变量的公开交流。如果以假名化而不是匿名化的方式处理数据，资料当事人和模型主体是否知道他们的数据仍然被存留？如果以匿名化的方式处理数据，是否真的可以确保数据是真正被匿名化处理？同样，输入选择的步骤也应做好详细记录，有利于（日后的）数据科学家和管理人员能够清楚地明白这个过程，以确保他们能够理解消除（或保留）变量潜在的伦理动机的原因。最后，所有人均应知悉目标变量的定义，确保每个人对其定义以及对影响变量的现实因素无异议。

● 对**资料当事人**和**模型主体**公开透明：如果只将数据进行假名化处理，那么资料当事人是否需要知情？

● 对**资料当事人**和**模型主体**公开透明：对数据进行匿名化处理的过程是什么样的？匿名化的衡量标准是什么？

● 对**资料当事人**和**模型主体**公开透明：什么类型的数据被用作输入变量？输入变量与敏感变量有关吗？

● 对**数据科学家**和**管理人员**公开透明：如何界定目标变量是什么？这种测量方法有何现实意义？

建立伦理模型

公平准则

数据科学建模可以纳入隐私方面。假设数据科学家需要从几个数据提供者收集的数据集中构建各种预测模型。第一，你不需要有关资料当事人的个人资料，因为这些资料不会成为输入集的一部分。资料当事人的姓名、确切的出生日期或社会保障号码与你的行为无关（或不应该有关）。换句话说，个人身份信息应该受到保护并隐藏起来。第二，我们不应使用数据集对敏感变量进行预测。即使数据集并未直接包含有关政治倾向的信息，这些信息也可以很容易被数据集预测出来。关于脸书数据的例子能充分说明这一点。在这种情况下，我们应防范不当的建模模式。当然，与此同时，你希望拥有运行良好的预测模型。因此，你不应该在建模的过程中抛弃或降级使用与你的业务实例相关的重要模式。当来自多渠道的数据库信息被共享，或者当数据被公布给广大公众时，这就成为一个更严重的实际问题。

在建模阶段，模型含有特定的伦理偏好。这样做的主要原因是数据并不会充分反映预期的结果，这在期望对特定群体采取积极歧视（positive discrimination），或者在解决罕见情况时可能会有所帮助。一个预测如何驾驶的数据科学模型或许也需要在某些时候能够做出判断决定要撞老人还是孕妇。伦理讨论中应明确其偏好。然而，数据不会反映或者很少会反映这些低频率事件。我们将在本书的第 4 章中使用麻省理工的"道德机器"研究方法，并将其与广泛研究的"电车难题"联系起来，讨论是否应该以及如何包含此类伦理偏好。

● 对**资料当事人**和**模型主体公平**：是否保护不相关的个人身份信息？

● 对**资料当事人**和**模型主体公平**：可以不从数据中获取敏感属性吗？

● 对**资料当事人**和**模型主体公平**：模型中含有伦理偏好吗？

透明准则

数据科学家可以使用的建模技术数不胜数，从经典耐用的逻辑到先进的深度学习算法技术，应有尽有。这些算法的一个不同之处在于它们生成的模型有不同的可理解性。我们通常谈论白箱模型和黑箱模型。通常情况下，可理解性是一种连续测量标准，其中，规则模型或树型模型是非常容易理解的，而非线性技术则颇有难度，不易理解。因此，输入数量（或正则化）和算法类型的选择均对模型的透明度有着重要影响。这与决策实际生成的解释密切相关，通常被称为可解释的人工智能的一部分。

● 对**数据科学家**和**管理人员透明**：数据科学模型是否是可理解或可解释的？

📊 1.6.4　评估伦理模型

公平准则

在评估阶段，数据科学模型根据上述与隐私和歧视敏感群体有关的公平准则进行评估。在本书第 5 章中，我们将回顾一系列检测模型尊重隐私程度的技术。

在我们决定模型是否会歧视敏感群体时，我们发现了一个自相矛盾之处——模型需要敏感属性。评估一个模型是否具有种族歧视，需要评估种族变量对预测的影响。如果可行，可以使用几种评估公平性的技术。但如果我们没有敏感变量，我们就会陷入困境。

- **公平**对待**模型主体**：需要使用或预测多少私人信息？
- **公平**对待**模型主体**：模型没有歧视敏感群体吗？

透明准则

在评估模型时，透明准则的作用非常重要。它的第一个作用可以正确评估模型。这一点至关重要，甚至对伦理有影响。不同的性能指标会对模型做出不同的决定。以预测股价为例：90% 的准确性会引发质疑。简单来说，模型仅仅在股市每天上涨的十天之内做出评估，就算一直预测上涨也不会出错。那这是一个运行良好的模型吗？并非如此。一名优秀的数据科学家也不会犯这样的错误。但准确度的直观性有时会使我们得到这种"简单"的准确率指标，即使这一指标并不合适。

- 对**管理人员**公开**透明**：是否有恰当的预测性能指标？
- 对**管理人员**、**数据科学家**和**模型主体**公开**透明**：是否正确解释结果？

伦理模型调度

公平准则

在部署数据科学系统时，有时需要决定谁有权访问数据科学模型。你需要评定谁呢？银行通常仅对有信用记录或至少有一个存款账户的人进行信用评分。了解何人拥有系统访问权事关重大。审查便是一个对你的数据科学系统进行访问限制的具体案例。本书第6章将以一家大零售连锁店预测怀孕为例，说明不向每个人提供数据科学系统访问权的情况。最后，仅通过显示模型主体的信息和他们可能感兴趣的新闻而创建的过滤气泡，说明了他们并非仅仅依靠数据科学系统进行决策。

- **公平**对待**模型主体**：你是谁？你是否有权限访问数据

科学系统？

● **公平**对待**模型主体**：访问是否有可能被驳回？被驳回的概率有多大？

透明准则

系统在当初设计时和后期运行时的表现可能差距很大。正如"非预期后果"的定义所言，非预期后果具有非预期性，尽管在设计的过程中已经设想过了。微软开发的人工智能聊天机器人 Tay 发表了一些关于种族主义的推文，这表明它在模型调度时并未预见这类问题将会产生的重大影响。所以，我们应清楚可能出现什么样的非预期后果以及如何消除其产生的影响。

通过数据科学模型误导人类是一种违背伦理的行为。深度伪造技术（DeepFake）就是一种基于深度学习的含误导性的技术，拍摄看似真实但是却虚假的视频。在传播虚假视频时也必须遵循透明准则。

● 对**模型主体**公开**透明**：你有考虑过产生消极的非预期后果的可能性吗？

● 对**模型主体**公开**透明**：你的数据科学模型会误导他人吗？

1.7
本章总结

在数据科学实践中，数据科学伦理是用于指导人们分辨是非对错的准则。合乎伦理的标准也随着时间、应用程度甚至地区等因素而不断变化。每个企业和个人均需衡量伦理考量的重要性和数据实用程序的效用。两者各自的权重有助于数据科学伦理达到平衡，从而进行正确的数据科学实践。本章介绍了数据科学伦理的重要概念以及 FAT 流程框架（这个框架构建了本书的主要内容）。接下来在第 2 章我们将讨论 FAT 流程框架的第一个阶段：数据收集。

第2章

伦理数据的
收集

珍妮（Jenny）是一家音乐活动开发应用程序的创始人。该应用程序有一个登录模块，用户可以通过其脸书个人信息登录。该应用程序通过借助用户的姓名、电子邮件地址和脸书点赞来提供更好的用户体验，并推荐其他音乐活动。珍妮意识到，她收集的应用程序用户的数据可以在其他地方发挥巨大的价值，于是她要求产品经理去寻找其他的商业机遇。产品经理给出了几种设想：

第一，脸书点赞的数据将有助于预测人们对产品的兴趣，从而帮助公司有针对性地进行定向网络广告宣传。在与一家广告技术公司讨论后，他们提议购买这些数据。第二，音乐制作人也对购买这些数据十分感兴趣，因为他们想知道人们听其已授权的音乐的频率和时长。为了实现这一想法，制作方要求应用程序时刻开着麦克风，以检测是否有任何他们授权的音乐正在播放。第三，音乐活动推广者对这些信息也很感兴趣：通过存储安装了应用程序的移动设备经常访问的 IP 地址，并将这些地址映射到相应的纬度、经度坐标，可以帮助他们日后结交新朋友。珍妮喜欢这些想法，因为这一商业案例表明，它会有利其公司的快速发展。但当珍妮向董事会提出她的想法时却受到严厉的批评。一位投资者公开质疑她领导一家与数据科学相关的初创企业的能力，并威胁要解雇她。正如你所想的那样，珍妮的这个案例涉及用户的隐私问题。本章将从详述隐私的重要性开始，并探讨欧盟通过的《通用数据保护条例》中的一些概念，这些概念可以指导我们进行伦理数据收集。除了这些概念，我们还将介绍一些隐私保护技术，如加密、模糊处理和差分隐私，这些技术着眼于保持隐私与个人数据的收集和存储之间的平衡。有偏差的数据科学模型通常是由所收集的数据的偏差造成的，我们将用几个警世故事来分析这些模型的问题。另一种重视伦理的数据收集实践是人体实验。我们会结合一定的历史背景讨论这个问题以及在线实验中经常出现的伦理问题。

2.1
隐私权属于人权

📊 2.1.1　隐私的重要性

在谈及数据科学伦理时，隐私可能是第一个被提及的话题。这种不被监视或干扰的权利，在我们当前的信息时代扮演着重要角色。在你的生活中，你会发送大量个人信息。当你用会员卡在超市购物时，你的名字和你买的东西会被传输到某个服务器。当你用手机在线浏览时，你的移动 ID、IP 地址以及可能的纬度、经度坐标，将被发送到多个服务器。当你使用互联网时，你每访问一个网页、点赞一个帖子、支付一笔费用或观看一部电影，你的个人信息也会随之被发送出去。不仅你的名字、地址和电子邮件地址会被发送，你的个人身份识别号码（PIN code）和信用卡号码也难逃此命运。这些交易本身是私人的，但它们却可以用来准确地预测你的政治偏好、消费兴趣甚至性格特征。因此，这些信息应该只有与你进行交易的特定个体才能看到和使用，而且你对其使用的目的并无异议。

在电视剧《硅谷》（*Silicon Valley*）"面部识别"一集中，首席运营官贾里德（Jared）在接受彭博电视台（Bloomberg）采访时提到了 1894 年的肥料危机：

贾里德：你肯定知道 1894 年的伦敦马粪大危机。

艾米丽·张：很抱歉我不太清楚。

贾里德：19 世纪 90 年代，工业革命致使人们拥向城市，人越多马匹就越多，马粪也随之增多。据预测，到 20 世纪中期，将有 9 英尺（1 英尺 ≈ 30.48 厘米）的粪肥覆盖街道。但没有人预见到的是，一项新技术将彻底消除这些担忧——汽车。一夜之间，马粪问题消失了。而现在的互联网，正如我们所知，充斥着身份盗窃、垃圾邮件和黑客攻击。所以，这算是另一种意义上的"马粪"……

这些"马粪"都与侵犯隐私有关。贾里德继续解释说，"他们的'去中心化互联网'技术，和汽车一样重要"。在现实世界中，还有其他解决"马粪问题"的方法，我们将在本书中对其进行探讨：比如了解隐私的重要性及其含义，欧盟通过的《通用数据保护条例》等类似的法律以及促进隐私保护的技术。

不少国际公约规定隐私权是一项人权，例如1953年的《欧洲人权公约》第八条：

1. 每个人的私人和家庭生活、住址及通信都有权受到尊重。

2. 政府当局不得干涉公民这一权利的行使，但符合法律而且是民主社会为维护国家安全、公共安全或国家经济利益，为防止混乱或犯罪，为保护健康或道德，或为保护他人的权利和自由所采取的行为除外。

联合国1984年《世界人权宣言》第十二条指出：

任何人的隐私、家庭、住宅或通信不得受到任意干涉，其荣誉和名誉不得受到攻击。每个人都有权受到法律保护，不受这种干涉或攻击。

与这一基本人权相关的一个著名的法律案件是 2013 年发生的编辑拉蒙·扎哈罗夫（Ramon Zaharov）控诉俄罗斯案。1995 年俄罗斯安装了 SORM 系统（行动调查活动系统），该系统允许在俄罗斯境内拦截电话通信，并要求电信供应商安装监控硬件。扎哈罗夫声称，该系统侵犯了他的隐私权，并且他没有任何有效的补救措施。之后俄罗斯法院驳回了扎哈罗夫的案件，因为扎哈罗夫无法证明自己被窃听。欧洲法院开始受理此案，裁定有迹象表明"存在任意和滥用的监控行为，这似乎是法律提供的保障不足造成的"，并进一步裁定，由于这些缺陷，"最高法院认为俄罗斯法律……无法对民主社会必要行为进行干预。"因此，这违反了《欧洲人权公约》第八条。

不仅政府可能会滥用监控权力，有能力获取大量个人数据的大公司（甚至小公司）可能也会让用户面临这种风险。剑桥分析公司提供了一个例子。据报道，这家政治咨询公司在未经允许的情况下，从脸书上收集了超过 8000 万用户的私人信息，然后用于（有针对性的）政治广告。这些用户的公共资料、页面点赞、生日和当前所在城市，可能都被剑桥分析公司获取。这些数据是通过一款名为"这是你的数字生活"的应用程序获取的，该应用程序是由一名学术研究人员开发的。数十万用户接受了一项性格测试，并提供了他们的脸书个人资料。当用户上传数据时，其脸书好友的数据也会被发送到网上。收集到的资料被用于几次竞选活动，主要是美国和英国的竞选。尽管脸书平台的政策不允许这些数据被出售或用于广告（只是为了改善应用程序的用户体验），但依然造成了严重的后果。脸书删除了这款应用程序，暂停了剑桥分析公司的业务，并要求其提供数据已被销毁的证明。尽管脸书证实"数据已被销毁"，但据报道，数据的副本仍然超出了脸书的控制范围。

📶 2.1.2　你没有任何隐私可言，习惯了就好

现在有些人可能会想，那又怎样？我为什么要关心这些？就像太阳微系统公司首席执行官斯科特·麦克尼利（Scott McNealy）在 1999 年所说的那句名言："你没有任何隐私可言，习惯了就好。"这句话是在第一代 iPhone 发布 8 年多以前说的，但至今仍能引发人们热议。当我让我的商科学生在"隐私权是一种人权"和"你没有任何隐私可言，习惯了就好"之间投票时，一些人仍然选择后者。一个常见的理由是：我不在乎隐私，因为我没什么好隐瞒的。下面让我们深入探讨一下这个观点。

是他们光明磊落，谁也不想瞒吗？我相信学生们的意思是他们不介意谷歌或脸书这样的公司获取他们的数据。但即便如此，他们肯定也会对其父母、（前）伴侣、大学老师隐瞒一些事情：他们继承了多少钱；如果有的话，他们曾有过什么邪恶卑鄙的想法；他们的身体长什么样；和谁以及多久发生

一次性关系；他们这些年发过的短信等。当问及学生是否愿意向他们的伴侣（更不用说其他同学了）提供所有在脸书或WhatsApp上发送过的信息时，很少有人给出肯定的回答。你认为把你所有的信息都给你的老板或同事看会怎么样？或者更夸张一点：把所有文本放在一个公共网站上，对所有人开放又会怎么样？你的房子（包括你的浴室和厕所）也可以安装一个网络摄像头，能在同一个网站上实时直播吗？当然不行。即使你不介意，只要是有理性的人都会认可：大多数人希望这些数据保持隐私。分享所有的网络浏览历史可能带来灾难性后果，《南方公园》中关于"柯林斯堡"那一集中就用幽默的方式证明了这一点。

　　"没什么好隐瞒"的论调使政府更加有理由对人们进行监控。这与法律条例背道而驰。联合国《世界人权宣言》第十一条规定，无罪推定仍然是一项国际人权法律原则。最初的拉丁语表达是："ei incumbit probatio qui dicit, non qui negat"，翻译过来就是："证明的责任在宣布这件事的人身上，而不是否认的人身上。"爱德华·斯诺登（Edard Snoden）是这样描述的："因为你没什么可隐瞒的，而说你不关心隐私权，与因为你没什么可说而说你不关心言论自由没什么两样。"恐怖主义或其他暴力犯罪等可怕的事件发生后，人们往往要求加强监控。隐私和安全之间的取舍很难界定，这是一个涉及文化和区域的问题。然而，监控对人权的当下及其长期影响的确值得深思，这一点我们将在本章（政府设"后门"）中重新深入探讨。

人脸识别软件已经成为涉及隐私问题的一项重要技术。尽管这种通过图像或视频识别人的技术已经存在多年，但随着检测算法的速度和准确性的提高以及手机认证等应用程序使用频率的增加，在面对大规模监控的威胁时，人脸识别已成为一项重要的数据科学技术。这一问题将在本书第 3 章中进一步探讨。

那么，哪些措施能够有效地保护隐私呢？我们又应该掌握哪些概念和知识？尽管这个涉及伦理道德的问题已经超出了法律的层面，但欧盟通过的《通用数据保护条例》等法规，可以为解决这些开放性问题指明方向。

2.2
条 例

2.2.1 《通用数据保护条例》

《通用数据保护条例》是 2018 年 5 月 25 日生效的一项欧洲法律，这个条例涵盖了欧洲公民的隐私和数据保护等方面的内容。此外，处理欧洲公民数据的非欧洲公司也必须遵守这一规定。该法规的目标是使欧洲法律在处理个人数据方面与时俱进，并使欧洲国家的法律协调一致。一些人认为《通用数据保护条例》是世界上非常强大的数据保护规则之一，其中包括高达 2000 万欧元或公司营业额 4% 的罚款。即使你不受《通用数据保护条例》监管，它也能为数据科学伦理提供诸多新颖有趣的概念和指导原则。

数据保护的概念

我们要研究的第一个概念是：什么是个人数据以及什么时候数据被匿名化?《通用数据保护条例》对个人数据的定义如下："与已识别或可识别的自然人（'数据主体'）有关的任何信息；可识别的自然人是指通过姓名、身份证号、定位数据、网络标识符号以及特定的身体、心理、基因、精神状态、经济、文化、社会身份等识别符，能够被直接或间接识别到身份的自然人。"与个人数据相反的可能是匿名数据。有意思的是,《通用数据保护条例》并没有提到"匿名"这个词。所以如果个人数据是可以恢复的数据，那么匿名数据就是无法恢复的数据。《通用数据保护条例》提供的假名化定义如下："假名化意味着在没有使用附加信息的情况下，以个人数据不能再归因于特定数据主体的方式处理个人数据，前提是这些附加信息被分开保存，并受技术和组织措施的约束，以确保个人数据不能归因于已识别或可识别的自然人。"比如假名数据就是对姓名和社会安全标识符等个人标识符进行加密。将其转换回可识别的自然人数据是非常容易的（当能够访问加密密钥时），因此它不是匿名的。匿名数据不属于《通用数据保护条例》立法的范围，而且比较棘手的是：竟然没有一种方法可以恢复原始数据。正如本书第 3 章第 3.2 节的再识别案例所分析的那样，这不是一件容易的事情。

但是匿名真的跟个人身份标识符有关吗？个人身份标识符是由什么构成的？任何允许在多个数据集或跨多个数据集中识别同一个人的变量，都应该被视为个人标识符，从而使数据假名化而不是匿名化。cookie 是分配给你的浏览器的随机字符串，它允许广告商和广告技术公司在不同的网站和位置识别你。美国的社会安全号码也是一个随机号码，但目前被视为个人信息，因为它允许跨部门链接数据。

巴罗卡斯和尼森鲍姆指出，匿名的价值不在于隐瞒姓名，而在于"让人无法联系到你：因为无论能否获取你的身份信息，他们都有可能敲你的门，把你从床上拖起来，给你打电话，威胁要制裁你，让你承担责任"。现在有太多的数据可以用来推断关于你的一切信息。比如，你在脸书上的喜好可以用来预测你的一系列性格特征，例如，你的智商、政治倾向、性偏好，甚至信誉度等。我们现在可以以匿名的方式对个人采取行动：数据科学家不需要知道你的名字或社会安全号码就能预测出你喜欢看什么电影，你可能投票支持的政党，你可能感兴趣的事情，或者你的性偏好是什么。因此，即使我们使用匿名或假名数据，隐私仍然是一个需要认真思考的问题。比如我预测一个女人很可能怀孕了，即使她没有使用姓名、地址或任何典型的个人标识符，仅仅有一个内部身份标识符（例如与会员卡相关联的标识符），我是否可以向她展示广告呢？这就是美国一家大型零售连锁店面临的问题，当时他们向其预测会怀孕的顾客（包括一名十几岁的女孩）发送了婴儿用品的促销信息。我们将在本书第 3 章第 3.4 节中继续研究讨论这个案例。

这就涉及模型主体的隐私问题。隐私几乎只用于考虑数据主体。假设数据是以一种合乎道德的（公平、透明和负责任的）方式获得的，我们还应该考虑如何将该模型应用于其他潜在人群的数据上。在前面的例子中，你不需要存储超市顾客的数据（比在收银台扫描产品所需的时间更长），就可以为她提供有特定的优惠券。如果我们预测政治偏好，基于那些揭示了政治偏好的人（数据主体）的数据模式，我们就会推断出一组人（模型主体）的政治偏好，不过他们可能不希望其政治倾向被公布于众。巴罗卡斯和尼森鲍姆强调："匿名并不是逃避伦理辩论的一种方式，研究人员不仅应该对他们的数据主体承担责任，而且也应该对其他受研究影响的人承担责任，因为正是他们选择将研究中的数据主体匿名。"伦理数据科学不是一个需要每个人严格遵循的责任清单；它考虑的是这些基本原则，例如在涉及数据主体和模型主体的隐私方面保持公平，思考哪些技术可能有用，同时也可能记住相关的警世故事。

合法依据

现在个人数据已经解决了，那么《通用数据保护条例》允许我们何时处理这些数据呢？该条例第六条提供了六个法律依据：

1. 数据主体明确同意；

2. 履行与数据主体签订的合同；

3. 遵守法律义务；

4. 保护数据主体的切身利益；

5. 为公众利益而执行的任务；

6. 合法利益（需要在数据主体的权利和控制者的利益之间取得平衡）。

这个列表有几个有趣的概念。首先：**明确同意**。根据《通用数据保护条例》，这种明确同意需要是自由、具体、知情和明确的行为。正如巴罗卡斯和尼森鲍姆所指出的，这一原则意味着同意的人明白他们的同意行为是如何发生的。但是，阐明使用了哪些数据、如何使用以及用于什么目的则是一项艰巨的任务。你如何以一种可理解的方式向数据主体告知相关内容，使其愿意阅读并同意？网站往往通过提供网络隐私政策解决这个问题，而实际上有充分的证据表明几乎没有人会阅读此隐私政策。你估计不会记得上一次阅读最喜欢的新闻网站或社交媒体平台是什么时候，更不用说记得访问的每个网站的 cookie 或隐私政策的时间了。有时，我们努力将这些政策用非常简单易懂的语言表达出来以供人选择，但这必然导致信息的丢失。尼森鲍姆将这一概念称为"透明度悖论"。告知和获得同意很重要，尽管这远非易事。关于用户需要知道和同意什么内容的伦理思考是这个过程的重要组成部分。

即使未经同意，《通用数据保护条例》也有其他理由让我们可以处理个人数据，例如，根据对个人数据的访问，将已经发生的刑事犯罪行为通知执法部门。关于合法利益的最后一条规定的开放性暗含了一些重要问题。这意味着你可以通过处理个人数据来执行与你的业务活动相关的任务。不过，你仍须告知相关人员这一处理过程。下面举几个例子：一家旅游公司可以应用推荐系统，通过推荐用户可能感兴趣的其他旅游地点来提高在线用户的体验。这种个性化操作不需要明确的同意便可以在合法利益的基础上进行。此外，还包括将个人资料用于直接的营销目的，例如由你的慈善机构向现有的支持者发送直接邮件，通知他们即将举行的活动，或防止欺诈，或确保你的信息技术系统的安全。

但是，要求明确的知情同意和合法权益的界限在哪里呢？在欧洲数据保护工作组的一份意见论文中，作者使用了几个比萨店的场景来讨论这个问题。第一个场景是比萨配送服务会根据之前的配送记录通过邮政服务发送优惠券。这里提出了一种不需要知情同意的选择。第二种场景是公司在进行线上和线下定向广告投放时，会将比萨订购数据与包括当地超市的数据在内的其他数据放在一起综合考虑。当数据主体改变购物地点时，超市的账单可能会因为数据的变化而增加。虽然数据和背景在本质上是无害的，但也会受规模和财务的影响，所以知情同意行为也是必要的。在第三种场景中，比萨店将把数据卖给保险公司以调整健康保险保费。保险公司可能会辩称，因为评估健康风险和基于风险的定价具有合法权益，所以期望获得比萨购买行为的数据。然而，只要是理性的人都不太可能会预料到其比萨消费行为会被用来计算保费。鉴于数据的敏感性和数据科学的巨大影响，数据主体的权利高于健康保险公司的合法权益。这些实例表明，这种平衡行为依赖于理性人群对于可接受行为的界定以及数据科学实践的潜在影响。伦理数据科学其实就是一种平衡行为：使用什么数据，用于什么目的以及应该如何处理数据。

处理个人数据的原则

《通用数据保护条例》第五条可以被视为该规定的核心。该条款为解决隐私问题提供了实践指南并阐明了法律精神。图2-1总结了条文的第一款。条文的第二款，则涵盖了问责标准，指出："控制者应该对第一款负责，并能够证明他/她遵守了第一款。"在收集（和处理）个人数据时，牢记这六条原则至关重要。由于《通用数据保护条例》是一份法律文件，这些原则将在以下段落中进一步具体阐述，违反这些原则的人会被处以罚款。

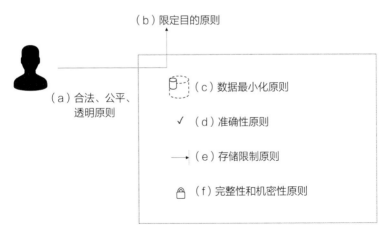

图2-1 《通用数据保护条例》第五条第一款（5.1）

5.1（a） 在处理个人资料时，应"（a）从数据主体角度出发，遵循合法、公平和透明的原则进行处理"。毫无疑问，在透明原则方面上存在一些违规行为。一个有趣的例子是西班牙国家足球联赛（西甲）就因违反此条文而被罚款。据报道，他们开发了一个应用程序打击盗版，该设备的麦克风一刻不停地用来检测用户是否在观看足球比赛。如果这样可行的话，也可以访问该设备的全球定位系统（GPS）位置，以确定像餐厅或酒吧等场所是否播放了比赛。据报道，使用的技术类似于Shazam（用于识别音乐），并将声音足迹转换为散列。正如我们将在本章后面看到的，散列函数是单向的，这意味着从散列恢复到原始记录非常困难。

5.1（b） 指出处理数据时应当具有明确、合法的目的：个人数据必须"为明确、合法的目的而收集，而不得以与这些目的背道而驰的方式进一步处理"；根据第八十九条第一款的规定，为符合实现公众利益的目的、科学或历史研究目的，或统计目的而进行的进一步处理，不应被视为与最初目的不相符。我们以一个很简单的思想实验来说明：假设你是一个相当小的自治市的市长。你通过电子邮件与市民进行联系，他们曾就城市规划项目经由设计师联系过你。选举活动即将开始，而你想给这些市民发送一封政治竞选的邮件。你应该这样做吗？一位比利时的市长就做了一件非常类似的事情，后来被比利时数据保护局罚款 2000 欧元，原因是他不遵守限定目的原则：

为公共服务而收集的数据不应用于个人竞选活动。

5.1（c） 该等数据应"数量充足、与其使用目的息息相关，并且仅限于实现该目的（不能用于其他的目的）"。一家欧洲支付服务供应商因不遵守《通用数据保护条例》的第五条（以及其他条款）而被罚款。经裁定，这家公司所收集的个人信息多于支付人支付费用所必需的信息（如其他付款项的金额及日期）。

5.1（d） 该等数据应"准确，如有需要应及时更新，必须采取一切适当措施以确保及时删除或纠正因处理目的而不准确的个人数据"。一旦确定某些数据点不准确，就必须予以纠正。一家匈牙利银行因违反此条款而被罚。据报道，这家银行跟某一位顾客签约时，弄错了电话号码。因而，这家银行将有关该顾客的信用卡债务短信发到了这个错误的电话号码上。该银行在很清楚这是一个错误的电话号码时，仍未删除该号码，并继续将短信发送给了这个不是该银行客户的人。据报道，匈牙利数据保护局为此开出了约1600欧元的罚单。

5.1（e） 此收集的数据应"以一种可识别数据主体身份的形式保存，而保存时间不得超过处理该个人数据的目的所需要的时间"。所以，只要根据第八十九条第一款的规定，只有以实现公众利益为目的，或用于科学和历史研究以及统计的目的时，个人数据才可被长时间储存，不过要实施此条例要求适当的技术和组织措施，以保障数据主体的权利和自由。一家丹麦的出租车公司，因长时间储存顾客数据而被罚款。即使顾客的姓名及地址在两年之后被删除（在其数据保留政策中也有说明），但该顾客的电话号码仍被继续保留了四年（据说因为这是其数据库关键字），因此丹麦数据保护局建议对其处以近 16 万欧元的罚款。

5.1（f） 最后，数据应"以一种保护个人数据安全的方式处理，包括使用适当的技术或组织措施，防止未经授权或不合法的处理以及意外的损失、毁坏或损伤"。一家葡萄牙医院被发现，一些包括社会工作者在内的非医务工作人员可以通过虚假的医生档案获取病人的资料。据报道，该系统共有 985 名注册用户的个人信息为"医生"，而只有 296 名医生是真实员工。由于缺乏适当的安全防护措施，数据的隐秘性无法得到充分保障，因为医生和医院工作人员无论其专业如何，都可以毫无限制地查看病人的数据。葡萄牙数据保护局因其违反本条款和其他条款而对其处以 40 万欧元的罚款。

讨论

考虑以下场景，其灵感来自谷歌智能家居设备中的一个真实案例。由于谷歌承包商的泄露，谷歌智能家居设备收录的比利时人的录音被泄露给了记者。谷歌智能家居设备是一个私人助理，可以根据你的口头问题来提供答案。不同的语言对此类私人助理的运行构成了挑战。谷歌表示，约 0.2% 的"音频片段"是由承包商转录的，以便更好地理解语言差异，这些音频片段与用户账号无关。这些录音泄露了一些用户非常私人的信息，包括健康相关问题。在某些情况下，例如，谷歌智能家居设备错误地检测到"Okay Google"（这是用于激活谷歌智能家居设备的指令），它就会在用户并未真实授意的情况下开始录音。作为一名数据科学家，这种转录音频片段的做法很有价值，通过获得更多的基础事实来训练特定语言的模型，从而改进此模型。那么对下面这些伦理问题如何处理呢？

1. 其他的语音数据来源也能这么做吗？如果使用其他资源，哪些问题会得到解决，哪些问题无法得到解决？

2. 你会使转录样本的过程更加透明吗？应该如何做到这一点？

3. 这些数据的其他用途是什么？这些其他目的是否与最初的目的一致？

4. 需要存储和使用完整的对话吗？或者，你能否想出一些更明智的方法来限制数据，从而在不提供对话语义的情况下转录这些对话以改进模型？

5. 你如何确保转录的准确性？在获得准确的转录数据时会

出现什么问题？

6. 你会保存这些数据多长时间？

7. 为了更好地处理数据保护问题，你将如何在不同的转录器之间划分音频片段？

8. 你会采取什么安全措施来避免这些音频片段被泄露给公众？

📊 2.2.2 公共数据是不可以自由复制的

数据科学家常常误认为公共数据是可以自由复制获取的。例如，公共脸书页面或者网上新闻报道的数据免费向公众开放，但却不一定可以擅自复制到私人的数据库中。通常，企业都构想过如何利用现有的公共数据集，但是收集此等数据时必须谨慎行事。根据这一警告衍生出两个原则：数据库权限和数据库政策。

数据库权限是一种建立数据库所需投资的认可，在未经数据库所有者同意的情况下，不允许其他人复制（大部分）数据库。欧洲是受到此等法律保护的地区。在欧洲立法中，数据库被定义为"以系统方式排列并可通过电子或其他方式单独访问的独立作品、数据或者其他材料的集合"。这是一个相当宽泛的定义，因此也包括邮件列表和通信簿。这些权限已经沿用了 15 年。因此即便数据库内容不受版权保护，当建造此数据库投入了大量资金时，所有条目的集合仍然受到保护。如果是公共数据库，你可以进行查询，但不能复制大部分内容。有趣的是，第五十条也预想到了例外情况，即数据提取是出于私人目的，或为了教学或科研，而不是出于商业用途。

除数据库权限外，将某些数据公开的公司，其数据库政策通常是不允许别人复制此等数据。想想脸书的公共页面，比如安特卫普大学的网页。人们无论是通过手动还是自动化爬虫程序都无法从公共页面中抓取或提取全部内容：大型网站将会有一个 Robots 协议文件，告知爬虫程序哪些页面允许访问。www.facebook.com/robots.txt（于 2021 年初下载）的第一行评论中写道："除非你有明确的书面许可，否则禁止抓取脸书内容。"接下来它列出了不允许被特别提到的 baiduspider、Bingbot 以及 Googlebot 等的爬虫程序访问的网页和目录。对于 Robots 协议文件中没有列出的爬虫程序，最后一行评论写道，禁止它们抓取任何页面内容：

用户 - 代理：*

不允许：/

因此，当你想提取一个网站的信息时，请务必看看 Robots 协议文件。不过，随意复制提取网站的内容毕竟是不道德的行为，而且还可能产生法律问题。

在这种情况下，现在大多数公司都提供应用程序接口

（API）来从其平台获取数据。例如，脸书和推特（Twitter）都提供了这样的 API。这些 API 使数据检索变得很简单，并且是以一种合乎伦理（和合法）的方式。它们确实有局限性。推特提供公共 API 和高级 API，这些 API 以推特博文的数量以及重新访问推特博文的天数和年份的不同而不同。在剑桥分析事件发生后，脸书对请求访问其 API 的人员变得非常严格，甚至对学术研究人员也是如此。

如果你仍然决定提取此等页面的全部内容并加以复制，那么请记住，你的个人数据可能也会被存储起来，例如带有名字的脸书公共页面上的评论。这本身就带来了其他的伦理问题，更不用说当这些个人数据涵盖欧洲公民的数据时，还会带来的法律问题（参见《通用数据保护条例》）。

2.3
隐私保护机制

ll 2.3.1　加密

在数据保护的基本方法中，加密可能是最重要的一种方法。加密的基本概念是指将信息进行编码，只有经过授权的人才可访问它。在现代社会，这是保障个人数据安全储存和传输的重要工具。

信息编码被称为密码。这个技术已经被人们使用了数千年：例如，罗马军队使用的是恺撒移位密码（Caesar shift cipher），这是一种简单的加密技术，将一个字母按一定字数替换为字母表上的某个字母。通过将字母按顺序右移 3 位，把"ETHICS"加密为"HWKLFV"。该密码以恺撒大帝的名字命名，据说恺撒大帝将此等密码应用于其个人通信中。斯巴达人使用"密码棒"（Scytale），将一字宽的纸或皮革以螺旋的方式缠绕在一定直径的木棒上，将信息写在缠绕于木棒的纸上。然后字条会被拆下来，并发送给接收者。将纸或皮革缠绕在接收者手中相同直径的木棒上时，信息就会还原出来。在古希腊，加密的形式是将需要加密的信息写在信使的光头上，然后等其头发长出来，再派信使出发。找到收信人后，信使就剃光头发给对方看头上的信息。德国人在第二次世界大战中使用的一种著名的加密装置是英格玛（Enigma）。阿兰·图灵和他的团队在破解此密码方面取得了瞩目的成就（电影《模仿游戏》中就有生动的描述）。这台机电设备有一组转子和插头，它们决定了机器的状态。每在机器上输入一个字母，机器就紧接着输出另一个字母。同时机器的状态发生变化。因此，同一字母被输入两次（大多数情况下）会导致两个不同的字母输出。发送者（例如 U 型潜艇）和接收者（德国的潜艇总部）需要在各自的英格玛机保持相同的状态下将其启动。在接收者的英格玛机器上输入经过编码的字母后，真实信息就会恢复。将初始状态或机器配置记录在（代码本的）一个私密页表上，双方都有一个副本，并且会每天更新。可能的配置大约有 3×10^{114} 种，而宇宙中估计只有 10^{80} 个原子，相比之下，这个数字相当庞大。因此，对截获的信息尝试所有可能的配置是不现实的。此外，操作员将选择一个随机的初始词作为开始，它将用于该信息的进一步编码。人们运用了不起的密码学知识，包括加密和明文消息之间的已知关联、已发现的模式和通用图灵机，最终破解了英格玛机。

　　以下是对称加密的例子，其加密和解密共用同一个密钥。此密钥是秘密的，仅在发送者和接受者之间共享。图 2-2 说明了该机制的运行过程：发送者艾丽斯将"你好，鲍勃"（"Hello Bob"）的消息发送给接受者鲍勃。使用共享密钥将明文转成密文。以恺撒密码为例，将字母按顺序向右平移三位后，就可将其加密成"Khoor Ere"。将密文发送给鲍勃，他使用相同密钥解密此消息。就恺撒密码来说，这就是进行向左移动三位的解密算法。伊芙想要窃听的话，就只能看到密文；而没有密钥的话，看到密文也毫无意义。细心的读者会发现此密码的缺点，即有频繁出现的字母。据悉，字母"e"是英语词汇中使用频率最高的字母，因此只要找到所有密文中频率最高的字母，就会发现这个加密字母其实就是字母"e"。此外，用于开始或结束通信的典型词汇或短语，例如"亲爱的"或"敬上"，人们可以很容易地识别出它们的加密版本。

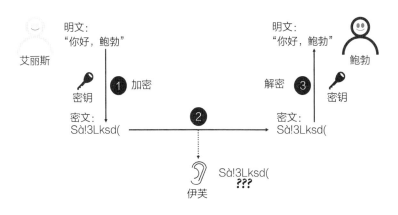

图 2-2　对称加密

数据加密标准（DES）是现代对称密钥加密的第一个主要标准，由国际商业机器公司（IBM）开发。据报道，国际商业机器公司打算发行采用 128 位密钥的 DES，但据称，美国国家安全局（NSA），以更方便解密截获的消息为由说服其发行了仅 56 位的 DES。尽管 56 位密钥的可能组合已超过 7×10^{16}（2^{56}）种，但从一开始，其长度过短就被认为是 DES 的一个主要缺陷。因为此等密钥很容易就能被攻击者暴力破解。比利时人文森特·瑞捷门（Vincent Rijmen）和琼·德门（Joan Daemen）于 1998 年开发了它的替代品 AES（高级加密标准，它使用 128、192 或 256 位密钥，并在 20 世纪 90 年代末成为一项新的标准。由于 128 位的密钥可生成 3×10^{38} 种密钥组合，因此被认为是相当安全的。

就密钥而言，存在两个主要问题：如何共享密钥以及如何管理密钥。就对称加密而言，仅以明文的形式发送密钥是危险的，因为伊芙能解密后续所有的通信。因此，这就需要额外的通信开销（见下文），或者需要双方亲自会面交换密钥。就英格玛机而言，它每一次开始任务时，都会重新设置其机器和初始配置。要想以这种方式与数百人进行通信，你需要数百个密钥，并在通信开始之前，以某种安全的方式共享，然后将其妥善管理。由于你需要在通信之前共享密钥，这也意味着就在线计算机而言，你需要与你可能通信的每一台计算机共享密钥。如果有 u 个用户或计算机想要彼此通信，则需要 $(u-1) + (u-2) + \cdots + 1 = \dfrac{u \cdot (u-1)}{2}$ 个密钥。

非对称加密

非对称加密是一种相对较新的方法，能避免传送同一密钥带来的麻烦。与对称加密相比，非对称加密有公共密钥和私人密钥两个密钥可供使用，而不再是使用同一个密钥。公共密钥对外公开，而私人密钥则对外保密。当艾丽斯发送消息给鲍勃时（参见图 2-3），艾丽斯将使用鲍勃的公共密钥对消息进行加密并发送给他。只有鲍勃可以解密此消息，因为这需要仅限鲍勃使用的私人密钥。让我们用流行的 RSA 算法来更详细地讨论这一问题。

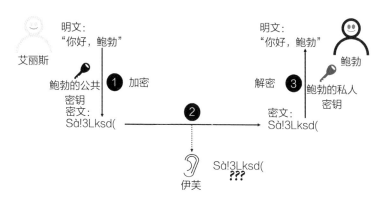

图 2-3　非对称加密

　　将两个大数相乘既快速又简单，RSA 算法便以此为依据。但是，将它们分解成质数即质因数分解是非常困难的。我们自己尝试算一下 19 乘 13 等于多少，没有多难，对吧？但是现在试着分解一下 391（或者 826513，如果你是一个数学天才的话），已知它是两个质数之积。尽管该等质数的阶数与第一个任务中两个质数的阶数一样，但此操作显然要难得多。当数字足够大时，那么不存在有效的非量子（下文将重述这个问题）整数因子分解算法。因此，如果数字足够大，目前质因数分解实际上是不可计算的。更正式一点的说法是，如果 p 和 q 是大的素数，则计算 $n=p \cdot q$ 是很简单的，但若给出 n 的话，要想找到 p 和 q 是非常困难的（实际上是可行的）。RSA 算法采用了这个思路，即公开 n，而保持 p 和 q 不可见。消息 m 将被艾丽斯加密成 c，如下所示，使用公钥 n 和公开的数字 e［所选的 e 与（p–1）·（q–1）互为质数关系］：

$$c=m^e \bmod\ n \tag{2.1}$$

鲍勃对此进行解密，他知道私人密钥 p 和 q，以及他自己的公共密钥 e。整数 d 是 f（p，q，e）的函数，因此也是私钥的一部分。对于感兴趣的人，选择合适的 d 可以使 d·$e \bmod$［（p–1）·（q–1）］=1。

$$m= c^d \bmod\ n \tag{2.2}$$

让我们用一个简单的例子来说明该计算过程：我们给定两个质数，p=7 和 q=3。则乘法变成 n=7×3=21。假设我们想发送一条只包含字母"1"的消息，那么，我们首先需要把此字母转换成数字 12，因为它是字母表中的第 12 个字母。我们还需要设定 e，使其为（p–1）·（q–1）=12 的同素数，这意味着它除了 1 就没有其他公分母了。而 e=5 满足此要求。数字 e 和 n 构成鲍勃公共密钥的一部分。因而，想要将消息"1"发送给鲍勃的人会进行以下计算：

$$c=m^e \bmod（n） \tag{2.3}$$

$$=12^5 \bmod（21） \tag{2.4}$$

$$=248832 \bmod（21） \tag{2.5}$$

$$=3 \tag{2.6}$$

除了 p 和 q，鲍勃的私人密钥还包括 d。数字 d 必须满足：

$$d \cdot 5 = k \cdot 6 \cdot 2 + 1 \tag{2.7}$$

$$= k \cdot 12 + 1 \tag{2.8}$$

如果 $k=2$，我们可以得到 $d=5$。当鲍勃收到密文 $c=3$ 时就会将其解密为：

$$m = c^d \bmod (n) \tag{2.9}$$

$$= 3^5 \bmod (21) \tag{2.10}$$

$$= 243 \bmod (21) \tag{2.11}$$

$$= 12 \tag{2.12}$$

$m=12$ 的原始信息得到重现。唯一可能的情况就是 n 分解成的两个质数 p 和 q 是已知的。因此，窃听的伊芙是无法进行此计算的。

RSA 算法以其发明者李维斯特（Rivest）、萨莫尔（Shamir）和阿德曼（Adleman）的名字命名，他们在 1977 年申请了这项专利。后来据称，早在 1970 年，詹姆斯·埃利斯（James Ellis）就在英国通信安全集团提出了"非保密加密"的想法，即不需要密钥的加密，但这项工作在当时被视为机密。

非对称加密有几个优点。首先，它消除了共享密钥带来的安全问题。现在只需要共享公共密钥，而且根据定义，不需要对这些公共密钥进行保密。此外，它还限制了所需密钥的数量。如果我们想要 u 个用户之间能够相互通信，那只需要共享 u 个密钥（并且每个用户保存自己的私人密钥），而不是对称加密所需要的 $\dfrac{u \cdot (u-1)}{2}$ 个密钥。另一方面，与对称加密相比较而言，非对称加密需要花费更长的时间。

互联网经常同时使用对称加密和非对称加密这两种技术，以确保客户端和服务器之间通信过程的安全性。客户端使用服务器的公共密钥加密一个随机数，并将此加密信息发送给服务器。通过使用其私钥，服务器可以解密此信息，并且也能知道客户端生成的随机数。这个随机数就是对称加密的密钥，将在后续所有的通信中使用，直到会话结束。这种方法是现在广泛应用于网络的安全套接字协议（SSL）及其继任者安全传输层协议（TLS）的基础。公共密钥基础设施的管理，包括验证某个公共密钥是否对应于给定实体，通常是通过 Comodo 和 Let's Encrypt 等的第三方认证中心（CA）完成的。每当你访问以 https 开始的网页时，这种类型的加密会在后台一直工作。如果你访问的是以 http 开始的网页，则该连接可能不是很安全。

数据保护加密

加密对各种保护个人数据的工作都很有帮助。由于在网上发送的很多信息都是私密的，可能是密码、信用卡号码、个人身份号码、电子邮件地址，甚至仅是一个你正在访问的网页，所以确保安全地发送这些信息尤为重要。如果你有一个网站或应用程序，请一定使用安全传输层协议，它甚至可以提高你的网站或应用程序在搜索引擎中的排名。对于存储数据而言，加密必然是非常重要的，特别是当数据存储在通用串行总线（USB）等移动存储设备上时。

但个人数据不只会存储在笔记本电脑、个人电脑、智能手机和 USB 存储设备上。你可能正在制作一个自行车装置用以存储与自行车性能相关的个人数据，这种情况下我们也建议对数据进行加密。汽车制造商也应该考虑加密，因为地址簿、移动应用程序登录信息以及导航系统中使用的地址等个人数据，都存储在你的汽车中。在美国，联邦贸易委员会（Federal Trade Commission）甚至建议消费者在出售汽车前清除掉其个人数据。特斯拉汽车有一个有趣的相关功能，那就是泊车模式，当把钥匙交给泊车员时，个人数据会被隐藏（和其他功能一样）。另一方面，2019 年，美国消费者新闻与商业频道（CNBC）报道称，特斯拉汽车中的一些数据是未经加密就进行储存的，因为安全研究人员能够从废弃的特斯拉汽车中提取出未经加密的个人数据。提取的数据包括一段车祸发生前的视频、带有约会描述的日程表条目以及受邀者的电子邮件地址。将该等数据存储在汽车中，对汽车制造商及车主来说可能都是有道理且有价值的。不过，为了保护数据，还是建议将此等数

据进行加密储存，如此一来，就会像将个人数据储存在智能手
机或个人电脑上一样安全。

ᵃⁱⁱ 2.3.2　哈希法（又称散列法）

哈希是另一个很有用的加密函数，它将一些输入映射为
哈希值或消息摘要。哈希值的长度总是固定的。

重要的是哈希函数是单向函数：给定输入值很容易就可
以计算出哈希值，但给定哈希值（根据同样的算法）却很难找
到相应的输入值。这是与加密的区别之一（参见表 2–1）。在
加密中，密文仍能被还原成明文。哈希值（或消息摘要）的空
间通常小于输入的空间。这可能就会导致所谓的哈希碰撞，即
两个不同的输入在同一哈希函数的作用下得到相同的输出。输
出空间越大，则碰撞就越少。

表 2-1　加密和哈希

	加密	哈希
函数	双向　明文◄──►密文	单向　明文◄──►密文
主要目标	保密性	完整性
应用	需要知道明文	不需要知道明文
长度	变化的	固定的

流行的哈希算法 MD5（以 Merkle 和 Damgård 命名）可以把
任何字符串作为输入，并输出 128 位的消息摘要。美国国家标准

与技术研究所（NIST）于2015年发布了最新的SHA–3哈希算法，其输出的哈希值可达512位；研发者包括Bertonu、Daemen（他还是AES加密标准的创始人之一）、Pepeters以及Van Assche。

哈希法的第一个有趣的应用是信息指纹。像电子邮件等的消息可以在哈希函数的作用下成为某一个哈希值。如果有人更改了消息，则可以很容易地验证出已更改消息的哈希值不再与原始消息摘要（哈希值）匹配。哈希对于存储个人信息（比如密码）也非常有用。假设你运行了一个带有登录模块的电子商务网站。储存客户用户名及密码的简单方法就是精确地储存这两个字段，如图2–4顶部所示。但此方法有严重的安全漏洞：由于密码是通过互联网发送的，如果你的网站不使用安全传输层协议，那么密码可能会被窃听者夏娃获取。此外，如果你的数据库遭到泄露，那你所有客户的密码也将被泄露，更不用说你公司的一些员工，可能也会窥探客户的密码表致其泄露。这时候就需要使用哈希函数：哈希函数不直接存储密码，而是对客户端的密码进行处理从而得到哈希值，然后将其发送并储存到服务器上。由于该函数是单向的，所以很难根据存储的哈希值来确定原始密码，因此数据泄露不会再造成那么大的伤害。但是，由于许多人经常重复使用相同的密码，所以出现频率很高的密码可能会被识别出来。图2–4和图2–5说明了这一点：我们首先制作了一个表（被称为"彩虹表"），列出了最流行的密码及其对应的哈希值（根据

DataSplash，图2-5列出了2018年最流行的密码）。

用户	密码
David Martens	123456
Jennifer Johnsen	123456
Latifa Jenkins	p@ssword5
...	

用户	哈希
David Martens	e10adc3949ba59abbe56e057f20f883e
Jennifer Johnsen	e10adc3949ba59abbe56e057f20f883e
Latifa Jenkins	f3f092cd075b3e050451239611a9e1e9
...	

用户	"盐"	哈希
David Martens	t0mR1aoPdp	79e514abbfb414c5ae58b553fbb0ff00
Jennifer Johnsen	rmsP5dof9y	896cab0975703f599fe0f7491c90062b
Latifa Jenkins	8LyqGp4cPm	8a945d114467eee63485fba9aa0bbaf0
...		

图 2-4　密码储存的不同方法

流行密码	哈希（MD5）
123456	e10adc3949ba59abbe56e057f20f883e
password	cc3a0280e4fc1415930899896574e118
123456789	6ca5ac1929f1d27498575d75abbeb4d1
12345678	25d55ad283aa400af464c76d713c07ad
12345	827ccb0eea8a706c4c34a16891f84e7b
111111	96e79218965eb72c92a549dd5a330112
1234567	fcea920f7412b5da7be0cf42b8c93759
sunshine	0571749e2ac330a7455809c6b0e7af90
qwerty	d8578edf8458ce06fbc5bb76a58c5ca4
iloveyou	f25a2fc72690b780b2a14e140ef6a9e0
princess	8afa847f50a716e64932d995c8e7435a
...	

图 2-5　哈希表

如果我们现在查看大卫密码的哈希值，就会发现它是流行密码表中的一分子，并能推导出其密码为 123456。当然，可能密码的数量是庞大的，这样的哈希表只适用于构建可能的（流行的）密码子集。改进这一点的方法是，为每个用户生成一个随机字符串，称为"盐值"，然后将其添加到密码中。如图 2-4 底部所示，现在大卫与珍妮弗的哈希密码不再相同，而且也无法轻易地从生成"彩虹表"中推导出其原始密码。在数据泄露的情况下，每个用户的盐值可能也会被泄露，而此时，黑客也能为每个用户生成一个"彩虹表"（然后在所有流行密码的开头，添加大卫密码的"盐值"，并计算其哈希值）。但是，与不包含"盐值"时相比，这种情况需要进行更多的计算。

正如《通用数据保护条例》对 Knuddels.de 的罚款所显示的那样，使用散列法设置密码正逐渐成为一种标准。Knuddels 是德国的一个聊天社交平台，据《明镜周刊》报道，该社区遭到黑客入侵，超过 80 万个电子邮件地址和密码被曝光在互联网上。该平台被罚款并不只是因为其遭受黑客攻击的行为，相反，以明文的形式储存密码才是问题所在："该公司以明文形式储存密码，故意违反了《通用数据保护条例》第 32 条第 1 款（a）项所规定的在处理个人数据时应保障用户数据安全的责任。"因此，该公司被罚款两万欧元。

数据科学伦理： Data Science Ethics
概念、技术和警世故事 Concepts, Techniques and
Cautionary Tales

哈希法还可用于确保在整个数据处理系统中不会有个人数据被复制。数据集经常以不同的格式在多个设备上复制和下载。如果用户要求删除其所有数据，那么确保数据不再储存在任何设备或位置上，可能是一项极为繁重的任务。在大多数系统和应用程序中，通常不需要知道个人信息，例如确切的姓名或社会安全号码。图 2-6 说明了哈希法如何解决这种问题。

在整个系统中只使用哈希身份码作为标识符

姓名	社会安全码	地址	哈希身份码
David Martens	123.555.689.456	Big Road 5, Antwerp, Belgium	65483144569
Jennifer Johnsen	345.659.453.123	Toad Road 1, London, Uk	23544987965
Latifa Jenkins	456.9875.349.767	Lone Lane 64, Paris, France	987614678136

"身份码"："987614678136"，
"购买产品"："数据科学"，"Python 讲解"，"数据科学伦理"
"成为成员的日期"："1990 年 1 月 1 日"
…

使用哈希个人身份码来确保系统中不对个人数据进行储存。一旦删除表中哈希个人身份码的内容，系统中的其他数据（服务器、笔记本电脑上的副本等）将不再包含或链接到客户的个人数据。

图 2-6　哈希个人身份证

与其在整个数据处理系统中使用一些个人信息，不如使用个人信息（例如姓名和社会安全码）的哈希值。只保留个人信息，并将其哈希值保存在一个表中。在不方便使用个人信息时，使用该哈希值。所以，当珍妮弗要求删除所有数据时，员工只需删除第一个表中的内容，就可以完成大部分工作。当然，他最好从所有系统中删除带有哈希值的数据。但是，如果某个员工有一份你不知道的关于珍妮弗的数据拷贝（比如，她买了本什么样的书），当他把此数据拷贝到其笔记本电脑上 Excel 文件中的数据集中时，就不能（轻易地）将这个数据链接到珍妮弗身上。如果她的姓名和地址被储存在 Excel 表格中，你仍然会（在不知不觉中）将个人数据存储在她身上。

这就是《通用数据保护条例》称为"假名化"的一个例子。保障哈希表的安全（例如加密和 / 或在另一个系统中），或者甚至将其完全删除尤为重要。该假名化也有助于与研究人员共享数据，尽管其仍然是保密的。例如，大型银行可以通过对账户号码进行哈希法处理，以及删除姓名等方式，与可信赖的大学或研究人员［在签署保密协议（NDA）之后］共享其假名化的支付数据。它可能不会是匿名的，因为可能有人能够在数据中重新结交一些客户，但哈希法也相应地提供了额外的数据保护措施。

加密和哈希法都是寻求数据保护的关键技术措施。但要记住，黑客正在无休止的"军备竞赛"中不断地寻找措施及现行标准中的弱点。只有在没有储存个人资料的情况下，才可保证对其 100% 的保护。量子计算是未来可能会超越加密技术的一种受人追捧的方式。由于量子计算势必会在未来对加密技术产生巨大的影响，下面将对其进行简要介绍。

ᴵᴵᴵ 2.3.3　量子计算

量子计算让我们可以利用量子力学的力量来进行所有传统计算机都做不到的计算。量子水平上的非直观力学是近乎魔法的科学。量子计算机中的信息单位是一个量子比特，它可以同时是 0 和 1。物理学家埃尔温·薛定谔（Erwin Schrödinger）设计了以下思想实验，用日常物体来解释量子力学：假设我们把一只猫放入一个封闭的盒子里，并给其起名叫薛定谔的猫。盒子里还含有一种致命的毒药，有 50% 的概率释放，并将猫毒死。我们把猫放进盒子后，它是活的还是死的呢？考虑到量子力学的影响，猫同时处于活着和死亡的状态。只有当我们打开盒子观察猫的时候，它才要么是死的，要么是活的。这个近乎哲学的思想实验，实际上是以原子学理论为基础进行的。

其中有一个现象至关重要，那就是"叠加"，即一个粒子，比如光子，同时处于两种状态。一旦观察到这种状态，叠加就会坍缩成其中一种状态。尽管这可能很奇怪，但它已经被实验证实了，例如，单个光子有不同的偏振，或者一个电子绕着单个原子运行。因为量子比特利用光子或电子自旋等基本粒子的叠加特性，所以它可以同时为 0 和 1，如图 2-7 所示。传统的比特只能是 0 和 1 的两者之一，而量子比特可以同时是这两个数字。两个量子比特可以存储四个数字，或者更进一步，可以是四个状态的量子叠加：00、01、10 和 11。更笼统地说，n 个量子比特可以同时储存 2^n 种状态。

经典比特要么是 0 要么是 1，而量子比特可以同时是 0 和 1 的叠加

图 2-7　经典比特与量子比特

　　量子比特的第二个重要性质是纠缠。对一个量子比特进行观测的同时也会揭示与其互相纠缠的量子比特的状态，但与两者间的距离无关。回顾一下薛定谔的猫，假设我们现在有两个盒子，每个盒子里放一只猫，它们处于彼此纠缠的状态，所以，如果有一只猫死了，则另一只就会活着。只要两个盒子中的一个被观察（打开），即使另一个盒子在星系的另一边，它也会立即进入另一个状态。这种直观的现象就是爱因斯坦所说的"幽灵般的超距离作用"。不同的实验表明，这确实是在现

实中发生的事情。例如，在 2017 年的一项实验中，相距 1200 千米的量子比特仍可保持其纠缠状态（一个中国的卫星和地面站）。

量子计算的关键是利用叠加和纠缠的这些原理来展现问题并找到评估答案的方法。而量子比特的量子退相干就是在这样的情况下形成的，致使只有通过测试的答案才能避免退相干。秀尔算法利用量子计算机的海量分布式计算对大数进行因子分解，这被认为是量子计算的重大突破之一。而大数分解正是流行的 RSA 非对称计算算法的基础。因此，如果能应用秀尔算法，则可"破解"RSA 加密。

但我们还没有发展到那一步：在 2020 年，量子计算机只需要几十个量子比特就能运行，而据估计，要想破解 RSA 加密则需要一台拥有数千个量子比特的量子计算机。2019 年，时任 IBM 云计算和认知软件高级副总裁并将在一年后出任首席执行官的阿尔温德·克里希纳（Arvind Krishna）预测，量子计算机将在 10 年内破解当时的加密。

大规模的量子计算机将对加密以及我们个人数据的安全产生巨大的影响。据报道，谷歌、微软和 IBM 等公司已经启动了建造量子计算机的项目，而美国政府也在这项技术上加大投资。但是，前进的道路依然困难重重，比如对于需要接近 0 开尔文环境的叠加态而言，就必须避免任何能破坏它的热干扰。还有一些人对扩大量子计算机的实用性持怀疑态度。不过，在数据保护方面，量子计算无疑具有绝佳的、潜在的巨大影响。

▄▎ 2.3.4　模糊处理

隐藏个人数据和秘密数据是保护隐私的关键机制。加密可以用来实现这一目的，它明确地将秘密数据更改为只有授权人员才能读取的加密版本。但是，最终用户通常不会对是否使用加密以及如何使用加密有什么影响。但是，在网络世界中，我们的搜索查询、网页浏览数据（包括访问的网页）、观看并点击的广告、设备的类型，有时甚至是定位数据，通常都会被不同的人应用于复杂的广告技术世界中。模糊处理是另一种隐藏个人数据的方法，即最终用户故意给系统添加噪声。比如，通过自动生成大量的搜索查询，这样一来你自己的查询数据就会在这些庞杂的噪声中变得模糊起来。或者安装一个网页浏览器插件，它（与广告拦截器一起）自动点击你访问的每个网页上的所有广告，这样，广告技术公司就不会再知道你真正使用了什么产品或观看了什么广告。布伦顿（Brunton）和尼森鲍姆（Nissenbaum）将模糊处理正式定义为“故意添加模棱两可、令人困惑或具有误导性的信息，从而干扰监视及数据收集”。模糊处理与加密方法的不同之处在于：模糊处理不是显式地隐藏数据，而是隐式地生成许多其他数据（噪声），从而在创建的庞大数据中隐藏真正的数据（信号）。

布伦顿和尼森鲍姆在他们的书中提供了30多个令人信服的案例，例如在第二次世界大战期间，飞机投放黑色铝纸条，从而让雷达屏幕上布满许多信号；播放几十个喋喋不休的录音磁带，以便在潜在的录音中隐藏你自己的对话以及调换超市实体及线上的会员卡等来说明如何使用模糊处理。书中还探讨了一些网络世界中的有趣案例。TrackMeNot软件策略是由同一批作者于2006年开发的，背景是当时美国司法部要求谷歌上交搜索日志以及与美国在线（AOL）再识别案相关的查询词条（我们将在本书第3章中重述这一点）。该软件的目标不是隐藏搜索查询，而是通过添加自动生成的搜索查询，来对它们进行模糊处理。这类查询是以一种智能的方式生成的，如此一来，其他用户就可以根据不同的初始术语列表开发出搜索查询。这样，就很难检测某个搜索查询是模糊处理（噪声）的行为还是真实进行的行为（信号）。

模糊处理并不总是需要预定义的技术系统来添加噪声。人类本身也可能带来噪声：2015年11月，布鲁塞尔处于封锁状态，因为其当局要对恐怖分子嫌疑人进行突袭。警方明确要求公众不要在推特上透露警方的行动和动向，以免泄露消息给嫌疑人。市民们很快就在推特上发布了标有"布鲁塞尔封锁"标签的猫的图片。任何想要找到有关当前警方行动的信息的人，都必须翻看数千张（搞笑的）猫的图片，这是另一个"大海捞针"的绝佳案例。

但就用户故意撒谎而言，模糊处理本身难道不是违背道德的行为吗？而且在一个以观看广告为交换条件来免费提供服务的系统中，模糊处理可能被认为是"搭便车"（不付出成本而坐享他人利益）的行为。布鲁塞尔推特猫的例子表明，在一些除恶扬善的案例中，模糊处理可以对社会有很大的帮助。布伦顿和尼森鲍姆进一步主张，当数据是在不相称和不恰当的情况下收集时，对抗信息不对称是很有必要的。

对于企业来说，了解这类方法的使用是很重要的。例如，AdNauseam 浏览器插件与 uBlock Origin 一起工作，它会悄悄地点击所有被屏蔽广告。而跟踪广告的广告技术公司会观察到用户点击过的所有广告，因此其就不能再检测出用户真正感兴趣的产品或广告。点击量通常是用来评估广告活动和确定广告成本的指标。每点击成本（CPC）模式将极大地受到这种模糊处理的影响，一些广告商可能会在其广告未显示的情况下而看到许多点击（成本）。这种机制可以通过广告可见性及点击量的独立报告检测出来，这可能会检测出这些用户的无用数据。当检测到这一点时，能否将其如实报告（不试图对虚假点击收取过多的营销预算），这无疑是另一个道德考验。

ⅰⅼ 2.3.5 去中心化（或本地化）的差分隐私

加入噪声是保护隐私的一项重要措施，经常用于差分隐私中。这么做的目的是确保在加入噪声后，仍能进行数据分析，并可保护（更多的）隐私。在记录数据之前，可直接将这种噪声添加到数据或分析结果中。在去中心化（或本地化）方法中，人们不相信数据分析，而在中心化方法中，相比提供结果的外部观察者，人们更信任数据分析师。差分隐私的名称源于其定义，即多一人数据或少一人数据的分析都不应该有太大的差别。在介绍中心化差分隐私时，我们将在第 4.1.1 节更正式地重新讨论其定义。现在，我们将专注于本地化、去中心化的差分隐私，即在记录数据时添加噪声。

有这样一个例子：当一组学生上"数据科学伦理"课时，老师询问他们是否喜欢这门课。一些学生担心如果他们回答说不喜欢这门课的话可能会面临考试难度增加或被打低分的境遇。教授获取并分析数据时，由于学生们不信任数据管理员，故而需要一个去中心化差分隐私机制。那么如何将噪声加入回答中呢？我们可以使用随机响应机制，即在记录每个回答之前，抛一次硬币。如果是正面，那么就写出真实答案；如果是反面，就再抛一次硬币。如果又一次是正面，那么就写出真实答案，但如果又是反面，那么就写出相反的答案。如此一来，我们就能知道，答案的正确率为75%，而出错率为25%。只要是其响应被收录在数据集中的人，现在都能进行合理的推脱，声称自己给出的是相反的答案。

在收集敏感数据而数据管理员又不受信任的任何情况下，这种机制都非常有用。想想询问你曾经的病情、性取向及政治倾向，或你是否曾在考试中作弊，以及你伴侣的情况的那些调查。这一过程可以由受访者自己表述，也可被收录在能记录答案的软件中（比如，在线调查）。如果数据被黑客攻击、泄露或传唤，受访者可以直接否认记录的答案是其给出的答案。

这看起来不错，但是结果是否有效呢？比如，如果说有80%的人喜欢这门课，添加噪声后，这个数字就不真实了，对吗？确实如此，但如果有足够多的受访者，我们就可以计算出实际的积极受访者率。假设p的人响应是积极的，那么在抛硬币结束后，我们实际观察到的积极响应率是多少？我们已知实际的响应被记录下来的概率为3/4，而相反的响应被记录下来的概率为1/4。所以出现积极结果的概率是：$3/4 \cdot p + 1/4 \cdot (1-p)$。对于$p$=80%，我们观察到的积极响应率则为65%。因此，对于足够大的样本，我们一定可以计算出其实际的积极响应率，同时所有受访者都能够合理地推诿。这是进行人口统计的一个好方法。

隐私保护的强弱程度取决于添加的噪声的数量（在本节

前面的例子中提到过，有 25% 的可能性），但也取决于进行分析的次数：一个人参与同一项调查的次数越多，数据分析师对此人的响应就越有把握。这是我们将在 4.1.1 节中讨论的"隐私预算"的内容。

一些大型科技公司已经开始使用这一程序，因为他们意识到收集用户数据的统计数据有助于提高安全性、发现漏洞以及改善用户体验。但在这样做时，他们应该尽可能地保护用户隐私。比如，据报道，谷歌使用去中心化差分隐私技术从其个人用户那里了解有关 Chrome 的统计数据，而苹果则应用这项技术来改进其"快速输入项"（QuickType）以及表情符号可选项等功能，并找到 Safari 高电量消耗域名以及 Safari 崩溃域名。

讨论

假设一个移动操作系统想要分析一个新的哭泣表情符号在短信中出现的频率。无论是在哪一天，只要出现任何包含新的哭泣表情符号的短信，操作系统都会将其发送给服务器。他们应用去中心化差分隐私机制，在手机的响应被发送到服务器之前，就添加噪声。

1. 如果一个人的实际响应被揭示出来，我们可以推断出他的哪些其他的相关信息？

2. 假设移动操作系统每天从你的手机上发送这些信息。这会增加隐私风险吗？如果会，那么是如何增加的呢？

3. 据报道，在观察到的回复中，有 30% 的短信使用了这个表情符号。如果使用上一段所述的程序，有 75% 的短信提供的是真实答案，那么实际的数字是多少？

4. 如果 99% 的案例而并非 75% 的案例中的答案是真实的，那么存在怎样的风险？

2.4
警世故事："后门"和信息加密

2.4.1 政府"后门"

2015 年 12 月 2 日，在加利福尼亚州的圣贝纳迪诺，一对巴基斯坦裔夫妇进入约有 80 名员工的培训活动和圣诞派对，随后开始射击，导致 14 人死亡，22 人严重受伤。他们逃离现场后，在与警方交火中被击毙。在发现男性凶手的工作手机 iPhone 5C 被锁住后，美国联邦调查局（FBI）偶然发现了 iPhone 的安全功能，即连续 10 次猜错密码后，该功能会删除所有的数据。FBI 要求苹果公司为这款手机编写软件，以避开此安全功能，从而能对其进行"暴力破解"。但苹果公司拒绝了这一要求。这个案例只是政府长期以来不断要求获取手机数据案例的冰山一角。其用意显而易见：在获得搜查令后，执法机关就可光明正大地侵犯你的隐私，比如进入你家或搜查你的车辆。所以，同样的道理，他们应该也能访问你的手机。

政府设"后门"的另一个例子是美国及其盟友希望对加密技术进行限制以防止被美国国家安全局等情报机构解密。在20世纪90年代，在没有个人许可证的情况下，允许出口的最长加密密钥的长度为40位。因此，网景公司（Netscape）开发了两种版本的网络浏览器：一种是加密密钥为128位的美国版本，而另一种则是加密密钥为40位的国际版本。要注意的是，密钥长度多了88位就意味着其加密强度提高了$300 \cdot 10^{24}$倍。在普通电脑上，较弱版本的网络浏览器可能在几天内就会被破解。据报道，当时微软IE浏览器（Microsoft Internet Explorer）默认设置为弱加密，（因而）必须加载128位加密的补丁（进行修正）。如此一来，政府的要求实际上使得许多人的加密情况愈发糟糕。自2000年以来，美国的新法规简化了加密技术的出口限制，包括不再对密钥长度设限（在获得批准后）。

现在可以使用强加密技术，所以这种情况就不会发生了吗？事实并非如此：2013年，爱德华·斯诺登透露，美国国家安全局完全有能力读取加密通信。《卫报》（The Guardian）报道的方法包括"采取秘密措施以确保美国国家安全局能控制国际加密标准的制定、使用超级计算机以'暴力破解'加密，以及与科技公司和互联网服务提供商合作（这是所有方式中最保密的）"。在随后的几年里，苹果公司为其基于 iOS 系统的设备开发了新的加密方法，这样它就无须再服从政府从其 iOS 设备中提取数据的要求。

　　甚至在最近政府还向移动电话公司和电信公司施压，要求它们提供"后门"以获取个人数据。由美国、英国、澳大利亚、加拿大和新西兰政府组成的"五眼情报联盟"（Five Eyes intelligence alliance）在 2018 年发布了一份《关于获取证据和加密的原则声明》（*Principles of Access to Evidence and Encryption*），该声明表示，如果电信和科技公司不为执法机构和政府提供"合法获取"公民加密信息的"后门"，它们将遭到强烈抵制。

ⅈ 2.4.2　赞同政府"后门"的观点

　　这就引出了支持政府在加密领域开设"后门"的主要论点：隐私不是绝对的。政府和执法机关在获得搜查令后可以进入你的家、搜查你的车，以此类推，他们也想据此访问你的手机和其他电子设备。"五眼联盟"表示："当法院或独立机构根据既定的法律标准授权访问隐私信息时，政府机构有恰当的理由时应能够访问该等信息。"

他们认为隐私很重要，加密在保护该等隐私权方面发挥着至关重要的作用。然而，他们要解决的问题是"各国在打击严重犯罪以及对国家和全球安全的威胁方面面临的挑战"。当他们需要合法访问个人设备时，他们希望得到此行业的支持。他们在第一部分的"共同责任"中规定：信息和通信技术及服务提供商（运营商、设备制造商或顶级服务提供商）受法律约束，其中包括协助当局合法获取通信内容等数据的要求。

"五眼联盟"在文件最后一句威胁道："如果各国政府在合法获取保护本国公民所需信息方面仍遭遇障碍，我们可能会采取技术、执法、立法或其他措施以实现合法获取信息的解决方案。"

"隐私不是绝对的"这一论点相当有信服力：很少有人会质疑警察在合法获得搜查令后进入一所住宅的权利，或者类似的搜查车辆或获取已知恐怖分子电话记录的权利。美国参议员林赛·格雷厄姆（Lindsey Graham）在 2015 年的一场总统候选人辩论中这样描述这一讨论："倘若一个系统允许恐怖分子与我们国家的某个人交流，而我们却不知道他们在说什么，那么这个系统是不完善的。"

詹姆斯·科米（James Comey）在担任联邦调查局局长期间，经常表达他对应用程序加密的担忧。他警告说，由于不法分子越来越依赖加密信息来进行犯罪活动，而根据法院命令拦

截和获取这些通信和信息的技术能力有限，执法人员变得越发
"束手无策"。在 2014 年一场关于此问题的演讲中，他说："加
密不仅仅是一项技术功能，这还是一种营销手段。老奸巨猾的
罪犯将依靠这些手段来逃避侦查。这就相当于一个无法打开的
衣柜。我的问题是，代价是什么？"他也认为，"公民应该对政
府层面的这种权力持怀疑态度，但现在是时候让人们看到'后
斯诺登时代的钟摆'正向一个恐惧和不信任的方向剧烈摆动"。

不仅仅是政客和执法机构认为隐私不是绝对的。沃伦·
巴菲特（Warren Buffett）等商界人士也同意这一观点。2016年，
他在接受 CNBC 采访时表示："当司法部长或联邦调查局负责
人愿意签字并去找法官，说我们需要此信息，现在就需要时，
我相信这位官员将会以适当的方式行事。"

商学教授兼《纽约时报》（The New York Times）畅销书
《四巨头：亚马逊、苹果、脸书和谷歌的隐藏基因》的作者斯
科特·加洛韦（Scott Galloway）也同意这一论点。他用 2015
年在美国路易斯安那州被枪杀的 29 岁女子布里特尼·米尔斯
（Brittney Mills）的案例来进行说明。那时她已经怀孕 8 个月
了，婴儿也没能活下来。调查人员发现了她设有密码的苹果手
机，并认为凶手的身份信息很有可能就存在此手机中。而苹果
公司拒绝遵照搜查令解锁她的手机。加洛韦质疑道："难道说
手机，特别是苹果手机，拥有某些其他设备、手机记录或银行

账户所没有的神圣特权吗？"

关于在隐私和安全之间实现平衡这一问题，唐纳德·特朗普（Donald Trump）提出了一个更有力的说法，他在 2016 年回应美国联邦调查局和苹果公司的讨论时建议："抵制苹果公司，直到他们给出所需的解锁密码。"事实上，2016 年的总统候选人希拉里·克林顿（Hillary Clinton）和特朗普都站在执法机构一边，允许政府通过"后门"进行访问。

ul 2.4.3 反对政府"后门"的观点

事实上，手机数据保护到底有什么特别之处？为什么与我们对写在纸质电话簿、家里的信件、通话详细记录或银行账单上的数据所进行的保护如此不同？据此，我们需要讨论以下三个问题：隐私和安全之间的平衡、安全与安全之间的平衡以及政府设"后门"所产生的有限的影响。

隐私和安全

第一个问题具有普遍性，它需要我们回答为了安全而放弃隐私的原因。这两个目标之间的平衡点在哪里？本杰明·富兰克林（Benjamin Franklin）说过："那些愿意放弃基本自由以换取暂时安全的人既不配获得自由，也不配获得安全。"这个论点不仅适用于加密技术，也适用于你的"离线"数据。

安全和安全

第二个问题更有说服力，它认为在数据保护系统中设置"后门"有一个固有的弱点。即使你完全信任政府用于获取加密数据的程序，任何不怀好意的人都可能试图利用这个弱点，并通过这个"后门"找到进入（数据保护系统）的方法。考虑到加密和安全领域的持续竞争，知道其中有弱点的话，这将对黑客具有很大吸引力。假设设置"后门"是可以完全保密的行为是非常幼稚的，这样很可能会造成信息被大量滥用。将钥匙放在门垫下不安全，政府在我们的通信系统中设"后门"也同样不安全。这也是蒂姆·库克（Tim Cook）的观点，他在圣伯南蒂诺案（San Bernandino）期间担任苹果公司首席执行官。他在 2016 年接受美国广播公司（ABC）新闻采访时说："我相信没有人会想要给别人一把能转动数亿把锁的万能钥匙。即使那把钥匙在你最信任的人手里，也可能会被偷。"他补充说："获取信息的唯一方法，至少目前我们知道的唯一方法，就是编写一款我们认为等同于癌症（能定时自动销毁）的软件。"因此，苹果公司故意不保留"钥匙"。

因此，尽管政府的"后门"能让执法部门更好地追踪和抓捕犯罪嫌疑人和恐怖分子，这似乎可以提升公众的安全感，但同时，它也因暴露其他公民的数据，而使其遭到勒索或仅仅致其丧失隐私等而降低了他们的安全感。如此一来，不仅个人

101

隐私受到威胁，知识产权或公司战略等商业数据和秘密也可能被窃取。

英国安全机构军情五处（MI5）前局长乔纳森·埃文斯（Jonathan Evans）也提出了这一观点："反恐是一个亟待解决的问题，这是可以理解的，但这并不是我们面临的唯一威胁。犯罪分子利用网络空间进行犯罪的方式对英国更广泛的利益构成了潜在威胁。"他认为在未来物联网设备会受到网络攻击的潜在威胁。对我们的车辆、航空运输，甚至家庭设备的安全保护不当的话，后续可能会出现的影响对整个社会都是一个巨大的威胁。

苹果公司并不是唯一一家面临给予政府访问权限压力的公司。脸书是另一家在其消息服务 WhatsApp 中使用端到端加密的大公司（脸书在 2014 年收购了 WhatsApp）。数据在发送端加密，在接收端解密。脸书和中间的电信公司都无法看到明文，只能发送加密的数据。在 2018 年的一篇脸书博客文章中，全球安全公共政策负责人提出了类似的观点："政府官员质疑，当我们知道端到端加密被不法分子用来做坏事时为什么还要继续启用它。"这个问题问得好。但如果没有它，就会弊端立现：它将使数亿依赖端到端加密的守法民众失去一个重要的安全保护罩。此外，改变我们的加密方式并不会阻止不法分子使用端到端加密，因为还有其他更不可靠的服务可用。网络安全专家一再证明，不可能创建任何不被不法分子发现和利用的"后门"。这就是为什么削弱加密技术的任何一部分都会削弱整个安全系统。

政府在流行的通信应用程序和智能手机上设"后门"是徒劳的

即使苹果、脸书以及其他主要智能手机制造商和通信应用程序允许政府访问这些数据，不法分子仍将能通过其他方式进行私下通信：无论是通过其他政府没有设置"后门"的端到端加密应用程序，还是直接面对面交谈。一旦这些政府设置的"后门"被发现（当苹果公司开发出可删除安全功能的软件时，就会出现这种情况），犯罪分子和恐怖分子很可能会转向其他通信方式。假设即使找不到其他应用程序，训练有素的软件程序员也能很轻松地为加密的通信应用程序编写代码。因此，"后门"再次削弱了普通守法公民的安全，而无法解决不法分子可访问公民数据的问题。

美国前国土安全部部长迈克尔·切尔托夫（Michael Chertoff）在接受报道时说："最重要的是，如果你看看圣贝纳迪诺和波士顿马拉松爆炸案的恐怖分子就会发现他们都是家庭成员（协助作案）。大多数家庭成员之间都是面对面交谈。（因而）事情发生后政府很难获取相关信息。"拟议中的《布列塔尼·米尔斯法案》(*Brittney Mills Act*)甚至暗示了"后门"的无用性〔该法案在 2016 年未能在路易斯安那州众议院委员会(the Louisiana House committee)获得通过〕。该提议包括，如果手机无法解密，卖方或出租方将面临 2500 美元的罚款。但是，"在手机用户可能下载了第三方加密应用程序的情况下，这一规章则会失效"。

▫ 2.4.4 那么现状如何？

经过不断讨论，人们根据数据的来源对数据类型进行了区分。人们对于非数值的个人数据（比如，你在家里收到的信件、可能保留的银行打印记录或打印发票）似乎有一个共识，即执法机构有权访问该等数据，甚至可以在适当的法院命令下没收它们。对于数值的个人记录，其区别似乎取决于第三方处理机制是否需要访问其内容。比如，银行需要知道每笔付款的确切细节：付款人、收款人、具体日期等。对于这些情况，似乎也有一个共识，即执法机构应能获取恐怖分子或犯罪嫌疑人的银行记录（在适当的法庭命令下）。那为什么这些共识对于电话通信就行不通呢？是因为这些"后门"太容易被打开吗？该论点也可以从另一个角度来分析。电信运营商是否应该对所有的短信和通信进行加密，这样一来，即使有法院命令，执法机构是否也无法窃听你的电话记录？

斯诺登揭露在通信息服务和手机中存在的"后门"问题俨然已成为一个人们热议的焦点。2013 年，当时 29 岁的斯诺登透露，美国许多的硬件和软件都设有其情报和执法机构的"后门"。正如《纽约时报》一篇文章指出的那样，在后斯诺登时代，一家手机公司要想在全球市场上生存下去，就必须让消费者相信他们的数据是安全的。

讨论

你认为区分数据类型和政府访问该等数据的可能性的关键因素是什么？简要讨论支持以下每一个潜在原因的论点：

1. 数据类型：数值数据还是非数值数据？

2. 在第三方需要访问数据，并在之后获取了此数据的情况下，政府也能访问它吗？

3. 怎么看待在如何获取个人数据方面透明度较低的情况？可能会以一种过于简单的方式，或在没有经过公众或辩方监督的情况下访问"后门"吗？

4. 这是因为对很多人来说，他们存储在智能手机上的个人信息比存在家里的还要多吗？

5. 是不是根据斯诺登的透露，情报部门可以在通信设备没有加密的情况下通过"后门"对其进行访问？

6. 当涉及加密和隐私时，都有什么限制条件？我们是否应对自己所有的个人数据和信息保密，从而摆脱执法机构的控制？

　　加密技术不能保障数据保护的安全性。除了持续不断地保护加密技术不受攻击，还存在元数据和规避加密的方法等问题。元数据（比如，显示消息从何处发送的 IP 地址、消息的发送者和接收者以及呼叫的时长等）不会透露消息的内容，但会提供个人信息。据报道，该类数据被 WhatsApp 分享给了执法机构以应对有效的法律请求，比如（成功地）帮助应对绑架事件。除元数据之外，当有人访问你的手机时，加密技术也帮不了你，因为它要么没有加密密钥保护，要么对方已获取了访问你的手机所需的密钥。一旦发生这种情况，他们会看到你所有的消息，即使它们是加密发送的。加密也无助于防止备份或下载你可能保存的未加密聊天记录。在一次采访中，库克甚至提到了应用此方法以从圣贝纳迪诺枪击案的苹果手机中获取个人数据的想法："我们的建议是把手机连接到它熟悉的网络，通常是家里的网络。插上插头并打开电源，放置一晚上，第二天你就会拥有此手机当前的备份，然后再将其备份到云端服务上。"但在圣贝南迪诺的案件中，这已无法实现了，因为调查人员在此之前已重置过云端服务的密码以致手机不会再备份到该云端。

讨论

假设你在一家名字为 Messaging App NonExisting Inc. 的公司工作，这是一个在你的国家很受欢迎的应用程序开发公司。

1. 你注意到你的公司不断向政府发送公司客户间的所有消息时，你会怎么做？

2. 首席执行官的孩子被绑架了。他要求你快速开发一个"后门"软件，以便执法机构能够访问其孩子的最后一次通信。他承诺之后会删除该软件。你会答应开发吗？为什么（不）答应开发？

3. 你自己的孩子或伴侣失踪了。那么这种情况下，你会开发"后门"软件吗？

现在回到 2015 年的圣贝南迪诺枪击案上。美国联邦调查局要求苹果公司编写软件，以解锁其中一名凶手的 iPhone 5C 的要求最终的结果是什么？在苹果公司拒绝编写软件后，该案件交由了法庭处理。最终，同年 3 月 28 日，美国联邦调查局宣布解锁了这部手机，并撤回了他们的请求。据报道，他们只在电话中找到了与工作有关的信息，并没有关于此案件的新披露。

2.5
偏差 / 偏见

2.5.1　偏差 / 偏见：一个被反复使用的术语

　　这个世界并不完美，数据收集当然也是如此。数据科学家所研究的数据，很少能完美地代表模型所应用的总体。样本可能有很多来自容易访问的组的数据，或者由于环境或总体的变化而不再具有代表性的历史数据。这样就产生了两个伦理问题。首先，它是否会影响模型在样本和总体上的性能。这种情况下，在测试中提供的性能评估不同于将模型部署到总体时所获得的性能评估，从而对模型的性能产生错误的看法。其次，如果样本对某些敏感群体（比如，具有特定种族背景、性别、宗教或年龄的人）有偏见的话，那么得出的模型很可能也会包含这种偏见，因此可能造成对该等敏感群体的歧视。

　　在继续话题之前，我们先对这个词进行一个简短的讨论：它是一个应用于数据科学的各种概念中被反复使用的术语：

　　1. 数据样本的偏差：样本不具有总体代表性，我们将在下一小节中讨论这一点。

　　2. 数据或模型对敏感群体的偏见：这与公平性问题——对

应，将在我们全书中有所体现。

3. 偏差、方差权衡：模型的预测性能是两种误差之间的权衡，一种是由对模型的学习算法的假设引起的偏差误差；另一种是由非无限样本量引起的方差误差，其中模型对训练集中的微小变化很敏感。

4. 线性模型中的偏差：截距通常也称为偏差项，这是因为如果输入端没有数据（即全部为零）的话，其结果就是偏差项。

这个词的所有用法都可以追溯到《牛津英语词典》中的定义：偏见是指在某一方向上的倾向。

> **偏见**：对某个人或某一群体的倾向或偏执观点，尤指在某种程度上被认为是不公平的。
>
> ——摘自《牛津英语词典》

每当谈论"偏见"时，了解这个术语的语境尤为重要。在数据科学伦理中，"偏见"的语境通常是样本偏差或对敏感群体的偏见。

📊 2.5.2　样本偏差

抽样是数据科学研究自身固有的一个局限性。由于各种原因，要想收集总体完整的数据往往是不可能的：数据只能从已同意提供数据的人那里获得；无法对所有人进行问卷和调查；获取数据可能会耗费大量资金。当样本不具有代表性时，某一人群的非随机样本而形成的误差就会由此产生。

在学术环境中，学生们经常被要求填写调查问卷或参与实验，假设这些学生是学生总体中的一部分代表。然而，只有当总体是其同所大学的学生时，才可能不存在样本偏差。同样地，通过人际网让你的亲朋好友等填写调查问卷的话，也会导致一些样本偏差，除非你的人际网是你所设想的总体的代表性样本。弄清楚总体和样本的定义，将有助于发现可能存在的样本偏差风险。下面是几个例子。公司经常面临类似的问题，即他们手头的数据仅限于其客户（现在和以前的）的数据。然而，正如"拒绝推理"问题所示，总体可以更加广泛。

那么，为什么会出现这个问题呢？因为后续的数据科学分析可能会导致错误的结论或模型，以消极的方式影响某些群体。让我们看几个例子。

推特经常被用于进行各种分析。对于数据科学家来说，推特数据是一个巨大的、丰富的各类数据的来源，包括以关注、转发或点赞的形式出现的网络数据，以推特博文和简短的个人简介形式出现的文本数据，个人简介中的社会人口数据以及所有带有有趣时间信息的数据。因此，随着时间的推移，人们可以观察推特用户的行为和观点。然而，当基于模型发表声明时，我们需要确保该声明是仅在推特中发布的。因为即使选择了一个具有代表性的推文或推特用户样本，如果该总体对应的是更广泛的公民或个人受众的话，仍然会存在样本偏差：仅社交媒体用户无法作为总体的代表性样本。关于这一点，问问你祖父母以及父母他们的推特使用情况就清楚了。2011 年的一项研究对一组代表美国 1% 人口的推特用户进行了研究，研究发现推特用户在美国人口中构成了一个极不均匀的样本：推特用户在人口密集地区的代表过多；主要是男性（尽管这种偏见似乎随着时间的推移而有所下降）；非代表性的种族、民族分布，例如在各大城市的高加索人用户抽样过多，而在西南地区的西班牙裔用户则抽样过少。皮尤研究中心（Pew Research Center）在 2019 年的一项研究中还发现推特的用户更年轻、更有可能是民主党人、受过高等教育，并且其收入高于美国成年人的整体水平。

这种偏见可能导致人们对此类推特数据做出错误的分析和解释。人们可以利用推特数据预测人们的政治倾向、年龄、电影票房表现，甚至股票价格，但不能用于预测超出这一设定的结果。基于推特数据预测选举结果就属于误导性分析。图 2-8 以假设你想预测有两名候选人（民主党和共和党）的美国总统竞选的结果为例，说明了这一点。我们创建了一个智

能的数据科学项目，假设你能得到所有推特用户作为民主党
（$Y=0$）或共和党（$Y=1$）选民的政治偏好的准确反映，那么，
使用推特的这些预测来推测选举结果这一行为将具有误导性：
即使我们关于准确预测推特用户选举偏好的假设合情合理，
但推特选民的人数相较于美国全部潜在选民的总人数仍然存
在着较大的偏差。

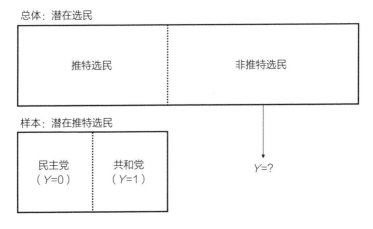

图 2-8　推特用户的样本偏差

在第二次世界大战期间，美国政府建立了一个机密项目，
以利用美国统计学家的专业知识为战争服务。这个统计研究小
组（Statistical Research Group）需要解决的一个问题是：一架
飞机要装备多少装甲。装甲越多，飞机就越重，机动性就越
差；而装甲越少，飞机就越脆弱。因此，这是一个有趣的数据
科学问题。提供的数据来自从欧洲返回的美国飞机，他们统计

了该飞机不同部位的弹孔后发现其机身经常被击中（每平方米
1.73 个弹孔），而引擎则没有那么多（每平方米 1.11 个弹孔）。
假设该架返回的飞机（样本数据）是所有飞机的代表性样本，
那么答案将是在机身上增加装甲（图 2-9）。著名数学家亚伯
拉罕·沃尔德（Abraham Wald）给出了另一个解决方案。沃尔
德认为，装甲并不需要安装在弹孔所在处，而需要安装在没有
弹孔的地方也就是安装在引擎上。"如果是对飞机进行全身扫
射，那么引擎外壳上的弹孔到哪里去了？"沃尔德给出的推论
是，失踪的弹孔是在失踪（被击落）的飞机上。因此，没有弹
孔的部件（引擎）更需要保护：如果该等部件被击中，飞机就
会坠毁，无法返航。因此，应该在引擎上加装额外的装甲，其
理由是在那里几乎发现不了弹孔。这是样本偏差影响的另一个

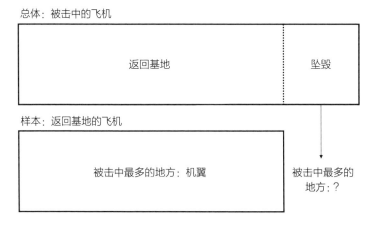

图 2-9　返回基地的飞机中的样本偏差

例子。

第三个样本偏差的例子来自信贷领域（图2-10）。各大贷款机构使用数据科学来预测客户是否有能力偿还贷款，从而决定是否给予其贷款。由此产生的模型将用于所有申请贷款的人。因此，总体包括每个在银行申请贷款的人，但样本却有所不同：只使用那些实际获得信贷的贷款申请人的数据。银行知道这些人是否能够偿还贷款（$Y=0$），或不能偿还贷款（$Y=1$）。对于那些被拒绝贷款的人，银行则不清楚他们能否偿还得起贷款。这些客户可能不是什么常规意义上的"好客户"，但其中一些可能已经偿还了贷款。了解这些被拒绝信贷的人会面临什么后果涉及"拒绝推理"的问题。

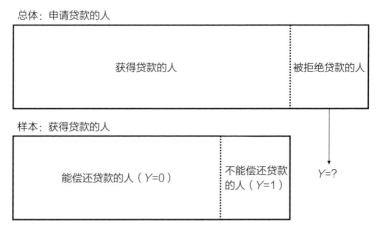

图 2-10　贷款申请人中的样本偏差

意识到样本偏差的存在是重中之重。此外，在这些范围内，慎重选择在分析和使用数据科学模型过程中所使用的语言措辞同样是重中之重。

不仅敏感群体的采样不足是一个问题，过度采样也可能是一个问题。巴罗卡斯（Barocas）和赛尔贝斯特（Selbst）提供了一个来自工作场所的例子：如果管理者过度监控某个敏感群体的员工（比如，某个种族或性别的人），则该群体的员工犯的错误，将以高于其他群体的比例记录在公司数据集中。这种做法可能会变成一种自然而然就会实现的预言：经理会认为他专注于该群体是正确的，因为错误报告的比例确实升高了，所以会对该群体成员产生更多的关注。这样一来，数据科学就会以错误的、不道德的方式来证实毫无根据的偏见。所以，即使表达不足或过度表达完全是无意的，由此产生的不同影响也值得我们关注这个问题。

2.6
警世故事：路况检测、大猩猩和简历

抽样问题可能会带来大麻烦，即使是拥有优秀工程师、大量数据和计算能力的大公司，仍会面临这些挑战。下面的两个案例说明了在事情处理过程中保持透明度、解释模型、检测和消除偏见有多么重要。

前面的例子表明，样本偏差会导致错误的结论。想想由波士顿市推出的 Street Bump 应用程序，它可以自动检测和报告路面凹坑情况。一旦在智能手机上启动该应用程序，加速度计（accelerometer）就可以感知碰撞，并将其与 GPS 位置一起记录下来发送到城市服务器。正如凯特·克劳福德（Kate Crawford）所指出的那样，这种收集数据的行为，显然会导致来自智能手机用户较少的社区的数据的减少（这些社区通常由老年人和低收入者组成）。据报道，波士顿市在解决这一数据问题方面已做出了很多努力，然而结果却显示，盲目地使用现有的数据集会对人口中的敏感群体造成负面影响。在这种情况下，较贫困社区的坑洼和道路改善报告较少。

同样地，由于对某些种族或性别群体存在偏见，在员工中历来存在该群体代表性不足的情况，这可能会扩大到后续的模型中。关于这个话题有很多警世故事，我们将在本书第 5 章中讨论这一点。比如，亚马逊的招聘工具，它可以预测哪些候选人适合工程职位。其中一种方法是将其设置为预测任务，即使用过去发送过简历的所有候选人的信息，并使用其简历中的词作为输入特征。所有申请并被录用的候选人都会被认为是积极上进的，而其他所有人则都会被认为不求上进。据报道，亚马逊用十年间的简历创建了一个类似的招聘预测模型。在评估该模型时，我们发现男性求职者往往更受青睐。由于男性求职者历来都受到重视，因此当简历中出现女性词汇（如"女子象棋俱乐部主席"），或只有女性可以就读的大学名称时，该模型总是会降低其权重。当这种偏见暴露出来后，亚马逊很快放弃了这个项目。在人脸识别中，肤色较深的人的类似采样不足，可能会导致该类别图像的性能变差。布劳莱姆维尼（Buolamwini）和威尔逊（Wilson）发现，两个面部分析基准数据集压倒性地偏向浅色皮肤的受试者，并且一些商业性别分类系统在深色皮肤的女性身上表现得更差。不考虑这种偏差，性能将在很多情况下变得更差。甚至连自动皂液机这样简单的东西都可能出错：一段 2017 年拍摄的视频显示，只有浅色皮肤的手才能使皂液机有感应、正常工作，而深色皮肤的手却不行。这项技术可能没有在有代表性（肤色）的人的样本上进行适当的测试。据报道，一些心率追踪器也存在类似问题，这无疑会带来更严重的后果。

这种消极的种族偏见也存在于医学领域的其他方面。利用遗传数据预测复杂性状的进展，已经使其预测乳腺癌和 1 型糖尿病风险的能力强于目前的临床模型。但是，这大多仅限于欧洲血统的患者。预测性能偏向于欧洲血统的人群这个问题不仅是一个科学问题，也是一个伦理问题，2019 年《自然遗传学》（Nature Genetics）上一项研究的作者艾丽西亚·马丁（Alicia Martin）等人认为这是"遗传学在精准医疗中最大的局限性"。

而另一个例子则与谷歌照片应用程序有关。此应用程序可以自动分组手机上的照片。比如，它将检测是否有来自湖泊的图片，并将其分组到一个名为"湖泊"的文件夹中，或者检测是否有带有摩天大楼的图片，并将其分组到一个名为"摩天大楼"的文件夹中。据悉，人工智能模型错将两名黑人的照片放在了名为"大猩猩"的文件夹中。此预测模型无疑犯了一个很大的错误。谷歌很快做出回应，表示"震惊和真诚的歉意"，并完全关闭了"大猩猩"预测模型以减小这个问题带来的负面影响。据说，谷歌的首席社交架构师已找到了发布该错误图片的人，他表示"不同的肤色和光线需要用不同的对比度处理……我们过去也出现过此类问题，曾经有人（所有种族）的照片也因为类似的原因被识别为狗的照片"，并且随后进行了进一步解释说明。如此快速而透明公开的回应确实是明智之举。

三年后，即2018年，《连线》（*Wired*）杂志透露，谷歌系统仍在审查搜索和图像标签中的"大猩猩"一词。据报道，一位发言人表示："图像标记技术依旧处于早期阶段，而且，它距离完美还差得很远。"事实上，这可能是一个非常棘手的问题，充分说明了利用巨大数据集处理复杂模型时面临的众多难题和挑战，而且即使是拥有丰富数据科学资源的大公司也面临这类问题。在这种情况下，对（错误的）预测进行解释说明非常重要，参见本书第4章第4.4.4节。谷歌正认真对待这类问题，这也在他们2018年发布的《人工智能原则》中有所体现，其中一个章节专门讨论了公平问题："避免制造或强化不公平偏见。"文中还说："我们认识到，区分公平和不公平的偏见并不总是那么简单，而且其在不同的文化和社会中也有所不同。我们将努力避免对人们造成不公正的影响，尤其是对那些具有敏感特征的群体。"

2.7
人体实验

人体实验是一项长期的科学实践，即对人体进行实验以研究和了解人类。"实验"一词可被定义为"研究者故意改变内部或外部环境以观察该变化所产生的影响的行为"。这是收集数据的一种常见方法，当然在网上也是如此。比如，通过改变在线广告的信息来观察点击率产生的影响，或者通过改变网站的格式来观察人们花费在网站上的时间所产生的影响。然而，人体实验对人类的影响可能比简单地点击一个广告要大得多。尽管在医学研究中，人体实验有其默认的伦理标准和共识，但在非医学数据收集阶段（通常是在线的），这种做法似乎并不是很规范。

我们将首先谈一下以人类为实验对象进行研究时常见的伦理准则的历史背景，然后将传统的 A/B 测试和有更多测试问题的 C/D 测试进行对比研究，最后再结合来自互联网的具体案例分析这些实验可能会对在线参与者的心理健康所产生的影响。

ᴵᴵᴵ 2.7.1　人体实验伦理准则的起源

人体实验为我们医学领域的进步做出了巨大的贡献，这其中就包括疫苗的出现。最早的疫苗起源于 18 世纪，当时爱德华·詹纳博士（Dr Edward Jenner）观察到患牛痘的挤奶女工似乎对天花有免疫力。詹纳博士为了验证他的假设，首先在一个健康的 8 岁男孩手臂上注射了牛痘脓液，然后又给这个男孩注射了天花病毒。据说，这个男孩的确没有染上天花。他为此写了一篇科学论文，其中描述了另外 13 个患者感染了马痘或牛痘，但在注射天花后没有生病的病例。据报道，英国皇家学会（The Royal Society）否决了这篇论文，并建议他停止实验。他没有理会这个建议，并造出了以牛痘为原料的"疫苗病毒"（Vaccine virus，其源自拉丁语中的"vacca"，即母牛），从而独创了疫苗的概念。虽然此实验违背了伦理标准，但比其更糟糕的人体实验在历史长河中多如牛毛。

1932 年，美国亚拉巴马州的塔斯卡吉镇（Tuskagee）开展了塔斯吉吉研究（The Tuskegee study），该研究调查了未经治疗的梅毒对黑人男性的影响。总共有 400 名患有梅毒的黑人男性参加了此项研究，并且假设他们正在接受治疗。当青霉素在 1951 年成为受到广泛认可的治疗梅毒的有效药物时，这些男性仍然没有接受治疗，而是继续被观察未经治疗的梅毒的效果。直到 1972 年，当全国媒体听到此项研究的风声时，这项实验才得以停止。当时，有 100 多名受试者已死于梅毒病变。一个专家小组后来发现这项研究"不符合伦理"，因为它没有获得受试者的知情同意，而且该小组认为应该给这些男性服用青霉素。

纳粹在第二次世界大战期间进行了一些令人发指的人体实验，其中包括研究人体对低压、疟疾、芥子气和毒药的抵抗力的实验。被称为"死亡天使"的纳粹医生约瑟夫·门格勒（Josef Mengele），对吉卜赛儿童、双胞胎、侏儒、畸形人进行了令人发指的实验。他在实验结束时将受试者杀死，并对尸体的解剖过程进行分析。在门格勒实验的 3000 对双胞胎中，只有 160 对幸存下来。在 1946 年纽伦堡审判中，16 名德国医生被判犯有反人类罪。鉴于这些被揭露的暴行，纽伦堡法庭于次年制定了《纽伦堡法典》（Nuremberg Code），其中有 10 条是关于人体实验研究所遵守的伦理规则，其内容包括：不受胁迫的知情同意、受试者随时退出实验的能力以及避免所有不必要的身心痛苦和伤害。《纽伦堡法典》的主要目的是防止此类可怕的实验再次发生，但事实上违背伦理的人体实验并未因此而终止。

1966 年，比彻（Beecher）发表了一篇影响深远的论文，论文提到了 22 个存在伦理问题的研究项目，其中一些项目在顶尖医学院进行，并在知名期刊上发表相关论文。这篇论文表明我们需要对以人作为受试对象的伦理实验进行积极的思考，同时，该篇论文也为我们今天所知的各种伦理准则奠定了新的基础。

1964 年公布的《赫尔辛基宣言》（ *The 1964 Declaration of Helsinki* ）是由世界医学协会（World Medical Association）的医学组织制定的，该宣言在医学领域的分量极重。它经历了多次修改，其第七次修改是在 2013 年。该宣言的基本原则涉及对个人的尊重、个人优先于进行医学研究以产生知识的权利以及对合格研究人员的具体需要。其他原则包括：风险最小化（只有当研究目的的重要性超过给研究受试者带来的风险和负担时，涉及人类受试者的医学研究才可进行）、对弱势群体的特别考量、研究协议和研究伦理委员会的需要以及知情同意，知情同意尤为重要。1978 年发表的《贝尔蒙特报告》（ *The 1978 Belmont Report* ）是众多人体实验伦理准则的基础，它重点提出了进行人体研究时的三个主要伦理原则：尊重个人原则、行善原则以及公正原则。

显然，一些建议和问题是反复出现的，我们应在数据收集时将其视作行动指南。第一个建议是"知情同意"，这也是《通用数据保护条例》的一部分。无论这有多么困难，提供知情同意的受试者都应是自由同意的，同时实验者也应在实验前告知受试者有关研究性质、潜在后果、风险以及备选方案等的客观信息，然后再获得其知情同意。在塔斯基吉的研究中，这些男性并不知道梅毒不经治疗的话会给他们带来毁灭性的恶果。第二个建议是将数据主体的风险降到最低，并将潜在获益最大化。最后，不仅在研究之初需要对其进行监督，在整个实验过程中也都需要进行伦理反思，特别是涉及历经多年的研究时更是如此。所以，我们应比伦理委员会最初的伦理标准再进一步：指派一个人（甚至是一整个委员会）负责在进行数据科学项目期间跟进和尽量避免可能带来的伦理影响，或者在每一份研究报告中增加关于伦理反思的相关内容。

▂▃ 2.7.2　A/B 测试和 C/D 测试

在一个典型的实验中，如果改变属性 X，而其他属性保持不变的话，那么会发生什么呢？为了找出真正的因果关系，我们需要两个平行宇宙，它们只在性质 X 上有所不同。与此要求最接近的是随机 A/B 实验。

A/B 测试是一种常用的方法，你可以使用不同属性的两个组进行实验。比如如果你有一个会议网站的两个版本，并配有两种不同的颜色，那么你可以同时配置它们。访问者被随机分配到任意一个版本，并界定一些衡量成功的指标（例如注册）。这类实验也广泛应用于广告业以确定哪个版本的在线广告点击率或转化率最高，但（需要注意的是）区别对待他人可能会带来严重的后果。

当然，未经用户知晓就让其参与进这样的实验的话，他们的情绪健康状态（比如幸福等）可能会受到影响。这种实验要比（网页上的）横幅广告或文本的颜色或布局的简单变化带来的影响大得多，因为其变化涉及数据科学模型的使用。拉克尔·本布南－菲希（Raquel Benbunan-Fich）建议将这种测试命名为 C/D 实验，即在没有预先警告的情况下，更改编程代码来操纵结果，从而故意欺骗用户。而在"在线交友"网站 OKCupid 于"爱情盲目日"进行的一项实验中，配对的照片会被删除一段时间，对此，拉克尔·本布南－菲希表示这是一种常见的 A/B 测试，因为用户会意识到明显的变化，所以不存在欺骗。

什么时候应该征求知情同意？在医学方面，奥斯汀·希尔（Austin Hill）认为，当患者将遭受不适或疼痛时，知情同意就很有必要。在数字化大环境中，如果存在潜在的负面影响，应征求数据主体（以及潜在的模型主体）的知情同意。比如，如果一个人改变电子商务网站的颜色以查看哪个版本的注册人数最多，那么在该情况影响很小的情况下，用户也不会太在意有没有被征求知情同意。另一方面，如果一个约会网站要推荐那些已知可能不匹配的人，就只是为了看看这类用户的反应（见下一个例子），那么这个网站对数据主体的爱情生活造成了影响，此种情况下就需要用户的知情同意。

假设用户因为同意冗杂的服务条款协议而提供了隐性同意，这可能会是一个有效的法律依据，但知情同意的有效性肯定也会遭到质疑。2014 年在伦敦进行的一项实验表明，6 个人在注册时同意了包括"希律条款"在内的条款和条件，无意中同意了永久性放弃其头生子女，只是为了换取免费 Wi-Fi。

2.8
警世故事：约会、幸福和广告

📊 2.8.1　配对预测模型的 OKCupid 测试

OKCupid 是一个在线约会网站，你可以在这里创建自己的个人资料，还可以使用数据科学模型来预测谁与你最匹配。据报道，这个网站已经做到了这一点并想测试一下其预测模型在实践中是否奏效。那么，该模型是否真的能够找到合适的配对对象，或者仅仅因为"暗示的力量"（即因为 OKCupid 将这些人视为合适的配对对象），人们就会成为合适的配对对象吗？

为了验证这一点，他们创建了两个组：A 组的夫妇预测匹配度很低，与此同时，他们也被告知其并不匹配。B 组同样由预测不匹配的夫妇组成，但与 A 组不同的是，他们被告知其实际上是非常匹配的。如此一来，他们想看看拟议匹配的人是否会交谈以及其交谈的频率是否会有所变化。测试结果表明 B 组的人确实比 A 组的人更有可能进行互相交流。在实验结束时，用户会被告知其实际预测匹配分数。

尽管隐私政策已对该类潜在的研究做出了警告，但当这一消息被公布于众时，还是在公众中引起一片哗然。人们认为这个约会网站在操控和玩弄他们的幸福和爱情。OKCupid 的时任总裁表示，这就是互联网的运作方式："只要你使用互联网，在任何时候、任何网站，你都会成为数百次实验的受试者。这就是网站的运作方式。"尽管此话言之有理，但在测试广告的哪条信息点击率最高、网站的哪种颜色注册率最高以及影响人们情绪状态的实验方面都存在着伦理差异。《华盛顿邮报》（*Washington Post*）对此进行了回应，它总结了这种实验的道德影响：如果为了改善服务而对用户撒谎，那么，A/B 测试与欺诈之间的界限在哪里？

应用于医学领域中人体实验的道德惯例，在数字化世界中似乎并不常见。请记住，数字实验也需要征求知情同意、最大限度降低风险的同时将潜在利益最大化以及确保伦理监督，因为其造成的影响可能与医学实验一样大。所以，如果你的实验对人们的情绪健康有影响，那么一定要仔细考虑到这样做可能会产生的所有伦理影响。不论有多难，在进行此类实验前，至少要确保获得用户明确的知情同意。

▂▃ 2.8.2 脸书（情绪）传染性研究

在人际交往之外，情绪状态具有传染性吗？这确实是亟待解决的一大问题。对此，有篇论文就尝试针对超 68 万脸书用户进行了一项实验，其方法是减少新闻推送中的情感内容。它共进行了两组 A/B 测试：在第一个测试组中，人们很少看到来自朋友的正面言论的帖子，因为其（通过算法）已从动态消息中删除。在其对照组中则没有删除帖子中的正面言论。据观察，与对照组相比，接受正面言论帖子较少的实验确实在后续的帖子中发布了更多的负面言论。据报道，这种差异是显著的，但相对较小。在第二组实验中，来自朋友的负面帖子被算法删除，所以实验组表现出了更多积极的情绪。该研究证明，在这种环境下，即使没有面对面的互动，情绪状态也确实具有传染性。

当用户同意其服务条款时，即表示同意进行此类实验。
然而，这项研究的伦理问题引起了一些争议，人们质疑该研究
是否获得了伦理批准以及学术研究中所要求的"知情同意"在
多大程度上得到了真正的满足。这再次表明，如果你打算通过
可能会影响人们精神状态的人体实验来收集数据，最好要考虑
到其产生的所有的伦理影响，其中包括获得知情同意、最大限
度地减少对数据主体的潜在伤害以及确保伦理监督。

2.9
本章总结

所有的数据科学项目都离不开数据。就隐私保护和对敏
感群体的歧视而言，收集数据时需要公平地对待数据主体和
模型主体。隐私是最受关注的问题，在这方面，欧盟通过的
《通用数据保护条例》在重要定义及原则上开创了新的思路。
通过个人资料可以链接到可识别的个人。与之相反，匿名数据
则不允许将数据与可识别的人联系起来，但这类数据也很难
获得。假名数据是经常使用的数据，需要额外的数据将原始
数据与某个人联系起来。加密和散列是处理隐私问题的关键
加密技术；从创建假名甚至匿名数据，到将在第三章中讨论
的更先进的方法。政府经常主张在加密标准中设置"后门"，

这样他们就能够在适当的时候（比如在获得法院命令之后）检索个人数据。

在遵守数据收集过程的透明原则时也需要考虑数据主体和模型主体的隐私。这包括前面提到的知情同意原则：是否告知了数据主体和模型主体数据收集的信息，并获得其同意？收集哪些数据、出于什么目的以及收集多长时间，这些都应该是公开透明的。除此之外，数据科学家和管理人员的行为也需要公开透明，从而（让人们）了解数据收集的整个过程。数据科学家需要知道怎样做才能保证数据质量以及进行适当的数据预处理及建模，而管理人员则是流程的签署人，应知道整个流程的各个环节。

让我们简单地回顾一下本章的第一个案例故事：珍妮因为提出了新的数据驱动的在线广告商业案例而差点被解雇，她的思路是①根据获得的脸书点赞来预测用户对产品的兴趣；②通过时不时打开麦克风收听播放的音乐来为音乐制作人提供服务；③通过映射 IP 地址到经常出现的位置来为音乐活动推广者提供帮助。《通用数据保护条例》中有原则指出（开展活动前）应获得数据主体的同意，但珍妮的提议显然没有顾及这一点，因为当用户下载应用程序时，并不清楚该商业案例的新颖思路。这也明显违反了目的限制原则，因为在此应用程序中使用数据的最初目的，不再是设想的唯一目的。想想西甲联赛中因时不时打开麦克风（收集数据）而被罚款的案例，即使其获得的声音在发送到服务器之前，在设备上进行了哈希处理。珍妮的提议严重违反了伦理透明原则，如果她在欧洲经营的话，甚至还会引发法律问题。所以，珍妮公司的投资者因此而生气是再正常不过的事情。

偏见是另一个重要的伦理概念，抽样偏差可能导致许多错误的结论，或使敏感群体受到不公平待遇。这类警世故事表明偏见是一个棘手的问题。在数据收集过程中以及在出现问题时的回应中保持透明原则是数据收集的重中之重。

最后，人体实验是收集人体数据的常用方法。历史上有无数这样的可怕案例。医学实验中的实践经验也可以指导数据科学家在在线或数字环境中进行典型实验，人体实验最主要的原则是获得实现对象的知情同意，保证数据主体的风险最小化的同时将潜在利益最大化，并且确保进行适当的监督。

责任原则要求建立有效的可证明的程序，例如在何时获得知情同意以及如何获得知情同意等方面都要做好相应的登记。这类警世故事表明，数据科学家并非有意不遵守伦理标准，而是伦理推理往往不是一个标准化（或必需）的商业惯例。

第 3 章

伦理数据
预处理

　　新上任的美国教育部长为了大力推进高等教育数字化议程而采取了诸多举措，其中一个项目便是要求每所大学均需提供学生的多种数据从而了解学生的动态和需求。部长特意向每所大学的校长都下派了这个任务："在通过散列法对数据进行匿名化处理的情况下，我们希望大学公开学生数据。数据集不应包含学生的家庭地址和其他个人信息，而应含有学生散列分布的姓名、学生所选的课程、课程成绩、2020年因新冠疫情缺席的时间、学习计划、国籍、出生日期、邮政编码和性别。通过研究发现相关的数据模型，从而推进社会科学研究，学校也可以从中获益。"在这个工作的敦促下，他们希望使用学生的数据来预测哪些学生能在毕业后找到好工作。在本章中，我们将揭示部长所提要求中不同的伦理陷阱：它们都与隐私相关，我们会分析为什么在避免再识别个人身份以及处理成绩或病假等敏感信息数据问题时仅仅通过去身份化措施是远远不够的，以及我们如何对数据集采用 $k-$ 匿名、$l-$ 多样性或 $t-$ 贴近度法等手段以加强隐私保护。除了做出预测，我们还需考虑到另一个关键问题：公平。我们要能清楚"好"的标准是什么。对此目标变量所下的定义本身就已经使得数据集具有偏见了。

我们认为仅仅去除信息的敏感属性并不足以消除对敏感群体
（如外国学生）的偏见；我们会找到方法消除数据集中存在的
偏见并利用生成的预测模型来避免歧视现象的出现。

3.1
定义和衡量隐私的标准

在谈及数据时，私人或个人数据一般被认为是与个人相
关的数据。我们在收集数据时，需要考虑数据预处理的方法以
便合理地储存数据（可能包括个人数据、经假名化处理过的数
据，或匿名化处理过的数据）。如果要公开一个数据集，必须
将泄露个人数据的风险降到最低。即使是内部信息，也会有数
据泄露和内部员工窥探（甚至法院命令）的风险，此问题亟待
解决。伦理数据科学家希望在确保个人隐私数据得到保护的同
时能够进行有效的分析和建模。这可以通过隐私保护数据发布
（PPDP）的方法来实现，例如隐匿实例或变量、分组变量或数
值以及添加噪声等。在数据实例或者输入变量中均可实行此类
方法。此外，为了确保建立于数据之上的模型不会对敏感群体
产生偏见，可以进行预处理分析以检测和消除数据中可能存在
的偏见。最后，我们需要考虑定义目标变量中的偏见。图 3–1
概述了伦理数据预处理的步骤，接下来我们会探讨具体的实施

细节。

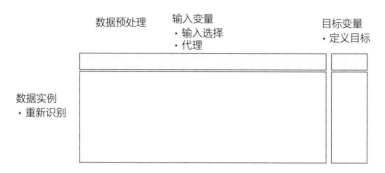

图 3-1　伦理数据预处理的步骤

📊 3.1.1　隐匿法、分组法和干扰法

要建立一个保护隐私的个人数据集，最合理而且最常见的方法是消除个人身份标识符，如姓名、（电子邮件）地址等。这显然只是第一步，仅这样做很难完全解决问题。萨马蒂（Samarati）和斯威尼（Sweeney）认为除了显式标识符之外，还有其他独特的特征——准标识符，它们通常以独特的方式组合在一起，因此可以用于再识别（或去匿名化）个人身份。

表 3-1 是一个虚构的医疗数据集，显式标识符是病人全名，有其他三个变量（准标识符），最后一列是敏感属性：医疗诊断。显然，人们不想泄露此数据集，因为一旦泄露，那这些病人的其他潜伏病变信息也会被公布于众。通过隐匿姓名，我们得到表 3-2 中的数据集。

表 3-1　含标识符（姓名），准标识符（年龄、性别、邮政编码）和医
疗诊断的数据集

姓名	年龄	性别	邮政编码	医疗诊断
德克·登（Dirk Den）	41	男	2000	疝气
埃里克·埃尔（Eric Eel）	46	男	2600	艾滋病
福灵·范（Fling Fan）	22	女	1000	健康
吉奥·珍（Geo Gen）	28	女	1020	新冠
韩珲（Han Hun）	29	女	1000	艾滋病

表 3-2　隐匿标识符（姓名）的数据集

姓名	年龄	性别	邮政编码	医疗诊断
*	41	男	2000	疝气
*	46	男	2600	艾滋病
*	22	女	1000	健康
*	28	女	1020	新冠
*	29	女	1000	艾滋病

　　但是这些数据真的是完全匿名吗？如果德克的死对头阿
德雷克（Adelaic）知道德克是一个 41 岁的男人，而且住在安
特卫普（邮政编码 2000），那么阿德雷克会首先推断出数据集
中的第一个病例就是德克，从而会泄露其诊断结果。因此，我
们根据准标识符数值的组合，就可以找到病例与具体个人之间
的关系，所以仅仅通过隐匿标识符来保护个人隐私是远远不够

的。我们在预处理阶段中，需要使用更多方法加强隐私保护。这就是美国联邦统计方法委员会所称的"统计披露限制程序"，或限制个人数据泄露的方法。使用这些方法的目的是避免出现泄漏个人资料的风险。

下面这个案例非常有名。隐私研究学者拉塔尼·斯威尼（Latanya Sweeney）花了20美元买了一份选民名单，名单中有马萨诸塞州剑桥市每位选民的姓名、地址、邮编、出生日期和性别。调查显示，仅根据完整的邮编和出生日期，就可以对54805张选票中97%的选票进行唯一识别。将公众选民名单与公布的医疗记录（包括个人的邮政编码、出生日期和性别）结合起来进行分析，可以很容易地再识别他们的身份。威廉·维尔德（William Wilder）的案例便是如此。维尔德是马萨诸塞州的前州长，因医疗记录的泄露而被再识别。斯威尼称通过使用邮编、出生日期和性别等准身份标识符便可以对87%的美国人口进行唯一识别，这也表明了仅消除显式身份标识符以此保护隐私（或是数据的匿名化处理）存在很大的风险性。

所以我们需要采取更有效的隐私保护方法。分组法是一种概括个人信息的方法，可以把具体的实例放在群集中，产生变量。连续变量的值可以分组到离散值，而对名义变量（nominal variables）的值则可以分组到更高层次的概念中。第三个办法是干扰法。干扰法为数据增加噪声，使得从数据集导

出的统计数据和模式与从原始数据导出的数据不会存在太大差
异（非常接近于差分隐私的定义，我们将在下一章处理隐私保
护数据建模时探讨）。我们可以通过增加加性干扰噪声、乘性
干扰噪声或数据交换（实例之间交换敏感属性）等方式来增加
噪声干扰。干扰法简单易操作，效果显著。但是此方法不可保
持数据内容的准确性，而分组法和隐匿法可以做到这一点。

再次回到我们的实例数据集中，我们可以离散年龄变量，
使用间隔为10的等间隔编码将年龄进行分组，然后将邮编泛
化到省份（或州），如表3-3所示。在此数据集中，阿德雷克
即使知道德克是来自安特卫普的41岁男性，他也不能一下子确
定这就是德克。阿德雷克可以推测德克既有可能在第一个案例
中，也有可能在第二个案例中，因此被诊断患有疝气或艾滋病。

表3-3　隐匿身份标识符（姓名）、泛化年龄和邮编的数据集

姓名	年龄	性别	邮政编码	医疗诊断
*	[40~50]	男	安特卫普	疝气
*	[40~50]	男	安特卫普	艾滋病
*	[20~30]	女	布鲁塞尔	健康
*	[20~30]	女	布鲁塞尔	新冠
*	[20~30]	女	布鲁塞尔	艾滋病

现在问题出现了：这些保护隐私的数据发布方法的使用
程度如何把控？在某些情况下，你会有一个完全随机的数据

集，或者这个数据集中的所有数据实例，对所有剩余变量的一般值都是相同的。为了回答这个问题，我们需要定义数据集隐私：$k-$ 匿名。

3.1.2 $k-$ 匿名

萨马蒂和斯威尼提出了 $k-$ 匿名的概念。

$k-$ 匿名： 数据集的一个属性，对于数据集中的每个准标识符组合，至少有 $k-1$ 个具有相同值组合的其他实例。

这表明就准标识符而言，每个个体（数据实例）的信息无法与数据集中的至少 $K-1$ 个其他个体区别开来。在 $k-$ 匿名数据集中，通过准标识符将一个人与特定数据实例相连的概率最多为 $1/k$。表 3-3 的数据集显示数据集在准标识符方面是 2- 匿名的：年龄、性别和邮政编码——案例 1 和 2 的组合相同，而案例 3、4 和 5 的组合也相同。这两组被称为等价类：一个等价类被定义为一组记录，这些记录对于准标识符具有相同值。那么对头阿德雷克知道德克是一个 41 岁的男人，住在安特卫普，现在他只有 50% 的概率认为德克是案例 1，因此被诊断患有疝气；有 50% 的概率是案例 2，因此被诊断患有艾滋病。

如何界定准标识符集合对我们来说非常重要。我们的敌对方有可能通过外部来源获得这些变量。这一问题十分重要，但是也很棘手（虽然看起来似乎很公开透明），如果决策错误会导致敏感数据泄露，或不必要的信息损失。

一个数据集可以自动转化为 $K-$ 匿名数据集，我们可以使用多种算法通过隐匿法和分组法使其实现自动转化，比如斯威尼的 Datafly 系统。冯（Feng）等人以一种有趣的方式为对此感兴趣的读者介绍了此类方法。这些匿名化方法的目标是：给定一个数据集，在保持信息损失最小的前提下以最快的速度获得该数据集的 $k-$ 匿名版本。目前，据我们所知最佳的 $k-$ 匿名版本属于 NP 难题，所以我们需要采用贪心算法（greedy algorithms）来实现大型数据集的转化。

这个定义使得预处理步骤中的隐私问题更加规范化，因为它保证了 $K-$ 匿名数据集中的每个实例无法与至少 $k-1$ 个其他实例区分，即使这些实例可与外部信息相连。但是仍然可能存在两种攻击行为，其目的在于对敏感属性数值进行识别。

▎3.1.3 同质性攻击和链接攻击

保护身份信息和保护敏感属性数值不同。即使攻击者不知道德克是案例 1 还是案例 2，但如果两个案例的敏感变量值相同，那么敏感值就会被泄露。表 3-4 阐明了何为同质性攻击。在表 3-4 中，阿德雷克可以充分推断德克被诊断患有艾滋病，即使他不知道德克是案例 1 还是案例 2。

表 3-4　2- 匿名数据中的同质性攻击

姓名	年龄	性别	邮政编码	医疗诊断
*	[40~50]	男	安特卫普	艾滋病
*	[40~50]	男	安特卫普	艾滋病
*	[20~30]	女	布鲁塞尔	健康
*	[20~30]	女	布鲁塞尔	新冠
*	[20~30]	女	布鲁塞尔	艾滋病

k- 匿名的第二个问题是在敌对方访问两个数据集时，敏感变量存在于两个数据集中。这种情况下，数据易遭受链接攻击。我们来看一下表 3-5，受冯等人的例子启发，如果对手阿德雷克知道福灵是来自布鲁塞尔的 25 岁女性，并且福灵在这两个数据集中，那么阿德雷克可以推断出福灵被诊断患有艾滋病。

表 3-5　附加数据集中的链接攻击

姓名	年龄	性别	邮政编码	医疗诊断
*	[40~50]	男	安特卫普	疝气
*	[40~50]	男	安特卫普	艾滋病
*	[20~30]	女	布鲁塞尔	健康
*	[20~30]	女	布鲁塞尔	新冠
*	[20~30]	女	布鲁塞尔	艾滋病

续表

姓名	年龄	性别	邮政编码	医疗诊断
*	[40~50]	男	安特卫普	疝气
*	[40~50]	男	安特卫普	艾滋病
*	[20~30]	女	布鲁塞尔	艾滋病
*	[20~30]	女	布鲁塞尔	疝气
*	[20~30]	女	布鲁塞尔	心脏病

假设两家医院的数据均被泄露，每家医院都采用2-匿名方法，而且都具有相同的准标识符和敏感属性。如果阿德雷克知道福灵是来自布鲁塞尔的20多岁的女性，并且曾就诊于这两家医院，那么阿德雷克就可以从这些数据集中推断出福灵被诊断患有艾滋病。因为如果我们查看数据集最后三行的诊断结果会发现两者都被诊断患有艾滋病，所以那一定是福灵的病例。链接攻击需要更多的背景知识，知道福灵存在两个数据集中，并且两个数据集中含有敏感属性。斯威尼泄露了前州长的医疗记录，便是这种链接攻击的另一实例。

3.1.4 l-多样性，t-贴近度

如果我们研究同质性攻击时可以限制数据集的大小，那么阿德雷克就不会知道德克是否在数据集中。但是隐匿实例可能会降低数据集的信息含量。2007年，阿什温·马查那瓦贾拉

（Ashwin Machanavajjhala）和他的合作者在k–匿名概念的基础上进一步提出了l–多样性概念，它通过在每组k（或更多）不可区分（在涉及准标识符时）的数据实例中增加敏感值的多样性来解决上述问题。

l– 多样性：数据集的一种属性，对于数据集中的每个等价类，敏感属性中至少有l个具有代表性的数值。

具有代表性的数值含有不同的定义，最简单的定义是其应具有唯一性。因此每组实例的敏感属性中应该至少有1个不同值，而与准标识符的值相同。如果我们再次观察表3-3，就会发现数据集中有2-匿名和2-多样性。表3-4的数据集含有较少的匿名性：2-匿名和1-多样性，因此需要进行更多的分组、进一步隐匿数值和变量才能转化成2-多样性。

糟糕的是，在确保l-多样性之后，隐私安全无法得到保证。我们假设以下场景：敏感属性的一个值比另一个值少得多，例如新冠病毒检测呈阳性与阴性。如果你在两个数据实例中有一组等价类，一个新冠病毒检测呈现阳性，另一个呈现阴性。如果总人口中只有1%的阳性病例，那么知道德克在这个等价类中之后，我们便会认为德克患有新冠的概率从1%变为50%。这让我们想起了李（Li）等人提出的另一个关于隐私的概念，它称为 $t-$ 贴近度。它要求每个等价类中的敏感属性的分布接近完整数据集中敏感属性的分布，贴近度由一些分布距离参数和一个阈值 t 定义。我们需要注意的是，这一做法会使数据更具普遍性，从而再次阐明了数据的效用与数据主体隐私之间的平衡关系。

3.2
警世故事：再识别

我们生活在数字化时代，行为数据记录着我们的一举一动的。比如你的参观地点、支付记录、搜索记录、喜欢的网络页面和访问的网址。对于此类数据，每个潜在行为（位置、账号、搜索查询、脸书页面或网址）都由一个输入变量表示。该变量通常是二进制的：如果进行了一个行为，则为 1，否则为 0。人们可以快速地通过仅仅几个行为动作就能识别一个人。例如，除了我，还有谁早晨在安特卫普送我儿子去托儿所，白天去安特卫普大学，晚上回贝尔赫姆的家呢？或者类似地，除了我之外，还有谁在安特卫普一家特定的托儿所、大学附近的当地咖啡店和贝尔赫姆的一家小书店付款？这种细粒度、高维度数据，既大有潜力也颇具危险性：因为它可以快速确定一个人的兴趣；用来准确构建一系列应用的预测模型，从移动广告、信用评分到预测人格特质；也可用于再识别，如以下案例所示。

分组法可以将安特卫普地区的所有位置聚合到一个超级位置"安特卫普"，或者将书店中所有的唯一账号聚合到一个单一的"书店"账号。隐匿法可以移除所有发生低于特定频率的独特行为。但是在预测模型中，使用这两种缩减法很可能降低预测模型的性能。阿加沃尔（Aggarwal）专门研究了 $k-$ 匿名法维度的效果。他发现当一个数据集拥有大量准标识符时（比如说行为数据），人们需要在隐匿大部分数据和失去想要的匿名级别之间做出选择。以下警世故事的案例就说明了行为数据发布时进行再识别有多容易。

3.2.1 基于电影评分的再识别

奈飞公司是一家订阅型的电影和电视剧流媒体服务公司，其最初的业务是租赁（通过邮件）数字影碟。2006 年，奈飞公司宣布设立百万美元的奖金：谁能够使其推荐模型的预测率（使用均方根误差测量）上升 10% 的正确率，便可赢得 100 万美元。在 1999 年 12 月至 2005 年 12 月期间公开的数据集显示，约有 50 万名奈飞用户对电影进行了评分，共有超过 1 亿个评分（评分范围 1 到 5）。每个数据集中包括用户识别码、电影标识符、评分日期和评分。这个大奖赛从 2006 年 10 月开始，一直持续到 2009 年 7 月，最终，一个团队成功地实现了这个目标而获得奖金。在这近三年的时间里，有超过 185 个国家的 5100 多支队伍参加了比赛。获胜者是名为 "BellKor's Pragmatic Chaos" 的团队，这个团队由三个队伍联合组成，他们齐心协力共同斩获大奖。2010 年，奈飞公司宣布将启动第二个百万美元的大奖赛，但是后来由于隐私问题及其引起的轩然大波而被迫取消。

　　尽管公司声称该数据集是匿名的，而且只有完整数据集的十分之一，其中的数据收集也采用 "干扰法"，但还是出现了重大的隐私问题。得克萨斯大学（University of Texas）的两位研究者纳拉亚南（Narayanan）和什马季科夫（Shmatikov）认为将被认为已经匿名化的数据集和辅助外部数据结合起来就可以识别用户身份。在这种链接攻击中，他们尤其关注互联网电影数据库（Internet Movie Database, IMDb），用户可在此提交影评和电影评分。作者假设当一个人同时在奈飞和 IMDb 中对电影评分时，在奈飞评分的日期和在 IMDb 对同一部电影进行评分的日期密切相关。所以我在奈飞观看电影《壮志凌云》（Top Gun）并对此进行评分时，我也在 IMDb 对其评分，因此两者的评分时间大体一致。在与数据集相连之时，并不需要完全相同的日期，而是用户必须要知道一部电影的观看日期和评分。表 3-6 就说明了这一原则，我们可以推断一个（虚构的）匿名的奈飞用户是（虚构的）IMDb 用户 johndoe90，因为他们都在同一天对相同的电影进行评分，而且相隔时间不超过一天。通过连接数据实例，我们现在就能够知道 johndoe90 是基努·里维斯（Keanu Reeves）的粉丝（由网站个人简介得知），来自安特卫普，他还也观看了《华氏 9/11》（*Fahrenheit 9/11*）、《拿撒勒人耶稣》（*Jesus Of Nazareth*）和《约翰福音》（*The Gospel of John*）等影片，这可能显示了其政治倾向和宗教偏好。很明显，考虑到评分日期，采用某种形式的 $k-$ 匿名法是相当困难的。事实上，纳拉亚南和什马季科夫也发现，即使是 2- 匿名也会破坏数据集中包含的大部分信息。

表 3-6　辅助数据集的链接攻击

奈飞		互联网电影数据库		
ID	电影评分	ID	电影评分	个人简介
*	《人工智能》（*A.I.*） 2004.06.06	johndoe90		
	《顽固分子》（*Bullhead*） 2003.01.01		《人工智能》 2004.06.07	安特卫普人，基努·里维斯的粉丝
	《誓死追缉令》（*The Pledge*）2001.08.01		《顽固分子》 2003.01.02	
	《华氏 9/11》2004.03.15		《誓死追缉令》 2001.08.01	
	《拿撒勒人耶稣》 2000.10.21			
	《约翰福音》2004.05.22			

他们还认为即使是有三天的误差也是可行的，数据集中96% 的奈飞用户可以被唯一识别。对于 64% 的用户，如果他

们有两次的评分记录和评分日期，其数据足以完全被去匿名化。所以那些在奈飞上观看电影并在 IMDb 进行评分的用户，他们在 IMDb 的个人信息可与 2005 年之前在奈飞完整的观看历史有关。个人信息有用户姓名，也可有个人网址或者个人简介。但是，另有实例表明，仅仅通过消除个人身份标识符的手段并不一定能实现数据集的匿名化。

所以如果你可以在奈飞数据集中识别出一个用户，你该怎么办？事实证明，你观看电影的历史记录可能会反映你的政治倾向、性取向和宗教偏好，但是只有 IMDb 数据集是不可能获取这些信息的（因为 IMDb 不会知道你看过的所有电影）。纳拉亚南和什马季科夫认为一个人对电影《权利与恐怖：现时代的诺姆·乔姆斯基》（*Power and Terror: Noam Chomsky in Our Times*）和《华氏 9/11》的看法会暗示出他的政治倾向。同样，对《拿撒勒人耶稣》和《约翰福音》的评分也会暗示一个人的宗教偏好。通过用户对同性恋题材的电影所进行的正面评价〔例如《生命不能承受之情》（*Bent*）和《同志亦凡人》（*Queer as Folk*）〕，我们便可以预测用户的性取向。辛斯基等人也持有相同的观点：通过一个人在脸书上的喜好，就可以推断其政治倾向或者性取向，甚至其饮酒经历。

尽管现在你认为自己或普通奈飞用户不会介意个人的电影观看偏好被公布于众，但是纳拉亚南和什马季科夫仍然坚持认为隐私问题并不在于普通的奈飞用户是否会在意其全部的观影历史被他人知晓，而是在于是否有奈飞用户对此表示过担忧。一位匿名女子对奈飞提出诉讼。据报道，该奈飞女用户是一名同性恋，她认为她的性取向不应被公布于众，"包括在她孩子的学校"也不能公开。她观看了奈飞中类别为"同性恋"的电影，这就暴露了她的性取向。在诉讼中，原告声称如果她的性取向被公开，"这将极大地影响她的生活和工作，并会影响她和孩子在'原告的社区中'过平静的生活"。此外，原告认为，由于奈飞在即将进行的大奖赛中透露了其用户信息而会给她带来无法弥补的伤害。最终，诉讼得以和解，奈飞的第二个百万美元大奖赛也因此被取消。

2005 年以前的奈飞平台观影记录可以再识别用户信息，这会对用户未来的隐私产生影响：通过电影评分被泄露身份的用户，再也不能透露有关其电影喜好的重要信息，因为这可能会将用户的历史记录与其身份联系起来。所以匿名评论你喜欢或不喜欢的某部（2005 年以前的）电影，可能会泄露你的身份。奈飞大奖赛的数据不会消失：当它被公开后便出现了很多副本，因此在很长一段时间内，这些数据都是公开透明的。

或许有一个办法可以解决这个问题，那就是在数据集中隐匿电影的名字。但是这样的话，任何使用有关电影内容信息的推荐算法都无法再使用。另一种解决方法是采用更多干扰法和分组法，但是这会再次（实质上）降低结果数据集和结果数据科学分析的效用。被选定的研究人员只有在签署了保密协议后，才允许对数据进行研究，在不公开数据集的情况下参加比赛。再说当时可能不会有 5000 多支团队都参加奈飞大奖赛，更不用说由此带来的管理负担了。此外，如果只有一个参赛选手泄露了数据集（或被黑客攻击），就会出现同样的隐私问题。这又回到了保持隐私和效用之间的持续平衡状态这个问题上来了。

最后，奈飞大奖赛引发了人们对推荐系统的众多研究，并为研究人员提供了一个大规模的现实生活数据集进行实验。组织一个数据科学竞赛实属高瞻远瞩，例如，2010 年开始流行的在线 Kaggle 社区网站就公开大量的数据集供数据科学家进行研究。奈飞大奖赛的获奖者之一沃林斯基（Volisnky）着重强调了奈飞的善意之举："我认为这有失公平，因为奈飞表现得很出色，特别是在客户数据的管理方面。"这也表明，尽管奈飞公司的初衷是好的，但了解数据科学的伦理风险也很重要。

ᴵᴵ 3.2.2 基于搜寻查询的再识别

2006 年的互联网巨头美国在线的案例便是一个很好的警示，它的行为出发点是好的，但是却惹得一身麻烦。为了促进学术研究，该公司在三个月之内公布了超过 65 万用户的 2000

万条搜索查询记录（据报道，这约占同一时期通过美国在线进行搜索的三分之一）。用户名和 IP 地址等个人数据再次被隐匿。每个用户均被分配了一个随机的 ID，所以同一用户的搜索记录仍然可以被识别。除了搜索查询记录，还包括查询日期和时间以及用户访问的网址。表 3-7 为已有的数据结构提供了一些虚构的数据实例。

表 3-7　美国在线搜索查询日志的示例条目

ID	查询内容	查询时间	排名	网址
1365	宝宝姓名	2006-05-05 09：16：10	2	www.babynames.com
1365	贝尔赫姆的日托所	2006-05-06 10：11：55		
1365	数据科学伦理	2006-05-06 22：10：06	1	www.dsethics.com
4569	逾越节蛋糕	2006-04-14 14：16：22	3	www.recipezaar.com
...				

他们出于善意公布了这个数据集，希望和学术界接轨，并拥抱"开放研究社区的愿景"。这些数据的服务对象是学术界的搜索引擎研究人员，而且仅限于非商业性用途。

但是，公布这些数据所涉及的诸多隐私问题很快就在公众中引起了轩然大波。首先，数据具有细粒度和显露性，可以使某些用户的身份被再识别。其次，关于奈飞的再识别案例，人们会质疑这是否真的带来如此大的危害？但事实确实如此，我们在网上搜索的内容过于敏感，有时甚至令人十分不安。

现在，我们首先了解一下何为"再识别"。《纽约时报》的记者巴尔巴罗（Barbaro）和泽勒（Zeller）通过用户 417729 的搜索记录，追查出了该用户名叫西尔玛·阿诺德（Thelma Arnold）。阿诺德允许记者公布她的身份，并且亲自证实了她的搜索记录，记录中可以用来识别她身份的搜索信息有："乔治亚州利尔本的园林设计师""乔治亚州格温列特县，阴影湖地区出售的房屋"以及出现了姓氏为阿诺德的几个人。其他的查询信息也许有些令人尴尬，包括"60 岁的单身男性""到处撒尿的狗"；也有许多显示出其爱心满满的查询数据，比如"为伊拉克儿童准备的学校用品"。在阿诺德听到数据集被公之于众时，她大为震惊："天哪，这是我所有的私生活。"人们不需要动太多脑子就能轻而易举地发现许多用户身份都可以被再识别。

这些查询还暴露了一些非常令人不安和敏感的信息，比如有用户搜索了"如何杀死你的妻子"，有用户搜索了"抑郁症和病假"，还有用户搜索了"担心配偶出轨"。还有一名似乎是在金融行业工作的用户，他在网上搜索有关高血压的信息，并在他可能到访的几个城市里搜索陪护服务。我们还会发现有数千个与性有关的查询信息，包括一些关于儿童色情的查询记录。

这些数据刚刚被泄露，美国在线就迅速地从网站撤销了这些数据集。公司的发言人声称这次发布的数据包违反了他们的内部政策并且郑重道歉："我们对此错误深表歉意。"美国在线重新调整了客户查询信息数据的存储时间，并对其员工进行了有关数据敏感性的再教育。发布数据包的研究人员及其主管被解雇，首席技术官引咎辞职。尽管美国在线迅速从其网站上删除了这些数据集（发布三天后），但副本却仍在网上传播。

我们可以采用其他的应对方法，比如进一步隐匿信息和进行数据分组，但是这会再次降低数据的效用。缩短数据的储存时间（正如美国在线所提出的）以及限制并记录数据的访问途径也能起到不小的作用。考虑到此数据集对学术研究非常有帮助，因此在签署保密协议后，该数据集只能与有限的（受信任的）研究人员共享。

一些学者（甚至是非学者）提出疑问：如果你有权访问此类数据，那么你应不应该使用它？一方面，我们需要使用现实生活中的数据改进和验证算法来提高科研能力；另一方面，这些数据中所包含的个人和敏感数据需要有一定的比例，而且获取这些数字也需要一定的途径，我们必须再一次在上述两者之间找到平衡点。我们生活在数字时代，大部分庞大的数据集来自知名的大（科技）公司。研究学者也觊觎此类数据集，因为这会使他们的研究成果独树一帜。除此之外，这些数据集还能证明你的新想法（比如用算法更好地上网搜索、进行预测或推荐电影）在现实生活中是否可行。但是使用这样的数据也会影响你以后的研究。乔恩·克莱因伯（Jon Kleinberg）教授在《纽约时报》发表了一篇与美国在线案例相关的文章，文中写道："它泄露的个人信息似乎太多了。一般来说，我们不会使用污点数据进行科学研究。"

谷歌推出了"My Google Activity"服务，用户可以重新观看自己的搜索记录、阅读记录和观影记录，而且用户可以自行删除自己的足迹。正如谷歌所言，只有用户本人才可以看到这些数据。现在假设一下，如果你的搜索记录被公开，那么你是否会被识别出来，你是否会感到尴尬，或者更糟糕的是，这是否会对你的家庭生活或工作产生负面影响。

以下是一个警世案例：2006 年美国司法部发出传票，要求四家大型搜索公司交出其数百万用户的查询数据，以此维护网络儿童色情法。而谷歌拒绝交出其查询数据，原因之一是此做法会暴露用户的身份信息。最终，谷歌得以保留了它的查询数据，只交出了部分匿名搜索结果（搜索查询的网站地址），而不需要交出查询数据本身。

ⅈⅈ 3.2.3　基于位置信息的再识别

定位数据是一种丰富的数据源，它广泛用于研究领域和商业（主要是应用程序）目的。定位数据是所有的行为数据中最具敏感性的一种数据，你所去过的地方可以轻易地暴露你的身份。你晚上最常去的地方可能是你的家庭地址，而在办公时间最常去的地方可能是你的工作地址。你去过的其他地方也会暴露大量的个人信息和位置信息。他人可以轻而易举从你的手机中获取这类数据：通过电信运营商提供的连接手机信号塔的位置，当我们登录 Foursquare 或脸书等应用程序时，在允许手机应用程序发送定位数据的情况下便可以通过 GPS（纬度、经度）坐标获取数据，或者通过登录无线网络的访问 IP 地址获取数据。手机上的应用程序通常使用定位数据，例如根据用户的位置更新预测天气的应用程序、提供行车路线的应用程序，或跟踪用户跑步或骑车路线的运动应用程序。但是定位数据也用于其他目的，比如定向广告投放，有时还会用于买卖。《纽约时报》的记者能够查看 2017 年的数据库，其中包含纽约地区 100 多万部手机的抽样行踪。他们说，至少有 75 家公司从此类应用程序（用户开启了定位权限）中获取"匿名的"精确定位数据。同样的警世故事足以说明这可能会泄露多名用户的身份信息以及用户令人震惊和不安的信息。

　　《纽约时报》的记者可以识别出丽萨·马格兰（Lisa Magrin）是一名 46 岁的数学老师（《纽约时报》已获得透露丽萨身份的许可）。丽萨是唯一一位每天往返于纽约北部的家和她工作的中学的教职工。数据集不仅包含她的家庭和工作地点，还显示了她参加慧俪轻体（Weight Watchers）的会议、住在前男友家、去健身房，甚至还有与医生的预约。"人们会发现一些你并不想让人们知道的私密细节。"设想一下，我们能够识别所有人（或者先进的移动设备），只要他们去过军事基地、精神科医生办公室、匿名戒酒会（AA 会议）、核电站、学校、教堂、清真寺等地点。通过查看设备在晚间出现最频繁的位置，就可以找到设备所在的家庭地址。仅仅知道用户身份就已经令人不安了，糟糕的是会因此引发一些违背伦理甚至非法的行为，比如敲诈。

　　不仅应用程序会追踪用户地址，电信运营商通过相连运营商天线的三角定位也可以追踪用户地址。伊夫·亚历山大·德·蒙鸠依（Yves-Alexandre de Montjoye）和他的同事进行了一项研究，他们分析了 15 个月内 150 万人的流动性数据。研究结果表明，通过 4 个时空点（了解一小时内的访问位置和时间）足以对 95% 的用户进行唯一识别。此外，将数据聚合到一个粗粒度级别的位置（通过聚合两个天线的接收区域）和时间（使用一个增加小时数的窗口），并不能具有更多的匿名性。

例如，当进行了 5 小时的分辨并将 5 个天线的区域聚合到一个位置集群时，仍然有超过 50% 的用户被 4 个随机位置进行唯一识别。因此，以 2- 匿名为目标需要大量的聚合，从而失去数据集的粒度，这有益于研究数据科学。

即便如此，正如我们之前所看到的：在一个电信运营商通过向企业提供市场报告来利用其数据集的情况下，$k-$ 匿名仍会遭受隐私攻击。赌场可能想知道来自周边的城市或者国家的到访数量，有一种可能是：本周末期间，邮政编码为 2222 的城市里有 50 人到访过赌城。如果你认识一个住在该城市中的人，这个城市只有 100 名居民，那么你就有 50% 的把握推断出这个人是否屡次前往赌场。如果这个城市只有 50 名居民，那么可以肯定他们所有人都到过赌场。那如果电信运营商可以提供每个城市中参加抗议的人数或者去过堕胎诊所的人数数据呢？我们需再次注意两个方面：第一，要确保任何人都不可识别，第二要避免泄露任何令人不安或者具有敏感性的信息（比如看病或者去赌场的信息）。

如果用户不使用手机，我们也可以获取其位置信息。一位公开数据活动家根据美国的《信息自由法案》提出了一个要求，之后纽约市公布了超 1.7 亿次个人出租车出行的数据。出租车司机的家庭地址以及个别客户的个人信息无意之中被公布于众，因为数据集中包含客户的上下车地点和时间。如果有人发现出租车在某住址搭载了一名乘客，那么知道住在该住址的乘客的下车地点易如反掌。正如黑客新闻（Hacker News）的一位批评家所说："有人从一个单身同性恋酒吧开始，其所有的出行路线都会被记录下来，而且所有关联的住址都会被列出来，不仅如此，你也可以知道第二天早上他从这些地址回家的所有路线，你敢想象吗？"更糟糕的是，对汽车牌照和出租车执照号码进行散列处理可轻松实现反编译。该操作不是将每个许可证号映射到一个随机数上，而是使用通用的 MD5 哈希值来实现。知道车牌号是六位或七位数的数字（以数字 5 开头），就可以为所有可能的汽车牌照制作一个彩虹表。通过查询表中的哈希值，公众便可以知道汽车牌照（以及类似的出租车执照号码）。据报道，通过网上搜索，人们可以很轻易地将执照号码与司机姓名匹配到一起。

通过这些警世故事，我们可以看到仅仅通过消除设备号、IP 地址或者姓名不会使数据保持匿名状态，在涉及行为数据时更是如此。此类数据会暴露个人身份以及揭露令人不安的事实。$k-$ 匿名的概念降低了细粒度行为数据的效用，使其无法做出预测和推荐，或仅仅是寻找有趣的模式。因此，在假设行为数据具有匿名性、去除了姓名和地址等个人标识符的情况下，人们也应该避免公开披露行为数据。与研究人员分享此类数据益处多多：它能够促进科学研究，提高透明度，推动社会

发展。但是，只有与可信的研究小组合作并在签署数据保护和
保密协议之后才可以共享数据。如果需公布此类数据的一般
统计数据（参考电信运营商根据定位数据提供业务报告的例
子），建议使用差分隐私。即使是公司或政府简单地存储行为
数据，也需要格外谨慎，因为数据可能被黑客攻击，导致员工
被传唤，或者也有员工窥探数据。在这种情况下，我们需遵守
《通用数据保护条例》第 5 条原则，如数据最小化、限制目的
以及数据保存时间不超所需时长等原则。

讨论

假设你收集了一份脸书数据集，其中包含 10000 个脸书用
户的数据。该数据集是以合乎道德伦理及合法的方式收集的，
而且也获得了用户的知情同意书。

1. 一所知名大学的研究小组希望你公布这份数据集（采用
散列法对用户姓名进行匿名处理），如此一来，新型算法和指
标的测试会有助于数据科学研究。

（a）你会同意吗？

（b）这一做法会引发潜在的陷阱或公众的强烈抗议吗？
需考虑再识别或者发现令人不安的模式的情况。

（c）有没有一种方法可以在确保数据集合乎伦理原则的前

提下将其用于数据科学研究？

2. 一名记者要求访问数据集，并承诺不会将之公之于众。记者想知道数据集中会披露什么内容。你会同意吗？为什么（不）同意？考虑与问题 1 中相同的问题。

3.3
定义和选择变量

▪▪▪ 3.3.1　输入选择

输入选择涵盖了之前的所有问题和方法，其目的是确保尊重个人隐私，并尽量避免歧视敏感群体。同时，我们也要把资料最小化考虑在内。正如斯威尼所证明的那样，出生日期、性别和邮政编码等变量组合，可以精准锁定人们的身份。如果知道了数据其他细粒度的变量，例如购买的产品、工作或街道名称，那么再识别这些数据主体的身份就会变得易如反掌。正如先前所提到的那样，隐私与效用之间需有所取舍。因此，我们仍然有充分的理由获取众多变量以构建性能良好的模型。但是，我们还应使用输入选择程序以进一步加强每个变量的相关性和可预见性。早期的方法比如散列法、加密法和 $k-$ 匿名法也可以用来加强隐私保护。

另外，我们也需要重视公平原则，充分考虑可能对针对敏感群体所产生的歧视问题。如果我们不想基于某些敏感属性而区别对待不同的人，那么我们就不应将这些变量作为输入变量之一。但是，我们仍然需要使用这些属性衡量和消除对这些敏感群体的偏见，同时我们还要注意这些变量的代理服务器。或许创造性思维使我们有充足的理由使用这些变量（如定位数据或工作类型）但我们需要特别注意由此带来的歧视问题，如种族和性别歧视。

ul 3.3.2　定义目标变量

定义目标变量通常有一定的主观性，因此需要谨慎考虑其商业和伦理影响。在预测模型中，模型试图预测变量，所以无论对此定义或变量的初始测量有什么偏见，最终的模型都存有风险。正如巴洛克（Barocas）和塞尔贝斯特（Selbst）所言，"目标变量必须能如实反映有争议问题的判断依据。"为了降低管理成本、增加销售或创新，他们从聘用决策的角度专门讨论了这个问题。事实上，这些不同的角度会赋予目标变量不同的定义。所以假设我们要构建一个数据挖掘模型来对"成功"聘用进行预测，但是用什么来定义"成功"聘用呢？是在公司工作至少五年的员工？在公司内部晋升到管理层的员工？还是曾受雇的员工？这些都会产生伦理影响：如果公司对女性担任这些职位心存偏见，那么模型也会存有此类偏见。如果女性员工在入职第一年休产假，那么这算是"成功"聘用吗？这就需要对具体定义进行伦理思考，通过考量就会发现某些群体可能会无意中受到歧视。

因此，定义或衡量目标变量均可能导致偏见，但它们也可能与一个过于亲密的私人属性有关，从而会引发克劳福德（Crawford）和舒尔茨（Schultz）所说的"预测性隐私伤害"。比如我们打算对妊娠信息进行预测。在医学方面，这可能合情合理，但在投放定向广告方面是否也是如此呢？辛斯基等人已经表明其观点：即人们可以通过用户在脸书上的点赞行为，准确地预测出其政治倾向、性取向和宗教偏好。但是这样做合理吗？这可能取决于具体情境和用户是否知情同意。同样地，桑德拉·马茨（Sandra Matz）及其合作者发现：与非个性化定位相比，基于心理特征预测的定向广告更能吸引人们购买相关商品。他们在研究中探讨了其积极影响，例如，为有早期抑郁迹象的高度神经质的人提供健康咨询或信息。但这样做也有可能违背伦理道德，比如靠预测来阻止公民投票。

下面是最后一个例子。根据脸书的点赞数来预测订婚的客户，这对于婚礼策划者和珠宝店来说可能非常有用。屏幕上突然出现钻石戒指广告，可能会让人感到有压力，想象一下当广告出现时，你的伴侣就在身边，或者你的伴侣也看到了此广告。

虽然这没有发生任何违法行为，但其伦理性引人质疑。这再次说明具体情景决定了与定义目标变量相关的伦理数据科学行为。

3.4
警世故事：妊娠与人脸识别

3.4.1 针对孕妇的定向广告

众所周知，会员卡可以更好地为零售店的顾客提供定向优惠券和其他营销优惠。零售商凭借此卡记录顾客每次到店时所购的产品。数据科学家可以利用这种大型数据集对客户进行分类、研究经常组合购买产品的内在规则、预测客户对某种产品（组合）的兴趣，甚至预测客户的个人信息。当客户注册这种会员卡时，商家都需要将上述信息如实告知客户。

2012 年,《纽约时报》发表了一篇文章，对美国一家大型连锁店进行了报道，这家连锁店利用会员卡的数据预测客户的怀孕信息。这一做法的商业动机很明显：一旦有了孩子，客户就难以改变其购买习惯，开始对尿布等婴儿产品的品牌有所偏好。这时，客户也已经被针对新生儿父母的其他营销活动搞得不知所措了。所以怎么建立一份历史数据集预测客户是否怀孕呢？据报道，商家采取的一种办法是利用婴儿送礼会的注册时间，它可以显示婴儿出生的时间。另一种办法是采用逆向思维，客户第一次购买婴儿产品（例如尿布）前的 9 ~ 10 个月是客户怀孕的大概时间。接下来，在零售商销售的每种产品（类型）都是一个输入变量的情况下，可以使用预测模型，通过算法找出哪些产品可以对所述目标变量进行预测。显然，妊娠期间的消费行为模式似乎会发生一些转变。《纽约时报》发表的文章称孕妇倾向于购买无香型乳液、肥皂以及钙和镁等补充剂产品。因此，可以凭借这些信息对所有客户进行分析，预测怀孕的客户。

假设模型可以准确预测客户的怀孕时间并且客户在注册会员卡时同意投放定向广告，那人们可能会想知道问题的关键是什么。在开始此预测活动后的某天发生了一件趣事：一名男子走进一家商店抱怨说，他收到了婴儿服装和婴儿床的优惠券，但是收件人是他的高中生女儿……经理对此表达了歉意，并在几天后打电话给那位父亲。据报道，这名男子说："我和我的女儿聊过了，我才知道了一些自己原本不知道的事。她的预产期在 8 月，我应该向您道歉。"

由于此类针对孕妇的相关婴儿产品优惠券产生了负面影响，该零售商的一位主管表示，他们开始将孕妇广告与孕妇永远不会购买的产品广告混在一起，例如婴儿产品广告的旁边是割草机。如此一来，定向广告就不会特别显眼。

尽管众多报纸和博客都对此案例热议不断，但有人质疑这件事的真实性。据报道，该商家在一份声明中提到过《纽约时报》的文章里有不准确的信息。无论从哪个角度来看，它都堪称一则警世故事：我们在决定目标变量时应有伦理考量。

此外，我们还需注意，此应用程序并不需客户的真实身份信息。只要客户一直使用同一张会员卡，而且该卡与其唯一的 ID 绑定，进行此类分析易如反掌。如果商家无法得知客户的名字、电子邮件或地址，那么他们只能在店内投放定向广告——商家仅仅需要在收据上打印优惠券即可。这无须包含任何标识符就可以实现：他们只需要查看客户某一次在店内购买的所有产品清单就能做到这一点。如果客户购买了无香型的乳液、肥皂和补钙产品，我们就可以接近实时预测此客户可能怀孕了，这时应该给她一张纸尿裤优惠券。正如之前在第 2 章中所讨论的一样，这是一个兼具巴洛克和尼森鲍姆所提出"可达性"和匿名性的成功案例，但是显然还需要进行伦理数据科学方面的考量。

讨论

在预测妊娠之时，请考虑以下问题：

1. 脸书的哪一种点赞页面可用于预测怀孕?

2.假设你或你的伴侣真的怀孕了，而你收到了一则婴儿用品的在线广告（或线下优惠券），你会觉得被冒犯吗？

3.如果你没有怀孕却收到了此类广告呢？在什么情况下你会觉得自己被冒犯了，或者你会觉得他人会被冒犯呢？

4.针对孕妇的定向广告中存在着哪些违反伦理道德的行为？是因为在客户或其朋友知道这件事之前就已经被商家预测到了吗？因为与性欲有关吗？还是因为商家不该知道这件事？还有没有其他的原因？

5.孕妇购买什么产品可以让商家预测出即将出生的婴儿的性别？

6.假设你在一家大型婴儿用品制造公司工作，你的经理要求你举办一个针对孕妇的在线活动，你会如何回应？

7.你认为在合乎伦理的情况下，怀孕预测模型对于什么公司或者机构来说是合乎伦理道德原则的？

8.你觉得什么类型的产品不应该使用定向广告？或者用数据科学术语来说——哪些目标变量不应该用于定向广告的预测模型？

3.4.2　人脸识别

人脸识别技术使用数据科学软件在人脸图像数据集中找到与人脸匹配的图像。作为一种数据科学应用技术，人脸识别技术带来了大量的伦理问题，究其原因，一方面是生物数据具有敏感性，另一方面是在我们生活中存在大量潜在应用和误用现象。

支持者认为人脸识别技术可以用来打击犯罪，寻找失踪人员以及防止身份盗用。据报道，从 2001 年开始，伦敦警察厅开始采用人脸识别系统。在纽约，即使没有脱氧核糖核酸（DNA）证据，没有指纹，也没有目击者，警察局也可以利用此技术侦破枪击案。我们还可以看到许多相似案件。例如，2020 年，多伦多警察局通过使用人脸识别软件，将犯罪嫌疑人的图像与含 120 万张照片的数据库进行匹配，侦破了一起谋杀案。不仅警察部门使用人脸识别，国际机场、赌场，甚至建筑工地也大量使用此技术。美国车管局识别司机面部，防止驾照复制和欺诈。谷歌的"艺术自拍"是一款有意思的软件，它利用人脸识别技术将用户照片与某幅画作相匹配。

2001 年，第三十五届超级碗（Super Bowl XXXV）比赛引发了公众对人脸识别技术的伦理性的热议。坦帕警局使用人脸识别系统对成千上万名粉丝进行身份识别，目的是找出通缉犯。尽管警局试图匹配数千张面孔，但据说只识别了少数轻罪犯罪嫌疑人，警察局也没有拘留任何人。记者称此届超级碗是"偷窥碗"。这种技术到底是哪里出现了问题？

人们大肆讨论隐私问题。在此超级碗案例中，尽管警局

采取了保护个人隐私的举措，但仍然引发了问题。现场张贴的
标志显然在提示粉丝正在使用人脸识别系统。此外，只有已知
的犯罪嫌疑人图像存储在大型数据集中，而粉丝图像只用于与
该数据集进行比较。如果图像不匹配，那么该图像会当场作
废。尽管有这些关键的保护措施，但人们还是担心以下三点：
隐私、误认和功能蠕变。正如我们在第 2.2.1 节中讨论的一样，
这些与《通用数据保护条例》第五条有关合法性、准确性和目
的限制的概念一致。我们希望读者能好好思考一下与资料最小
化、存储限制、完整性和保密性有关的第五条的其他原则。

　　人们主要担心的隐私问题是未获本人知情同意，甚至在
本人未曾意识到情况下使用该技术。人们又不能像关闭上网记
录或者手机定位信息一样关闭他们的面部。但是在这种公共场
合下，四处皆是电视台现场直播，粉丝不停拍照，人们还会在
意隐私吗？尼森鲍姆认为，尽管人们对公共场合的隐私期望有
所降低，但仍然存有合理的隐私期待，因此人脸识别技术侵犯
了人们的隐私。她的理由是，许多人在得知公共场所被监控时
会感到沮丧。在不同的环境下使用电视摄像机捕捉面部图像，
需要不同的隐私保障。布雷认为，即使多数游客知道自己可能
会被拍摄，但这不意味着他们认可自己成为警方指认的嫌疑
人。游客可能会出现在电视上或超级碗球迷照片的背景中，但
两者情景不同，他们的隐私可能会受侵犯。

第二个伦理问题是预测模型会犯错误。令人担忧的主要是误报现象，即因为人脸识别技术故障而被误认为与犯罪嫌疑人人脸相匹配而受到警察盘问。但正如布雷所说，这是被误拦的无辜公民的数量和被抓获犯罪嫌疑人的数量之间平衡法则的一部分，数据科学家需对此有所取舍，通过确定预测分数的最终截止点做出决策。如果误报率相对于漏报率过低，那么系统的错误分类可以被视为其工作中的正常现象，就像警察在追踪嫌疑人时也会犯错一样。如果比率过高，那么就应该停用此系统。2003 年，坦帕市就停用了人脸识别系统，原因是该系统从未协助警方成功逮捕过罪犯或者正确识别过人脸。

人脸识别技术发展迅猛，任何系统均需经过严格的评估。例如，2019 年对伦敦警方人脸识别软件审判案的独立评估报告显示，在 42 次人脸配对中，只有 8 次配对正确（通缉暴力犯罪嫌疑人）。据报道，一名 14 岁的黑人男学生被错误识别，因此警方采集了他的指纹。据悉，2018 年在对亚马逊人脸识别软件“Rekognition”的评估中，美国公民自由联盟（ACLU）发现 28 名美国国会议员被误认为犯罪嫌疑人，且有色人种的误报率居高不下。学术研究同样表明，一些商业性别分类系统的准确性在不同肤色人种中存在较大差异。这些只是在软件上的小测试，当你读到本书时，这些软件可能已经过时了，因为人脸识别软件正在不断地更新。但是这仍然表明人们需要了解这种技术的局限性。

第三个问题是"功能蠕变"。功能蠕变指技术实际使用的目的与设计目的不符。如扩大数据集，使之包含政治活动家、记者、公民等图像；或在较长一段时间内使用软件跟踪个人，查看其到访之地；或允许其他组织和个人（如公司或个人经营者）访问该系统。

人脸识别应用服务公司 Clearview AI 应考虑此类问题。这家美国公司有一款人脸识别软件。使用者通过上传其拍摄到的陌生人照片，轻松查看到他们的公开照片以及这些照片在网上的链接。据报道，它所参考的数据是从脸书、推特、照片墙（Instagram）、油管（YouTube）和"数以百万计的其他网站"中收集的，其中图片超过 30 亿张。Clearview AI 的总经理辩称他们只是收集了用户已经公开的照片。与执法机构可用的数据相比，数十亿张图像的访问权优势巨大。执法机构的数据库历来仅限于政府提供的图像，例如驾照图片和脸部照片。这种系统的应用性涉及安全方面，可以帮助执法部门识别犯罪嫌疑人和潜在的恐怖分子。印第安纳州警局的一个案例说明了在没有面部照片或驾照照片的情况下，如何从视频片段中识别出一名枪手。因此，只有拥有这些数据源之外的数据系统以及合适的面部相似性匹配软件才能识别人们的具体身份。企业也可以从该软件中获益，因为它可以帮助识别犯罪嫌疑人，如入店行窃者和信用卡欺诈者。但是，数据收集和数据部署显然会引发伦理问题。首先，正如我们在第2.2节中讨论的那样，公用数据并不意味着人们可以免费复制数据。欧洲法规通过了一项"数据权"，在未获得所有者知情同意的情况下，即使数据库内容本身不受版权保护，也不许复制或提取数据库的主要内容。但是个人网站（或其他数据源）的政策允许此类做法。例如，脸书不允许所有的自动抓取，仅有几家上市公司有此权限，而且仅限于某些网页。所以 Clearview AI 公司这一抓取脸书页面的行为似乎违反了这一政策，因此脸书和其他公司，如领英（LinkedIn）、推特和油管一致要求 Clearview AI 公司停止此行为。

此外，我们需慎重考虑到底谁可以使用此类软件。那些使用这些数据的人，比如各国的执法机构、企业的安全部门乃至个人是否应该加以限制？曾有这样一则案例：Clearview AI 公司的一位潜在投资者偶然间在餐厅使用该软件拍下了他女儿约会的照片，以查明女儿约会对象的身份和背景。这似乎有悖于我们该有的隐私期望。人们很快意识到这款软件其他潜在的不合乎伦理道德的用途。《纽约时报》指出了其三个违背伦理的用途：确认抗议活动中的积极分子；在地铁上跟踪一个有魅力的陌生人；或者外国政府挖出其公民的秘密并勒索他们。

很显然，我们仍需在数据的效用和隐私之间做出取舍。

一旦我们确定数据和技术的合法性、结果的准确性、对执法的价值性，我们会认为那些值得信任或承担审计工作的国家组织和公司在明确其工作职责和受到严格监督的前提下有权使用这些数据和技术。其他人可能会觉得将人脸识别技术用于对公众的监控极大地侵犯了公民的隐私权，就像人脸识别技术的先驱约瑟夫·J. 阿提克（Joseph J. Atick）在接受《纽约时报》采访时所说，"这基本上剥夺了每个公民的匿名权。"

目前这一话题依然在整个社会中饱受争议。管理者和科技公司在不断找寻其中的平衡点。欧洲委员会的玛格丽特·维斯塔格（Margrethe Vestager）在 2020 年接受采访时被问及"本着对竞争和数字产业负责的态度，我们是否应该禁止大规模使用人脸识别技术？"他对此回答道："我也不确定，这是一个很敏感的问题。人脸识别技术可能会给我们带来很多便利，但是我们不能草率定论。我们需要明确界定其使用条件、优点和局限性。一些媒体认为在任何情况下都不应妨碍人们的言论或集会自由。美国一些州在尝试这项技术后也予以放弃，并公开指责该技术不够可靠。"他的这个回答说明了这场伦理之争将长期存在。公众对该技术的担忧与日俱增，而且该技术也缺乏严格监管，因此，脸书在 2021 年关闭了它的人脸识别系统，并删除了 10 亿多张人脸照片。

讨论

假设你刚安装了一个智能可视门铃，附带安装的软件具有人脸识别功能，可以对个人进行人脸识别。你会收到个性化的消息和铃声：当可识别的人按铃时会响起特殊的铃声，或者你的手机会收到一条消息。

1. 你认为人们介意门铃软件识别他们的面部和姓名吗？

2. 门铃公司或其他未获授权访问这个数据集（带有姓名和面部特征的数据集）的人会如何滥用这些信息？

3. 我们应如何使用《通用数据保护条例》第五款第一条关于知情同意、准确性、目的限制和数据限制的原则解决这个问题？

4. 你会关闭此类功能吗？

5. 你觉得什么样的公司或组织有权拥有你的面部照片和你的名字（以及必要的人脸识别软件将你的另一张照片和你的名字配对）？

3.5
公平的新定义

接下来我们看一下公平的歧视特征。我们如何衡量一份历史数据集中对敏感群体的偏见，以及如何在预处理步骤中改变数据集以消除其中的偏见呢？

▲ 3.5.1　衡量数据集的公平性

　　若要在数据集中消除偏见，我们首先要确定如何定义这份数据集中对敏感群体的歧视或者偏见的程度。假设我们有一份具有特定敏感属性的数据集，称为 S，敏感组取值为 s，非敏感组取值为 ns。例如，在歧视女性的情况下，$S=s$ 表示性别为女，$S=ns$ 表示性别为男。要预测的目标变量 Y 具有正面（$Y=+$）和负面（$Y=-$）结果，例如成功申请贷款或者被驳回申请，或者被雇用或面试失败。第一个定义是（3.1）中的统计均等或相关性。此方法得出非敏感组和敏感组的正面结果的概率，并减去此值。差别性影响的第二个定义由（3.2）定义，取这两个数字的比值。我们可以很容易根据数据计算出这些概率。例如，假定实例属于非敏感组的一部分，那么正面结果的概率，即具有非敏感属性值、得出正面结果（ns^+）的实例数量除以具有非敏感属性值（ns^T）的实例总数得出的数值。

$$\text{Statistical parity (D)} = P(Y=+|S=ns) - P(Y=+|S=s) \quad (3.1)$$
$$（统计均等）\qquad = \frac{ns^+}{ns^T} - \frac{s^+}{s^T}$$

$$\text{Disparate impact (D)} = P(Y=+|S=ns)/P(Y=+|S=s) \quad (3.2)$$
$$（差别影响）\qquad = \frac{ns^+}{ns^T} / \frac{s^+}{s^T}$$

表 3-8 的案例数据集与卡米然（Kamiran）和卡尔德尔斯（Calders）使用的数据集类似。正如以下计算，统计均等是 40%，这意味着从绝对值来看，男性被雇用的概率比女性高 40%；而差别性影响是 2，这意味着从相对值来看，男性被雇用的可能性是女性的两倍。

表 3-8　5 名男性（S=ns）和 5 名女性（S=s）的案例数据集

id	…	S	Y
1		ns	+
2		ns	+
3		ns	+
4		ns	+
5		ns	–
6		s	+
7		s	+
8		s	–
9		s	–
10		s	–

$$统计均等（D）= \frac{4}{5} - \frac{2}{5}$$

$$=0.8-0.4=0.4$$

$$差别性影响（D）= \frac{4}{5} / \frac{2}{5}$$

$$=0.8/0.4=2$$

📊 3.5.2 数据篡改

我们需要解决的问题是历史数据集中的数据可能有歧视
敏感群体的倾向，比如女性的入职率较低。为解决这个难题，
我们需要重新标示数据，即将敏感组的一些案例的类别标签从
负面结果改为正面结果，将非敏感组的一些案例从正面结果
改为负面结果。具体在本案例中，就是将一些女性的标签从
"未被雇佣"改为"被雇佣"，而一些男性的标签从"被雇佣"
改为"未被雇佣"。这种方法是由卡米然和卡尔德尔斯提出的，
他们称为"数据篡改"。接下来，我们对此进行简要探讨。现
在出现了两个设计方面的问题：需要对多少案例以及哪些案例
进行重新标示？

第一：需要标识多少案例？——标识尽可能多的案例让
歧视结果趋于零。因此，如果我们重新标示 M 名被雇佣的男
性和 M 名未被雇佣的女性，就数据集的统计均等而言，歧视
就变为：

$$disc'(D) = \frac{ns^+ - M}{ns^T} - \frac{s^+ + M}{s^T}$$

$$= disc(D) - M \cdot (\frac{1}{s^T} + \frac{1}{ns^T})$$

$$= disc(D) - (M \cdot \frac{s^T + ns^T}{s^T \cdot ns^T})$$

$$= 0$$

如果我们将 M 放到一边会得到每组所需的变化数量：数据集中的被测歧视值，乘以敏感组的人数（s^T）和非敏感组的人数（ns^T），再除以数据集的总数（敏感组和非敏感组的人数总和，$s^T + ns^T$）。

$$M = \frac{disc(D) \cdot s^T \cdot ns^T}{s^T + ns^T} \qquad (3.3)$$

所以在此案例中，我们需要对一名（被雇佣的）男性和一名（未被雇佣的）女性进行重新标示。

$$M = \frac{0.4 \times 5 \times 5}{10} = 1$$

这也解决了第一个设计问题，但是现在出现了第二个问题：对哪些案例进行重新标示？卡米然和卡尔德尔斯提议，使用建立在原始数据集上的评分分级器，以此评定所有的数据案例。我们要对哪位男性从正面结果重新标示为负面结果呢？答案是最不可能雇佣的人。因为我们最无法确定是否要雇佣他。同样，我们让哪位女性从未被雇佣变为被雇佣呢？答案是最有可能被雇佣的人呢（或最不可能被淘汰的人）。通过数据篡改，可以获得一份歧视值为（接近）零的数据集，同时不会对数据集进行太多更改，从而接近原始数据集，并确保模型在真实情景中的准确性。

论文《数据篡改》的作者还提出了另两种预处理方法：其一，无论是否属于敏感群体，均可基于观测和预期的雇佣概率的不同来衡量每个案例。其二，这些权重可用于处理加权实例的分类算法（"重新加权"法），或重新对数据集（"采样"法）采样。

3.6
警世故事：偏见性语言

预测模型对不公平的数据科学无能为力。下一则警世故事表明数据表示研究也有偏见。博鲁克巴西（Bolukbasi）等人在 2016 年发表了一篇颇具分量的论文，论文开篇便写道："男性天生适合当计算机程序员，就像女性天生适合当家庭主妇一样。"他们将常用的词嵌入法应用于谷歌新闻数据，从中发现了新闻故事中存在着令人吃惊的性别偏见。

计算机只能用数字推理，因此文本需要转换成数字时，我们需要使用一种功能强大且很常见的方法——词嵌入。为每个单词匹配一个向量表示，这样相似的单词在这个数值向量表示中的位置会相近。相似词是指经常在同一个句子中相邻出现的词。例如，"比利时"和"法国"，这两个词经常出现在同一语境，所以两者相似。不同的新数字维度有助于定义一个词的不同含义。例如，一种可能是皇室的概念，另一种可能与国家有关。在传统的"词汇袋"编码中，词汇"国王"和"女王"

就像词汇"国王"和"数据"一样不同。嵌入式表示就不会出现这一情况:"国王"和"女王"常出现于同一情景或句子中(例:"国王戴着王冠"和"女王戴着王冠")。因此,在新兴的嵌入维度中比"国王"和"数据"的向量位置更加接近。

词嵌入有助于我们使用词语进行推理:如果"国王"减去"男人",然后添加"女人",会发生什么?如图3-2所示,果不其然,结果最终在某个非常接近"女王"的词汇附近。同样地,如果我们现在推理计算机程序员这个词的女性版本会得出哪个词?正如博鲁克巴西等人在论文题目中所提到的,我们会得出"家庭主妇"一词。人们通过分析300万词的谷歌新闻文章,发现这种语言偏见存在于具有300个维度的单词嵌入

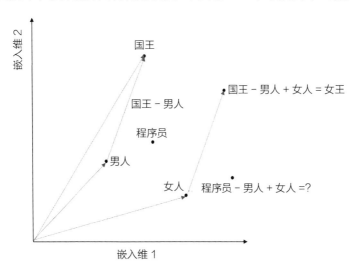

图3-2 使用词嵌入对词向量进行推理

中。而且这并非我们使用偏见性语言的唯一例子。其他一些对男性、女性的刻板印象包括：护士、外科医生，家庭主妇、老板、室内设计师、建筑师，以及歌剧女主角、超级明星。

这些分析表明新闻文章语言具有偏见性，我们可以假设这些文章（主要）由专业记者撰写。因此，我们再次发现，如果意识不到这种偏见会建立有偏见的模型。在这种特定情况下，主要问题是词嵌入的广泛使用，隐藏的性别偏见可能会在最终应用（无论是简历筛选，还是在线查询）中被放大。另一则警世故事要告诉我们的是即使可以信任文本来源，也要注意隐藏的偏见及其数据科学对数据的影响。

马里兰大学（University of Maryland）的网站有一个有趣的在线可视化工具，它是 2017 年微软举行的"黑客歧视"编程马拉松比赛的获奖作品。通过这个工具，你可以寻找自己身上的刻板印象。这个工具将男性和女性的形容词以及所喝的饮料等全部做了可视化处理，你可以查看及斟酌这些可视化门类所包含的内容。最引人注意的发现是描述男性最多的词语是决断、自信和大方；而描述女性最多的词语是时髦、性感和漂亮。

嵌入法通过确保性别中立的单词（例如外科医生）与性别对（例如他或她）中每个单词具有相同的距离以消除学习表示的偏见可以解决此问题。同时，嵌入法应该保持预期的性别类比数据，例如"母亲"一词离"她"更近，而不是离"他"

更近。

语言偏见不仅存在于谷歌新闻的文章中。克劳迪娅·瓦格纳（Claudia Wagner）等人发现维基百科（WikiPedia）的文章中也存在性别偏见，但人们原本期待维基百科会对性别保持中立。瓦格纳及其合著者发现，维基百科中关于女性的文章比关于男性的文章更经常涉及性别、恋爱和家庭相关话题（例如她的丈夫、她的工作和孩子）。同样，他们发现一些词可以预测文章针对的性别："棒球"和"足球"等词出现在歧视男性的文章中，而"丈夫"和"离婚"等词则出现在歧视女性的文章中。

3.7
本章总结

本章主要从隐私和对敏感群体的歧视的角度出发，重点探讨了如何衡量和确保数据集的公平性。人们常常认为仅靠消除个人标识符或敏感属性就可以实现公平。但这就像你以为闭上眼睛就能解决汽车轮胎漏气的问题一样：你可能看不见一些问题，但是问题仍然摆在那里。

预处理数据集的隐私可以根据 $k-$ 匿名、$l-$ 多样性和 $t-$ 贴近度来定义，但是每种解决方法都会面临隐私攻击。此类攻击的目的是再次识别一个人或揭示一个人的敏感属性值，不一定需要将特定的数据点与某人相连（参见同质化攻击）。确保此类隐私的方法是隐匿数值和对案例或数值进行分组。

务必牢记，符合这些隐私定义并不意味着能够彻底了解隐私及其效用：图 3-3 说明了隐私和效用之间的连续统一性。定义的精确度越高，匿名性、多样性越强或接近性越低等都有助于加强隐私保护，但均以牺牲效用为代价，因为如此一来，数据集会变得更加笼统。因此，当你认为这些数据是匿名的时候，一定要保持谨慎，并且要精确使用定义。如果该数据能够被人们用来进行再识别个体身份，那么它们就会被《通用数据保护条例》称为伪匿名数据。

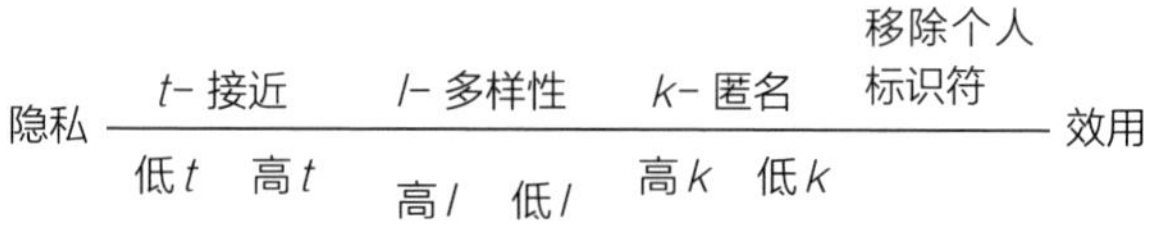

隐私 ——— $t-$ 接近 ——— $l-$ 多样性 ——— $k-$ 匿名 ——— 移除个人标识符 ——— 效用
　　　　　低 t　高 t　　　高 l　低 l　　　高 k　低 k

图 3-3　数据效用和隐私之间的权衡

行为数据会带来隐私风险，主要因为有完全相同记录行为的人数极少，所以才可以进行再识别，例如将奈飞数据与互联网电影数据库数据联系起来。加强 $k-$ 匿名会大大降低此类数据的效用，因为此类数据具有细粒度属性，因此建立在此类数据上的预测模型的精确度往往会比较高。即使公开数据的初衷是好的，但是在研究观看电影、在线搜索和定位等不同案例后，我们发现公布此类数据会引发严重的隐私问题。

以上提到的隐私攻击均假设对手阿德雷克了解一些背景。虽然对于某些案例来说，这有些牵强附会，但是也展现出公布个人数据的错综复杂性。我们将在下一章探讨在关于智能问题的结果中添加噪声。即使有背景知识、未来技术或无限的计算资源，这一方法也可以为隐私提供更体面和精准的保护。

我们讨论的另一个关于公平的问题涉及对敏感群体的歧视，首先是查看目标变量。正确定义目标变量并考虑可能含有的历史偏见至关重要。例如，考虑在招聘或晋升方面男性的固有优势。此外，还需考虑预测的伦理限制。即使获得了某些目标变量的数据，也确保了其准确性，并提供了知情同意书，也并不意味着你能够成功预测该变量。从这一点来看，妊娠案例值得我们警醒。我们再次意识到，预测是否合乎伦理道德取决于具体情境和具体应用。如果出于营销目的，预测妊娠可能是不合乎伦理的；但若出于医疗目的，人们的担忧就会少之又少。

让我们回顾一下本章开头的故事：美国教育部长要求大学公布每位学生参加的课程、课程成绩、因新冠疫情缺席的时长、国籍、生日、邮政编码和性别。美国教育部长误以为对姓名进行散列处理就会使数据匿名化。散列法只是一种伪匿名的方法。事实上，斯威尼证明了出生日期、性别和邮政编码的组合可能会对众多学生进行唯一识别，因此暴露他们的敏感信息，如成绩或新冠诊断结果。因此，在本案例中，他们似乎更需要通过采用 $k-$ 匿名和差分隐私法来加强隐私。

最后，我们探讨了在数据集中如何衡量和消除对敏感群体的歧视。我们分析了两种有关数据公平的主要方法：统计均等和差别性影响。为了消除数据集中的历史偏差，我们可以处理目标变量——通过将受负面歧视的群体的目标变量更改为正面结果，反之亦然；或者通过处理实例层，为这些受负面歧视的群体提供更多的权重或进行过度抽样，同时对其他群体提供更少的权重，或按照采样不足的方式计算。从历史数据中去除偏见，其优势之一是可以继续使用许多技术和分析。因此，确保建模阶段的公平性将使技术研究更加具有针对性。

第 **4** 章

伦理
建模

2019 年 11 月，科技企业家大卫·汉森（David Hansson）发布一连串推特博文，迅速登上热门。他的妻子遭遇明显不公，他此举是为妻子鸣不平。夫妻俩财产共有，且他妻子的信用评分高于他，但他苹果信用卡的信用额度是妻子的 20 倍。"（我妻子）与苹果公司的两名销售代表交涉过……第一位销售代表表示，'我也不知道是怎么回事，但我保证我们公司不存在任何歧视，一定是算法搞的鬼'。"苹果公司联合创始人史蒂夫·沃兹尼亚克（Steve Wozniak）也回应称，"我们也遭遇了同样的事情。我的信用额度是我妻子的 10 倍。我们两人均无其他单独的银行卡或信用卡，且财产共有。但我们找不到人来解决此事。毕竟这项高科技刚刚诞生于 2019 年。"这场网络风暴迫使纽约金融服务部（New York Department of Financial Services）立即对高盛集团（Goldman Sachs）展开正式调查，调查它的信用决策是否存在潜在的性别歧视，因为正是高盛集团负责苹果信用卡的信用评估决策。这一事件中包含了以下几部分内容，我们将在本章展开详细讨论。第一是女性的隐形歧视问题。我们将了解到如何利用各样指标来评估敏感群体面临的歧视问题。这些指标往往彼此冲突，让人有些意外，因此激

励人们选择具有公平性的指标成为重中之重。我们将列举一个
预测累犯的案例，进一步说明这一点。第二个是可解释性问
题，即能够解释预测结果，这一问题是以上故事的基本问题。
之所以需要能够解释预测结果，是因为我们既要获得对模型的
信任，又要有所感悟，还要改进模型。本章将重点介绍几个可
解释性方法，包括复杂模型可解释性方法（LIME）、反事实分
析方法、规则提取方法等。其中，反事实分析方法用于评估个
体解释，很适合用于上述语境中的信用评分问题，这也正是汉
森和沃兹尼亚克正在寻求的方案。规则提取方法则用于解释全
局预测模型。但本章将首先讨论几种方法，从而将隐私和数据
科学模型与个人数据兼顾起来。

4.1
隐私保护数据挖掘

ıl 4.1.1　ε - 差分隐私

差分隐私的定义

差分隐私的概念是由辛西娅·德沃克（Cynthia Dwork）提
出的，是数据科学的黄金标准之一，它将隐私纳入其中。我们
不禁再问一次："我们如何在分析数据的同时保护隐私？"在

第 2 章中，我们已引入"去中心化差分隐私"这一概念，即在记录数据时添加噪声。而在本节中，我们将正式讨论中心化差分隐私，即在结果中添加噪声后，再将其提供给局外人。换句话说，相比于局外人，人们更相信数据分析师。就比如政府收集的人口普查数据。这些数据可用于各种重要的数据科学工作中，或者政府会根据这些数据将资源分配到不同地区。但这么做也可能会泄露私人敏感信息。差分隐私的目标是让社会科学家共享有用的统计数据，这些统计数据与敏感数据库有关。例如，比利时有多少人感染了艾滋病毒（HIV）？有多少学生获得了助学金？或者共有多少名学生通过了"数据科学伦理"课程的考试？这些问题本身都趣味十足，但如果不考虑隐私问题便回答，就可能会泄露私人敏感信息。

再考虑这样一个问题：我们在简单报数时，又会存在什么隐私问题？就算我们采用 $k-$ 匿名方法查看数据，背景信息也会泄露个人信息。下面请看一个例子，与伍德（Wood）等人提到的那个例子类似。假设在"数据科学伦理"课程研究中，教授说 2020 年 3 月共有 50 名学生参加此课程，其中 10 名学生获得了助学金，这句话本身并没有泄露任何个人信息。现在再假设一个月后，助教又说 2020 年 4 月共有 49 名学生选修此课程，其中 9 名获得了助学金。这句话同样没有泄露任何个人信息，但如果我们将这两句话同背景信息相结合，便会发

现问题所在了。如果学生萨姆（Sam）知道所有49名学生均
选修了2020年3月的课程，而学生蒂姆（Tim）已于3月退课，
那么萨姆便得知，蒂姆获得了助学金。由此，这种简单的计数
语句便将蒂姆的个人信息泄露给了萨姆。同样地，如果政府每
天会通报各城市新冠疫情的累计确诊数，如果一人离开某市，
该市的确诊病例减少1例，则表明该人已确诊新冠疫情。这正
是差分隐私想要避免的问题。

下面定义算法隐私——ε- 差分隐私。基本原则如下：无
论算法使用个人数据与否，其结果应基本相同。"基本相同"
由参数 ε 正式定义，具体形式如下：

ε- 差分隐私："算法的一种属性，即无论使用数据集与否，
其结果基本相同。"

正式定义："如果两个数据集 D 和 D' 只有一个数据实例
不同，算法 A 可能得出的所有结果 S 满足以下公式：

$$P\left[A\left(D\right)\in S\right]\leqslant e^{\varepsilon}\cdot P\left[A\left(D'\right)\in S\right]'$$

其中，$\varepsilon\geqslant 0$。"

我们将通过几个示例来更直观明了地阐明"ε- 差分隐私"
的定义。在本节的例子中（受伍德等人工作成果的启发），无
论你是否在通报新冠疫情确诊数的城市数据集中，还是你是否

退出了课程（和数据集），通报的数字应该没有太大差别，对你隐私的影响应该也不会太大。对隐私的影响可以用参数 ε 量化。假设同一个教授调查学生是否喜欢这门课程。一名学生担心，如果她参与调查并回答不喜欢这门课程，那么她的考试可能会变难。通过差分隐私，无论她是否参与调查，都不会对考试难度造成影响。若 ε 取值小，则 $e^{\varepsilon} \approx 1+\varepsilon$，所以从数学层面讲，当 $\varepsilon=0.01$ 时，将得出：不参与调查时考试变难的概率应小于或等于参与调查时考试变难的概率的 1.01 倍。所以，如果不参与调查时考试变难的概率为 1%，那么参与后考试变难的概率最多为 1.01%。因此需要注意的是，这一概率并不意味着考试不会变难，而是只能说明参与调查与否对考试难度影响不大。

隐私参数 ε——衡量隐私损失

ε 参数被称为隐私损失参数。ε 数值越小，隐私保护性就越好，无论是否使用个人数据，结果变动的概率都会越来越小。如果 ε 趋向于零，会是怎样的结果呢？结果就是概率需要完全相同，只有数据全都是噪声，而无任何信号时，这种情况才会发生。所以，当 $\varepsilon=0$ 时，隐私得到完全保护，算法输出的结果无法反映出数据集的任何有用信息。相反，ε 数值越大，隐私保护性就越差。

需要记住的是，我们需要在分析结果中添加噪声来实现差分隐私。根据定义，我们可以通过数学方法来实现这一点。假设我们要计算二元变量 $x_i=1$ 的概率（其中，$i = 1$，2，$\cdots$，n），因此取这个变量的和。我们可以用来计算新冠疫情确诊人数，或者喜欢"数据科学伦理"课程的学生人数。然后下列算法被证明是 ε- 无差别 1（ε-indistinguishable1）。在这个算法中，我们需要将拉普拉斯分布噪声（平均值为 0，标准差为 $1/\varepsilon$）加入实际总和。

$$A\left(x_1, x_2, ..., x_n\right) = \sum_{i=1}^{n} x_i + 噪声\left(\varepsilon\right)，\quad 当噪声\left(\varepsilon\right) \sim 拉$$

普拉斯（$1/\varepsilon$）. （4.1）

图 4-1 表示 ε 分别取两个数值时，对应的拉普拉斯概率密度函数。X 轴表示添加的噪声输出值，Y 轴表示相应概率。大家会发现，其概率比正态分布更趋向于零附近的小数值。方差越大（ε 数值越小），添加噪声的概率就越高，隐私保护性就越好。回到我们刚才讲的例子，我们把向外界宣布 2020 年 3 月有 10 名学生获得了助学金，改为向外界宣布 10+ 噪声（ε）=12.4（或大约 12）名学生获得了助学金。

很遗憾，目前学术界未对 ε 的恰当取值做出正式规定，所以取值主要取决于个人是更看重准确性，还是更看重隐私性。经验法则一，ε 取值一般在 0.001 到 1 之间。考虑以下条件的最终结果：选取由 10 条记录组成的小型数据集作为对象，并利用简单求和函数进行计算。由图 4–1 可以得出，若添加 $\varepsilon=0.01$ 的概率分布下的噪声，预估总和将毫无准确性可言，得出的答案大部分是噪声。对记录多达数百万条的大数据集来说，噪声对答案准确性的影响要小得多。因此，差分隐私需要增加最小数据集所包含的记录，以提供准确结果。由此引出经验法则二，即"若数据集的记录不超过 $1/\varepsilon$ 条，则算法输出的结果几乎无法反映出数据集的任何有用信息"。所以当 ε 取理想值为 0.01 时，数据集应至少包含 100 条记录。ε 的最佳取值仍是目前研究的重点。一些研究根据经济成本来设定 ε 值，而

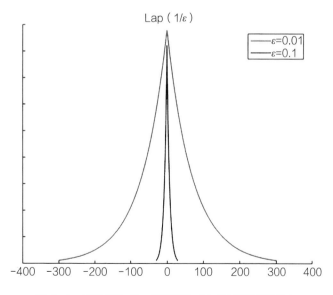

图 4–1　平均值为 0、标准差为 $1/\varepsilon$ 的拉普拉斯分布

其余研究则根据准确性要求、数据集大小以及其他一些参数进行设定。

到目前为止，我们已了解了差分隐私在单个数值查询中的应用，例如：患病的人数或喜爱某课程的人数。如果我们把不同的分析结合起来呢？如果我们反复回答同一个问题，平均答案就会演变为真实答案，因为噪声的平均值为 0。换句话说，隐私风险随着分析次数的增多而变高。差分隐私具有组合特性，即随着查询分析次数的增多，隐私泄露风险也会渐渐增加。如果存在两种算法，分别满足 ε_1 和 ε_2 差分隐私，那组合后的算法仍满足 $\varepsilon-$ 差分隐私，其中 $\varepsilon = \varepsilon_1 + \varepsilon_2$。因此，这里的参数 ε 可称为隐私预算：如果你总共想向外界宣布 k 次结果，且总体隐私预算为 ε，那单次研究必须对应一个隐私参数 ε/k。通过这个隐私参数，我们可以看出单次分析需要多少隐私预算，以及个人隐私的泄露风险会增加多少。将许多简单差分隐私分析进行组合，便可得到先进的分析技术。通过这些分析技术，人们提出了差分隐私聚类技术、差分隐私回归技术以及差分隐私分类技术。

差分隐私承诺及应用

根据差分隐私的定义，无论是何种背景信息，采用何种计算资源或其他科学技术，差分隐私所给出的数学保证

（mathematical guarantee）都是可以成立的。换句话说，差分隐私是一种前瞻性技术。但差分隐私无法保证通过分析预测一些敏感属性。如果差分隐私以安特卫普 40 岁到 50 岁之间的教授为研究对象，调查他们的平均薪资，那么无论我是否参与此次调查，都不会改变它的最终结果，这与数学运算结果相符一致。但如果人们既看过此调查结果，又知晓我的职业和年龄，他们就可以大致估计出我的薪资。

2020 年，美国人口普查局进行了十年一次的人口普查，在普查中大规模应用了 ε- 差分隐私。每隔十年，美国人口普查局都会在 4 月 1 日当天统计全国人口，并统计社会人口统计数据及居民的居住地。美国首次人口普查研究于 1790 年完成。人们可以利用人口普查数据，确定各州在美国众议院的席位数，进行经济分析，分配各州及社区的联邦资金，以及制定应急预案等。一项内部研究显示，根据美国 2010 年的人口普查数据，5200 万居民基于外部数据重新确立身份，因为他们的民族和种族得到了重构。美国人口普查局了解到，传统的保密方法无法满足现有的外部数据库以及计算效率，所以便在 2020 年美国人口普查中应用了 ε- 差分隐私。

本书第 2 章详细介绍了去中心化差分隐私。我们现在可以进一步探讨去中心化差分隐私。需要记住的是，去中心化差分隐私需在记录数据前添加噪声。而中心化差分隐私是直接在结果中添加噪声。我们从抛硬币的例子得知，答案正确率为75%。在数学层面上，这满足 ε– 差分隐私保护，其中 ε 取值为 $\ln(0.75/(1-0.75))=\ln(3)\approx 1.1$。若该例子中，答案正确率达99%，那么 $\varepsilon\approx 4.6$。这表示添加的噪声越少，隐私保护性越差。中心化差分隐私需要人们相信数据分析师，但去中心差分隐私则无此要求。这两种差分隐私的选用取决于记录数据面临的风险，如遭到黑客攻击、传唤，或者数据分析师内部员工未经允许查看数据等。如果数据泄露风险有限，则选择中心化差分隐私技术，如2020年美国人口普查案例；如果数据面临巨大安全风险，则选择去中心化差分隐私技术，如谷歌公司和苹果公司的应用案例。

综上所述，差分隐私技术利用隐私友好的总体计算数据作为主要用例，通过添加智能噪声来为算法提供前瞻性隐私保护。我们将在下面章节中讨论一些为特定分析和背景而定的算法和协议，并在保护隐私权的同时，继续执行准确的数据科学分析，促进两者协调一致，相辅相成。

📊 4.1.2　零知识证明

弄懂"零知识证明"便会迎来真正意义上"我找到了"的时刻。这些协议着眼于某种特定的运算：证明与秘密相关的命题。零知识证明的定义如下：

零知识证明：零知识证明方法即一方向另一方证明某秘密命题，而不泄露任何信息。

在数据科学伦理领域，这里的"秘密"大多指个人数据。例如，证明你是欧盟公民，但不透露你的国籍；证明你的收入高于 2000 欧元，但不透露确切金额；证明你已年过 18 岁，但不透露准确年龄。但这该如何实现？我们不妨用一个简单的玩具例子来说明该过程：假设你从一副牌的 52 张中抽出 1 张。你要证明的命题是："我拿的是红牌"，而秘密是你手中的牌究竟是不是红色的。如何向验证者证明你确实拿的是红牌呢？零知识证明正是这样的协议，即简单浏览剩余所有牌，并展示出所有 26 张黑牌。因为所有黑牌均已公开，这便证明你拿的是红牌。另一个广为流行的例子基于插画家马丁·汉德福（Martin Handford）的作品《瓦尔多在哪》（*Where is Waldo?*）。人们需要在一张大插画中找到小人物瓦尔多。你要证明的命题是："我知道瓦尔多在插画中的位置"，而秘密是瓦尔多的具体位置。零知识证明便涉及一张大木板，其宽和高均为插画的两倍。然后木板中央有一个小缺口，这个小缺口有瓦尔多人物的大小。你将木板放置在插画上，缺口正对着瓦尔多，便可证明你确实知道瓦尔多在插画中的位置（因为他已经暴露出来了），而且这样也没有准确展示出其具体位置（因为木板覆盖了插画其余部分，甚至连插画边缘也毫无外露）。

20 世纪 80 年代初，麻省理工学院的研究人员首次提出了
"零知识证明"的概念。因为零知识证明能够通过证明的形式
分析个人数据，同时保护数据主体的隐私安全，所以深受大众
欢迎。零知识证明需要满足三大标准：

1. 完整性：如果命题为真，诚实的证明者（正确遵循协议
的一方）能够完全说服验证者相信该事实。

2. 合理性：如果命题为假，作弊的证明者几乎无法说服诚
实的验证者相信该命题的真实性。

3. 零知识性：如果命题为真，验证者验证后只能知道命题
为真，其他一概不知（因为秘密未曾揭露）。

一起来做个练习。回顾上述零知识证明的相关内容，并
验证其三大标准。零知识证明还可用于解决一个简单问题：向
患有色盲的验证者证明你能区分其手里拿的绿球和红球。色盲
患者双手各拿一球。然后验证者将双手背于身后，选择是否调
换顺序。接下来，验证者将球展示给证明者，他需要确定色盲
验证者是否调换了球。第一次猜对可能是运气（一半概率），
但如果重复 n 次实验，证明者猜对的概率将变为 $1/2^n$。这便涵
盖了合理性性质。验证者绝对无法知晓各球的颜色（零知识

性），而仍然相信证明者知道各球颜色（完整性）。

零范围证明和零知识证明是两个尤为有趣的问题，与数据科学息息相关。零范围证明旨在证明数值在某个范围内，而无须透露确切数值。零范围证明具有重要的应用价值。模型对象需要透露个人收入时，便可广泛应用该方法。决策规则或决策树可表示为"如果某人收入高于2000欧元，从事数据科学工作，那么其信用评分为高"。模型对象利用零范围证明机制，无须透露确切收入，便可证明其收入足够高。如此一来，模型对象既没有泄露数据，还能得到评分。这类证明机制还可广泛用于加密货币，增加日常交易的隐私性。实际上，比特币采用假名制。发送者和接收者可以利用零知识证明来保护交易金额不被泄露。Z-cash是一种加密货币，利用零知识证明机制来实现匿名交易。与我们正在讨论的几个隐私技术一样，零知识证明对计算的要求也更高（在我们撰写此书的时候）。此外，零知识证明有望在未来实现隐私和个人数据使用的同步。因此，该技术在未来大有可为。

对于受保护数据的命题，零知识证明分别向证明者和验证者提供了一个答案，而同态加密技术可以对受保护数据进行计算。

📊 4.1.3　同态加密

随着云计算的日益普及，同态加密作为实现数据保护的
关键技术，得到了广泛应用。众所周知，人们利用加密技术，
可以安全地将个人数据从用户端发送至服务器。但是，一旦
要对这些数据进行一些计算，我们就必须在计算前把数据解
密。那时，数据被透露给服务器，变得不再安全，正如图 4-2
所示。出于上述原因，很多组织机构可能不相信公共云计算平
台，银行可能不希望将客户的所有个人信息和金融交易信息透
露到云计算平台上。同样地，一些公民可能也不愿意医院通过
云计算服务平台共享他们的全部病史。即使云计算平台本身能
够维护个人数据安全，值得人们信任。但是人们仍然可以想
象，一旦服务器数据泄露，个人数据也会随之泄露。这便需要
使用同态加密技术加强数据保护。同态加密是一种加密形式，
可以直接对加密数据本身执行计算，如图 4-3 所示。所以，银
行可以将客户的所有个人数据及金融交易信息发至云端，无须
解密便可利用云计算服务来每天计算客户的信用评分。再或
者，我们可以将谷歌搜索查询结果加密后发送至谷歌服务器，
服务器随后仍将返回加密结果，最后再在计算机上进行解密。
在这个例子中，谷歌只知晓我们查询了某些内容，但无法获知
具体信息。谷歌进行了搜索，并将加密结果返回。

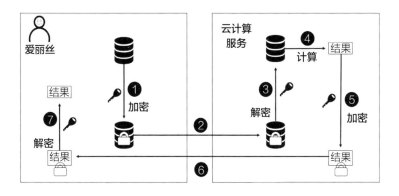

图 4-2 云计算服务平台对数据集执行计算

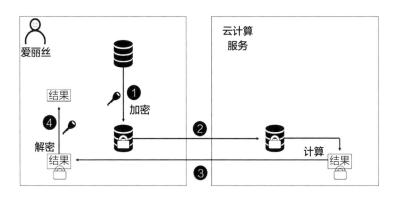

图 4-3 数据集经过同态加密后，直接对密文执行计算

我们可以把这种做法与珠宝商类比，即珠宝商拥有黄金、钻石等珍贵原材料，希望雇员将其制成珠宝。在这个类比中，原材料即个人数据，雇员即云计算平台，珠宝即经过计算的结果。珠宝商将所有珍贵原材料放入箱中后上锁，只有他能有钥匙打开箱子。这个透明箱子上有两个开口，另附有手套。这样

雇员就可以戴上手套制作珠宝，而无法将任何黄金或者钻石拿出箱子。一旦雇员制作完工，珠宝商会立即拿走珠宝成品。同态加密就是对应于上锁箱子的一种加密方案。

遗憾的是，我们还无法做到这一点，因为我们目前还无法将"全同态加密"（FHE）方案投入实际应用。通过全同态加密，我们可以对密文数据执行任何操作，例如乘法运算、加法运算、搜索查询和无限迭代次数求平均值。2009 年，克雷格·金特里（Craig Gentry）在斯坦福大学进行的博士研究中，开创性地提出了一种理论方法，可以执行"全同态加密"。然而，遗憾的是，全同态加密方案计算开销巨大，使得它在十年后仍停留在理论实践阶段。如果我们想进行深度学习、简单搜索等数据科学计算，就需要利用全同态加密来提高计算效率。金特里还指出，全同态加密方案还具备另一个优势，即它基于晶格实现加密，而非大整数分解，这表示全同态加密方案在量子计算时代也可以保证数据隐私安全。

我们已了解了一种"部分同态加密"方案，即 RSA 算法。部分同态加密（PHE）方案只允许在密文数据上进行一种特定运算。下面看一个执行乘法运算的部分同态加密例子。考虑以下问题：我们要在服务器上对 m_1 和 m_2 两个数字进行乘法运算。我们先将 m_1 和 m_2 加密成数字 c_1 和 c_2，然后送至服务器。由公式（4.2）可知，如果我们通过 RSA 算法对加密数字作乘法运算后，将结果返回至客户端，再进行解密，最终结果跟直接将 m_1 和 m_2 相乘所得的结果相同：

$$c_1 \cdot c_2 = (m_1^e \bmod n) \cdot (m_2^e \bmod n) \qquad (4.2)$$
$$= (m_1 \cdot m_2)^e \bmod n$$

同态加密技术对大数据研究也大有裨益。很多应用程序往往具有大数据集，其中包含众多个人及敏感数据，例如脸书的点赞、银行付款数据、各大网站的在线浏览数据等，但这些数据共享受到了极大限制。即使数据科学研究人员处理此类数据，都常常局限于现场研究。他们应用（新）数据科学算法来处理此类数据时，常常面临着重现性问题。迄今为止，研究难度巨大，进展不佳。同样地，研究人员无法轻易获取此类数据，也严重阻碍了重要研究进展。研究人员可以应用全同态加密方案来直接处理密文数据，而无须泄露任何个人数据。

全同态加密技术前景广阔，而且在计算速度方面取得了很大进步。所以，尽管这项技术目前尚不成熟，无法投入实际应用中，但是会给未来的数据保护带来巨大价值。

在差分隐私、零知识证明和同态加密技术中，存在着两方：一方掌握秘密或个人数据，另一方进行一些分析。下面要介绍的方法适用于这类情况，即存在多方，且各方都有一些不希望与其他方共享的个人数据，但使用和分析各方的个人数据能给各方都带来好处。

ᵈᵘ 4.1.4　安全多方计算

　　在很多使用案例中，多方可以在数据保密的同时，针对各自数据进行联合数据科学分析，并从中获益。举个例子：各家银行希望其他银行公开数据科学家的平均薪资，但不想跟其他银行透露其具体金额。一种办法就是跟可信第三方合作，例如学术或政府研究团队。第三方团队知晓各个银行的具体薪资，计算出其平均薪资后，将其汇报给所有银行。这样一来，各家银行仅得知数据科学家这一职位的平均薪资，却无法知晓其他银行开出的具体金额。安全多方计算（SMPC）旨在保护人们的隐私安全，且在无可信第三方参与的情况下，进行同等精确计算。该方法应用广泛，如计算各方选票，而不透露任何一方的具体数值；再或者，拍卖会上只透露中标结果，而不公开各竞标者的出价。

　　"安全多方计算"概念由姚期智于 1982 年提出，后经他人详细论述。它更正式的表述为：在分布式环境中，m 方参与者 P_1，P_2，$\cdots$，P_m 无须可信第三方参与，各自秘密输入信息 x_1，x_2，$\cdots$，x_m，共同参与计算目标函数 $f(x_1,\ x_2,\ \cdots,\ x_m)$。计算结束后，各方参与者获得与之相对应准确且不包含其他信息的输出结果。"安全通信"是一种个人隐私保护方法，在无可信第三方参与的情况下，进行数据分析。"多方"指提供秘密数据的众多参与者。本例子中，银行希望计算其数据科学家的平均薪资。安全多方计算协议具体表述如下。

假设共有三家银行，每家银行提供其付给数据科学家的具体薪资（假设薪资固定）。

第一步，各银行将其薪资随机分成三部分：

- 银行 1：薪资 1=2000=545+1050+405
- 银行 2：薪资 2=3000=320+980+1700
- 银行 3：薪资 3=4000=888+1011+2101

第二步，各家银行保留第一个数字，将第二和第三个数字分别发至另外两家银行。所以，银行 1 将保留数字 545，收到银行 2 发来的数字 320 和银行 3 发来的数字 888。基于这些数字，各家银行计算出部分平均数：

- 银行 1：部分平均数 1=（545 + 320 + 888）/3=584.33
- 银行 2：部分平均数 2=（1050 + 980 + 1011）/3=1013.67
- 银行 3：部分平均数 3=（405 + 1700 + 2101）/3=1402.00

各家银行再互相发送所得结果，算出部分平均数总和，最终结果便是数据科学家的平均薪资：584.33+1013.67+

1402.00=3000.00。我们由此得知，该结果正确无误。各家银行都对其他家付给数据科学家的具体薪资一概不知，而且整个过程无须任何可信第三方参与。

安全多方计算涉及广泛，应用场景有趣多样，隐私保护集合交集（Private Set Intersection）便属于该领域的一个特定应用类型。在这个交集中，每个参与方都有一组成员，各个参与方都要计算这些集合的交集，且对所有无交集的成员保密。例如，银行可能对客户信贷备感兴趣。他们想要知道其客户在其他银行是否有未偿还的信贷。同样地，医院可能很想了解新入院的病患是否已在其他医院有过医疗记录。在反恐形势下，各国情报机构可能很想获知其他情报机构是否同样持有恐怖嫌疑分子的档案。上述用例中，同第三方共享所有数据会增加隐私泄露的风险，当然，有些参与者可能仅是单纯不愿共享数据而已。安全多方计算在无可信第三方参与的情况下，基于隐私安全保护，允许多方计算输出准确交集。其简单协议如下：一旦各方就识别人物的方式达成一致（现以社会安全号码为例），那么该号码将经过散列处理，然后再同其他方共享。如果其他方参与者也持有该散列数，他们将得知该号码已共享，便可马上识别人物身份。请记住，散列是单向函数。因此，如果无法在标识符（具有散列值）数据集中找到散列，那么几乎不可能知道标识符代表的是什么。

据报道，丹麦最早使用安全多方计算技术来拍卖甜菜，计算市场均衡时甜菜的价格，这是安全多方计算技术首次应用于商业领域。后来，安全多方计算技术在日常生活中也得到了广泛应用。2017年，波士顿使用该技术计算薪资。在一项大型公平研究中，他们利用该技术计算了不同类别下（如性别、种族背景、就业水平等）员工的薪资差距。虽然该研究得到了该市100多家公司的支持，但这些公司都不希望公开各类别员工的具体薪资，这点倒是可以理解。研究人员利用安全多方计算协议，可以公开各类别员工的平均薪资，而不会向任何其他公司或者第三方透露具体薪资。虽然安全多方计算领域研究相对较少，还不甚成熟，但目前研究重点在于提高该技术的成本效益。安全多方计算协议有不同的应用场景，只要各方希望在共享的个人数据上执行计算，这类协议对数据科学伦理领域的优点就会显现出来。

ⅰⅰ 4.1.5 联邦学习

安全多方通信允许 m 方在无第三方参与的情况下，共同对密文数据进行分析。但联邦学习需要第三方参与，从而保证各参与方数据的隐私安全。联邦学习是一种分布式机器学习技术，旨在训练高质量集中式模型的同时，使训练数据仍分布在大量客户端上。这该如何实现呢？简单来说，联邦学习通过共享数据科学模型，而非数据来实现目标。

现在思考一下前面章节中提到的讨论2案例。该案例中，一个移动操作系统想要针对大量手机数据进行分析。我们之前利用差分隐私技术简单计算了某个表情的出现次数。如今，请考虑下述情况：移动操作系统想根据文本中的某些单词预测某个表情出现的概率，以此在短信中推荐使用该表情。通过联邦学习，各参与方的手机形成了一个联邦，所有参与方都将再次受益于数据共享，因为他们的用户体验将会提高，但各参与方都不希望与其他参与方或第三方共享他们的私人短信。

联邦学习技术的设置一般如图4-4所示。首先，服务器将当前的全局模型发送给参与的各设备客户端"1"。各方利用已有的历史数据或公共数据对该模型进行训练，或直接随机构建，再利用各设备客户端上的局部训练数据构建全新局部模型"2"。接下来，各设备客户端"3"将其局部模型发至第三方。

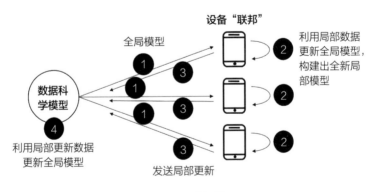

图4-4　联邦学习

第三方针对收到的局部更新对之前的全局模型"4"进行更新。该模型一旦应用，局部更新将无用武之地，所以需要删除。

如图4-5所示，我们针对联邦学习做了进一步改进，选用了线性模型。再考虑讨论2案例。我们学习线性模型，来预测某个表情出现的概率，并将其作为文本中出现的单词的函数。各手机设备会基于自身数据更新线性模型，并发送回中央服务器。服务器再聚合所有局部更新模型，组成新的全局模型（例如，通过对系数求平均值，可能由各设备使用的实例数加权）。

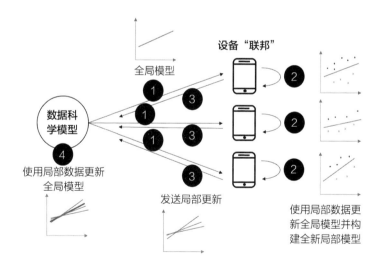

图4-5 使用线性模型和联邦平均的联邦学习

当需要利用移动设备数据来训练模型时，或数据本身敏感或较大（与模型相比）时，联邦学习特别有用。麦克马汉

（McMahan）等人提出了联邦平均算法，来训练深度学习网络。该算法结合局部随机梯度下降（stochastic gradient descent）来更新模型，由设备对每个设备的数据进行更新，并通过简单的加权平均，由第三方将各局部模型聚合为全局模型。

尽管敏感数据一直保留在设备上，但仍存在隐私泄露的风险。例如，若设备上仅有一条短信，观察究竟是哪些特征（即词语）引起了权重的变化，就能揭示出这条短信包含的词语，然后就可能还原这条短信的文本。将联邦学习与安全多方计算和差分隐私技术结合起来，可以进一步提高隐私安全性。

📊 4.1.6　建模阶段隐私保护方法总结

目前，我们已介绍了五种不同的保护隐私的方法。这些方法既使用了某些数据科学方法，又在建模阶段尽可能保护了隐私安全。具体总结详见图4-6所示。这些方法均力争在进行密文数据分析的同时，保证隐私安全。但其关键区别在于安装、参与方数量、预想的计算类型及相关用例。只有零知识证明和同态加密两种方法可以完美保证隐私安全，但目前很难得到实际应用。尽管这些方法都在保证结果效用的同时，更加注重了隐私保护，但我们仍需要权衡好效用和隐私之间的关系。

	设置	参与方数量	计算	用例
ε- 差分隐私	■	2	总数据	调查结果
零知识证明	■	2	证明	范围证明，集证明
同态加密	■	2	PHE：＋或× PHE：和	云计算
安全多方计算	■ ■ ■ ■	m	各种（平均，交集）	拍卖，平均值，投票
联邦学习	■ ■ ■ ■	m+1	机器学习	移动设备学习

■ 有秘密
执行运算

图 4-6　一些隐私保护方法概述，从建模阶段开始

4.2
歧视感知模型

一些人认为，利用算法及生成的预测模型进行决策，比单纯人类决策更为准确。如果所有环节设计良好的话，这种说法确实没问题。但就算如此，现有歧视仍难根除。当数据对某些敏感群体存在偏见时，生成的数据科学模型同样也会存在这种偏见。这样一来，我们在社会中应用此类模型，就会做出不

公的决策，就会对某些群体造成严重的负面影响。例如，在法庭裁决中评估累犯风险，在银行业务中评估信用风险，在人力资源招聘中决定录用哪位求职者，或在大学招生中决定录取哪位学生。我们将首先介绍一些定义及相关指标，来衡量预测模型的公平性，之后再详细讨论消除预测模型中偏差的方法。最后，我们将提供一些案例，来阐述当今社会利用有偏模型的警世故事。

ııl 4.2.1　衡量预测模型的公平性

首先，我们先了解一些衡量指标。这些指标可以衡量出一个预测模型对敏感群体的歧视程度。我们在前面章节中引入了"统计均等"和"差别影响"的概念，用来衡量数据集的公平性。对于一个数据集，其积极结果用 $Y=+$ 表示，敏感属性用 S 表示。其中，s 表示敏感值，ns 表示非敏感值。此外，我们现在还有一个预测模型 M，预测目标变量为 Y'。敏感群体（$S=s$）获得预测积极结果（$Y'=+$），其数据实例的数量用 $s^{+\prime}$ 表示。同样地，非敏感群体获得预测消极结果，其数据实例数量用 $ns^{+\prime}$ 表示。积极群体和消极群体的实例总数分别为 ns^T 和 s^T。

这些指标的相同之处在于均体现出模型分类对敏感属性的依赖性。而区别在于它们使用不同的数据集内容来衡量模型公平性。回到例子本身，我们将性别作为敏感属性，来预测雇佣结果。表4-1表明该数据集包含5名男性（$S=ns$）和5名女性（$S=s$），共产生6个受雇的积极结果（$Y=+$）。三个不同的分类模型为之提供了预测标签Y'^1、Y'^2和Y'^3。Y表示某人是否真正适合这份工作，因此是真实的标签。接下来，我们将介绍几种衡量公平性的常见方法。但大家需要明确一点：衡量公平性的方法远不止这些，只是，我们仅在本书中着重介绍几种而已。

表4-1　包含5名男性和5名女性的数据集实例

id	⋯	S	Y	Y'^1	Y'^2	Y'^3
1		ns	+	+	+	+
2		ns	+	+	−	−
3		ns	−	−	+	−
4		ns	−	−	−	−
5		ns	−	−	−	−
6		s	+	+	+	+
7		s	+	+	+	+
8		s	+	−	−	−
9		s	+	−	−	−
10		s	−	−	−	−

公平性的四层定义及相关衡量指标（比率差异也可作为

一项衡量指标）是群体均等、机会均等、均等概率和预测率均
等，如下等式所示。我们将进一步阐明三大分类模型的公平性
定义及其预测标签 Y'^1、Y'^2 和 Y'^3。

群体均等（M）：$P(Y'=+|S=ns)=P(Y'=+|S=s)$

机会均等（M）：$P(Y'=+|S=ns, Y=+)=P(Y'=+|S=s, Y=+)$

均等概率（M）：$P(Y'=+|S=ns, Y=y)=P(Y'=+|S=s, Y=y)$，

其中，$y \in \{-, +\}$

预测率均等：$P(Y=+|Y'=+, S=ns)=P(Y=+|Y'=+, S=s)$。

第一个判定预测模型公平性的常见方法为群体均等。群
体均等要求模型获得的积极结果不受敏感属性的影响，这便要
求本例中男性和女性的雇佣比例相同。更通俗一点，即敏感
群体和非敏感群体的输出结果具有相同的检出率。对于模型1
的预测结果 Y'^1，非敏感群体的输出结果为 $P(Y'^1=+|S=ns)=$
2/5，敏感群体输出结果为 $P(Y'^1=+|S=s)=2/5$。两者结果相同，
则表明该模型满足群体均等要求。但大家可以从表格中看出，
女性（$S=ns$）的合格率（$Y=+$）明显高于男性，但男性和女性
的雇佣率却相同。所以，就算女性比男性总体上更能胜任这份

工作，公司也往往会更偏向于雇佣男性（男性和女性雇佣率相同）。而且它还没有考虑模型的准确性：即使公司随机雇佣人员，该模型也满足群体均等要求。

第二个衡量指标是机会均等。机会均等要求公司雇佣同等比例的合格男女。用数据科学领域的术语表述为：敏感群体和非敏感群体的检出率应相同。因此，我们可以发现模型1不满足机会均等的要求。因为合格女性的雇佣比例为 $P(Y'^1=+|S=s，Y=+)=2/4$，合格男性的雇佣比例为 $P(Y'^1=+|S=ns，Y=+)=2/2$，两者并不相等。再来看模型2，其预测结果为 Y'^2。因为合格女性和男性的雇佣率均为 50%，所以模型2满足机会均等的要求。机会均等就在字面上反映出合格男性和女性应拥有同等的录用机会。大家请注意，针对模型2，无论合格与否，公司雇佣男性或女性的概率各占一半，所以模型2也满足了群体均等的要求。但是，如表4–2所示，模型2的结果准确性远远低于模型1。这也表明结果准确性与公平性并非协调一致。

均等概率是公平性的第三大衡量指标，比机会均等要求更为严格。均等概率不仅仅关注合格人群（$Y=+$），不合格人群（$Y=$）也在其考虑范围之内。均等概率不但要求公司录用合格男女的比例相等，而且不合格男女也应如此。因此，均等概率既考虑了不同的真正检出率（true positive rates）导致的歧视伤害，还兼顾了不同的假正检出率（false positive rates）对结果的潜在影响及后果。模型 1 和模型 2 都不满足均等概率的要求，但是模型 3 满足。针对模型 3，公司录用合格男性的比例（1/2）与录用合格女性的比例（2/4）相同；

表 4-2　对表 4-1 中三个模型准确性和公平性指标的评估

指标	Y'^1	Y'^2	Y'^3
准确性	70%	50%	70%
群体均等	√	√	×
机会均等	×	√	√
均等概率	×	×	√
预测率均等	√	×	√

公司录用不合格男性的比例（0/3）与录用不合格女性的比例（0/1）相同。哈特（Hardt）等人进一步提出了一种调整所有预测模型的方法，以此消除均等概率或机会均等方面的歧视。综上所述，我们可以针对不同敏感类别采用不同的临界值，来改变预测标签，从而在确保结果准确的同时，实现模型公平性。

最后一个指标是预测率均等。预测率均等要求合格男性占所有受雇男性的比例与合格女性占所有受雇女性的比例相等。换句话说，只要一个人应聘成功，无论性别，获得积极结果的概率都是相同的。用数据科学领域的术语表述为：敏感人群和非敏感人群的准确率相同。在模型 1 中，录用的两名男性和两名女性均资质合格，所以模型 1 满足这一标准。在模型 2 中，两名受雇男性中仅一名资质合格，而两名受雇女性均符合条件，所以模型 2 不满足该标准。在模型 3 中，录用的一名男性和两名女性均符合条件，所以模型 3 也满足该标准。

机会均等和预测率均等这两个指标均存在一个潜在问题，即它们无法缩小敏感群体和非敏感群体之间的差距。假设合格男性比合格女性多，且招聘岗位数量有限。为了满足机会均等和预测率均等的标准，公司将更多地录用男性，这也就证实了数据存在性别偏见。群体均等战略要求雇佣同样多的男性和女性。需要注意的是，在合格女性数量多于合格男性的情况下，群体均等战略也要求雇佣同样多的男性和女性，而我们先前把这一要求看作是群体均等的缺陷。由此可见，我们应按照当下的情况来选择正确的衡量指标。

表 4-2 对案例的公平性进行评估，结果表明这些指标会相互矛盾。所以我们有可能同时满足这四项公平性定义吗？事实证明，只有当要求极度严格，且条件往往不切实际时，例如具有完美的可预测性，这些指标才能同时达到最优。瓦赫特（Wachter）等人认为，包括错误率（每个群体）在内的公平性衡量指标往往更倾向于维持现状，而现状往往是厚此薄彼的，还包括历史上的不平等。因此，他们主张采取措施，鼓励公开讨论，讨论存在哪些歧视因素以及这些歧视因素是否合理。因

此，对所选措施及其背后的动机保持透明是重中之重。但如果
大家根据某些衡量指标，发现有人对某些群体有失公允，请不
要过于苛责他们，因为很可能与他们选择的公平性定义有关。

衡量一个预测模型的公平性，不仅需要接触该预测模型，
了解其敏感属性，还需要获得一组数据点。因此，使用的数据
集不同，对预测模型公平性的评估也就有所不同：当使用同一
地点（或国家）的数据进行评估，该模型可能公平公正，但如
果使用不同地点的数据，该模型就很可能有失公平。到目前为
止，我们了解了预测模型在一组数据实例上的公平性，即群体
公平（group fairness）。我们还可以考察个体数据实例，确定
单个预测的公平性，从而得出个体公平度量。德沃克等人提出
了个体公平（individual fairness），并将其评定为"如果任何两
个个体在某特定方面相似，则对其预测也应该相似"。如何定
义"相似"存在风险：如果个体公平遗漏了重要特征，如等级
或背景，就会产生新的公平性问题。反事实公平是另一个个体
公平的度量指标。反事实公平着眼于一个特定个体的反事实世
界（counterfactual world）。在这个世界中，只有敏感属性发生
变化（相应因果变量也会随之改变），而模型类别仍保持不变。
这项指标研究的是变量因果图，并确定改变敏感属性而带来的
影响。

ⅈⅉ 4.2.2　消除偏见 / 偏差

本节将介绍几种建模过程中减少偏差的方法。我们可以通过改变训练算法的目标函数、添加公平约束、结合不同模型、改变每个子群体分类的最终阈值以及学习数据（对敏感属性来说是恒定的）表示的定制方法来减少偏差。接下来，我们将进行简要讨论。

如果我们追求公平性，就应该优化模型。这正是歧视感知建模方法的主要思想。卡米兰（Kamiran）等人基于决策树提出了这样一种方法：既包含目标变量的"传统"信息增益，又结合敏感属性的信息增益。为了进一步优化决策树，确保其准确公平，我们还额外需要对树叶重新标签分类，最终获得理想决策树。另一种方法是在目标函数上增加正则化项，以此消除歧视，而不是在传统正则化模型上增加正则化项，这样会简化模型复杂度。目标函数经过最小化处理后，将变为：

$$损失 = 训练误差 + \lambda_1 \cdot 复杂性项 + \lambda_2 \cdot 公平性项。 \quad （4.3）$$

神岛（Kamishima）等人将此思想应用于逻辑回归公式算法中。

扎法尔（Zafar）等人还引入了公平约束，来有效地解决问题，并提供了将公平约束纳入逻辑回归的过程以及支持向量机（vector machines）的细节。我们也可以结合不同的分类器，以确保模型的公平性。Adafair 便是一种集成方法，它是 AdaBoost 算法的扩展。Adafair 在每一轮 boosting 算法迭代时，更新数据实例权重，确保公平性。再一种方法是让训练算法学习一种数据表示方法，这种表示方法能更好地预测目标变量，但不能预测敏感属性。

卡米兰等人对其中一些模型进行了实证评估，发现在决策树的建模阶段加入公平性，其最终结果会比在预处理阶段使用"数据篡改"方法（详见第 3.5.2 节）更好。预处理方法普遍通用。我们可以在预处理阶段应用任何预测技术，但与建模阶段引入公平性因素相比，这种解耦会降低结果的准确性。上述讨论的大多数歧视感知建模算法都提供了一个超参数，帮助实现简单准确性优化和额外公平性优化间的平衡。这表明我们需要在模型准确性和公平性间有所权衡，更通俗地说，我们需要在伦理问题和数据效用之间进行权衡。在一项比较研究中，弗里德勒（Friedler）等人通过分析许多算法的公平性指标，比较了不同定义的相关性，发现不同的公平性指标之间有着非常密切的相关性，而且这些方法在确保准确性和公平性上不相上下。

克莱因伯格（Kleinberg）等人曾进行过一个有趣的后处理

研究。该研究同哈特等人的研究类似。他们发现与其直接排除数据的敏感属性，还不如将其考虑在内，从而尽可能确保预测模型的准确性，然后针对不同群体（敏感属性）采用不同的临界值，来引入模型的公平性。他们利用一个数据集，预测大学成绩，进而决定大学录取率，证明了这个定理。该数据本身存在明显的历史种族歧视，白人学生的大学毕业率远高于黑人学生。但如果将种族作为预测因素，我们就可以获得最为准确的个人成绩排名。之后，我们根据种族变量来决定黑人和白人不同的大学录取率。然后我们再改变每个群体的录取分数线（以及由此而来的录取率），从而获得各群体公平公正的录取水平（例如，录取与总人数同比例的黑人）。这种想法有理有据，值得实践。首先，我们将种族考虑在内，就会发现黑人和白人群体可能存在不同的计算模式，从而使得学业成绩普遍较好。其次，我们可以自主调整临界值，最终获得更加公平合理的结果。

值得反复强调的是，这些方法需要纳入敏感属性，但往往敏感属性获之不易。设想银行询问过你的种族背景后，就不会再歧视你的种族背景。但这种解决方案可能很难通用。有些情况下，比如信用评分，法律规定不得考虑种族、性别等敏感属性，这样一来，这种解决方案就行不通了。另外，这种解决方案用于解释个人决定时，也会面临考验。因为这种解决方案已经引入了敏感属性，所以很可能用于解释所做的决定（详见4.4 节）。当然，这样一来就很难保护普通用户。

4.3
警世故事：预测累犯和划红线

ıl 4.3.1　累犯预测

据报道，在美国，预测建模系统用于评估累犯风险。程序共有 100 多道问题，人们需要全部作答后得出最终分数。被告人可以选择自主回答问题，也可以让相关人员直接从他们的犯罪记录中检索答案。问题五花八门，比如"您的父母是否曾犯罪入狱？""您在学校里多久跟别人打一次架？"等，但均与种族问题毫不相干。很显然，我们使用这种预测模型，只因其评分系统"客观公正"，可以根据观察到的历史数据模式，来决定风险评估，从而达成一致的裁决，消除系统中的人类偏见。有人可能认为，这会降低入狱率，合理分配处理方案中的有限资源，实现受益最大化。但是，这种模型一旦遭到盲目滥用，就会带来隐患。ProPublica① 曾报道过一个 2013 年的案例，

———————

① 一间总部设在纽约市曼哈顿区的非营利性公司。——译者注

有个名叫杰尼（Zilly）的人，被判偷了一台割草机和其他一些工具。被告接受判决，同意在县监狱服刑一年，并接受后续监督，检察官也予以批准。但是，法官看过杰尼的预测风险评分，评分显示杰尼未来从事暴力犯罪的风险极高，而且累犯风险总体上达到中等水平。报道称，法官当时表示："我还没看过比这更差的风险评估。"随后，法官推翻了原本的认罪协议，改判被告在州监狱服刑两年，外加三年监禁。这件轶事体现了使用预测模型带来的潜在后果。ProPublica 这篇 2016 年的报道称，目前在美国几个州，包括亚利桑那州、科罗拉多州、特拉华州和华盛顿州，法官在刑事判决期间都会收到这样的风险评估。

如果这些预测完美无误，法官在判决时使用就合情合理。但任何一位优秀的数据科学家都知道这些预测并不总是完美无误的。预测模型所基于的这些数据本身就存在偏差。预测模型往往是"黑箱"（而且报道中将其表述为"私密"，因此法官无法得到详细的预测分析内容）。模型大多基于准确性指标来进行评估（该指标往往会引发各种问题），存在没有调查不同敏感群体表现的风险。请注意，这个问题较为棘手，不易解决：偏差通常只存在于历史数据中，因此很难去解释预测模型（详见 4.4 节）。更何况，如果缺少敏感属性，想要检测偏差更是难上加难。但如果您在使用模型时考虑到这些问题，并清楚说明解决方案，那么您便可以更加长远地发展，并不断提高模型的公平性。

ProPublica 的这篇报道还专门评估了 COMPAS 预测模型的公平性，并表示法院广泛使用的那种模型，存在很严重的种族歧视问题。这些模型评估了被告和犯罪嫌疑人在判刑后两年内可能再犯的风险。乍一看，其评估结果公平合理：黑人和白人被告同时再犯的风险均极高。但是，如果我们观察其错误分类率（详见表 4-3），就会发现这些错误也存在高度偏差：黑人被告被错分到可能再次犯罪的可能性是白人被告的两倍。反之亦然，白人被告被错分到不会再次犯的可能性也是黑人被告的两倍。因此，透明公开这些数字，鼓励采取公平措施，积极反思这些系统存在的潜在偏见，正是数据科学伦理领域的重要组成部分。

表 4-3　ProPublica 于 2016 年报道黑人与白人间不同的假负率和假正率

评估指标	白人	黑人
假负率	23.5%	44.9%
假正率	47.7%	28.0%

注①假负率：即预测结果为高分风险，但无再犯。
②假正率：即预测结果为低风险，但再犯。

📊 4.3.2　划红线

众所周知，少数群体在信用评分方面经常受到明显的不公平对待，最典型的就是"划红线"。通常来说，"划红线"做法即抵押贷款机构拒绝下放贷款，只因贷款人住在黑人居多（或者少数民族）的社区，而不是因为贷款人的实际信用状况。"划红线"政策可能会导致少数民族社区投资减少，在几十年内对房地产价值和犯罪率造成潜在负面影响。此等政策甚至直接超越了种族指标，因为图片上的红色区域大多是按照种族划分的。

> **划红线**：划红线是一种贷款（或保险）歧视，即根据贷款人的特征或财产所在地决定信贷服务。

据说，"划红线"一词是由约翰·麦克奈特（John McKinght）于 20 世纪 60 年代末在芝加哥创造出来的。当时，贷款机构将那些他们认为易受种族变化影响，且不会变动的社区在地图上用红线标记出来。1968 年，美国通过《公平住房法案》（*Fair Housing Act*），明令禁止在贷款或者房屋保险中出现这类歧视行为。

1988 年,《亚特兰大宪法报》（*Atlanta Journal-Constitution*）的记者比尔·戴德曼（Bill Dedman）表示，这种做法一直延续到 20 世纪 80 年代。亚特兰大的银行经常会贷款给低收入的白人顾客，而拒绝贷款给中高收入的黑人顾客。戴德曼也因调查报道此类歧视问题而荣获普利策奖。报道中的一幅插图与两幅

亚特兰大的地图有着惊人的相似。一幅地图上标明了黑人社区
的位置，另一幅地图标明了银行很少放贷的地区。

那么，银行是否根本就不该根据区域位置或社区情况来
决定信贷问题？如果银行是出自合理的经济动机，而非种族歧
视来决定贷款去留，那人们都会认为这样合情合理。例如，社
区公共交通的方便程度、存在洪水或地震隐患的风险等。当
然，这些变量与种族有所关联的风险还是存在的。前面提到的
公平性指标可以将这一风险透明化。例如，戴德曼的报道指出
了 20 世纪 80 年代两家银行分别对白人和黑人的拒贷率。基于
此，我们可以推导出，两家银行信用评分决策模型的群体均等
指标差异分别为 26% 和 16%。

ᴵᴵ 4.3.3　歧视感知建模总结

我们将在本节提出两个重要假设。第一，敏感变量的组
成是变化的。例如，对于定向广告，性别是一个令人备感兴趣
的方向，因此，性别应该作为输入变量考虑在内。但对于信用
评分模型来说，性别便无足轻重了。同样地，种族对于医疗诊
断也许非常重要，需要作为变量考虑在内，但它跟信用评分毫
无关联。所以，务必了解模型的敏感属性，以及那些明确想使
用的属性。请记住，并非所有能获取的属性都需要考虑使用。

第二，检测模型的偏差需要利用敏感属性。我们由此还

可计算出几个公平性指标，例如群体均等、均等概率等。这些指标可能相互冲突，所以大家需要考虑清楚其适当性，并明确说明原因。

真正的危机在于数据科学家创建了预测模型，但未考虑到模型已有针对敏感群体的潜在歧视。如果我们只评估模型的准确性，便会造成一定风险，即用户会盲目相信模型，并认为模型客观公正，不存在任何人类偏见。我们需要公开透明以下信息：使用的数据、预测模型的逻辑、我们所认为的潜在敏感群体、预测模型的预测表现（包括错误分类成本和针对不同敏感群体的错误分类率）、预测模型公平性的最适当指标以及模型应用的方式。

通过累犯预测和信用评分方面的警世故事，我们可以了解到，数据科学建模非常容易导致公然的歧视性做法。图像识别领域也存在类似的警世故事，如我们在3.4节中介绍的那样，如果我们在数据收集阶段就已经包含了偏差，而且在数据预处理阶段未恰当处理偏差，那么预测模型中也会存在偏差。

4.4
可理解的模型与可解释的人工智能

现如今，预测建模的研究重点逐渐转向理解预测模型做出预测的方式。以税务欺诈检测为例：税务管理机构越发依赖预测模型来评估税务及海关申报的欺诈风险，而且取得了成功。让我们来聚焦港口的海关欺诈检测，预测模型会标记一组物品或货箱，以供税务调查员进行监查（因为存在潜在的低价申报，偷运毒品、武器等现象）。明确数百个变量中到底是哪个变量导致了最终预测结果，将有助于进一步知晓审计过程中的关注重点。另外，如果无法理解预测结果，那么调查人员便会感觉自己是电脑"黑箱"魔法的傀儡，一直被人工智能安排来安排去，而且它还会不可避免地出错。荣格·德·福尔图尼（Junqué de Fortuny）等人针对公司的所在地欺诈进行了研究，结果发现公司会故意将其所在地置于一个低税收国家，以此避免缴纳实际所在地的高额税收。该过程需要使用各种各样的数据，从结构化数据（例如财务数据和定位数据）到细粒度的交易发票数据等（公司间根据这些数据进行交易），不一而足。事实证明，交易发票数据大有用途：考虑下面这个例子（虚构），即预测哪些外国公司实际总部设在比利时，但却虚报在外国。假设我们发现一家外国公司收到了从布鲁日（比利时）的一家高尔夫俱乐部传来的发票。这可能表明，这家公司及其所有者很可能住在比利时。如果事实的确如此，那么从这家特定的高尔夫俱乐部收到发票的外国公司便会成为嫌疑公司。当调查员发现这家公司被打上标记时，就会很容易理解出现这种预测结果的原因了。否则，调查员就不得不翻阅这家外国公司的数百次交易文件，从茫茫文件中找出破绽。搞清楚预测原因可以让我们快速推翻预测：如果一家公司是普通的高尔夫赛事赞助商，例如高尔夫球袋的制造商，却被标记为跟布鲁日的那家高尔夫俱乐部有同样的业务往来，那么调查员立马就会明白做出这种预测的原因，也会明白这家公司不过是一家普通的赞助商，因此推翻原本的预测。

需要明确的是，预测模型应用广泛，图 4-7 列举了一些示例，足以说明这一点。在预测性维护中，当我们预测到机器可能会出现故障，理应维修时，厘清做出这种预测的原因可以帮助我们明确机器故障的原因、负责的技术人员以及实际需要维护的机器部件。在图像识别中，当自动驾驶汽车预测到前方有片白云，结果却是一辆白色卡车时，搞清楚模型为什么会错把白色卡车当白云至关重要，只有这样我们才能确保这类错误得到解决。在人力资源分析中，当我们根据简历内容来预测该邀请哪些人来参加面试时，搞清楚模型为什么会邀请某些人参加面试至关重要，只有这样我们才能确保面试不会对某些特定群体（如女性或移民）有偏见。银行在预测贷款发放对象时，需要搞清楚做出这些预测的经过，因为银行需要向贷款申请人解释做出这些预测的原因，正如本章开篇故事所述。

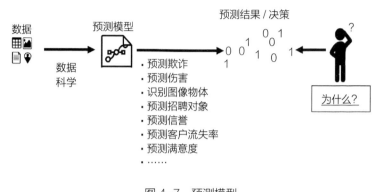

图 4-7　预测模型

　　需要注意的是，跟用户解释地球运作原理与解释模型预测原理，这两者存在一定的区别。前者是为了深入了解某个领域。尽管本书更关注后者，但如果预测模型能比较精准地反映现实，那么该模型就会有助于我们理解世界的运作原理。

　　我们将首先在下一小节中说明可理解与可解释两者之间的区别。然后，我们将更加深入地讨论我们需要理解预测结果的原因，再接着讨论模型可理解的因素。最后，我们将着重介绍一系列流行的解释算法。首先，我们简单讨论一下术语。

4.4.1　可理解性与可解释性

　　多年来，数据科学伦理领域使用过很多术语，但我们就术语使用从未达成一致的共识：可解释的（interpretable/explainable/intelligible）、可理解的（comprehensible）、透明的（transparent）、合理的（justifiable）、直观的（intuitive）等

（有关这些术语的论证和定义，请参见本节示例）。可理解性
（comprehensibility）和可解释性（explainability）的一大重要区别是，可理解性是被动的，属于模型的性质，经常跟复杂性挂钩。而可解释性是主动的，指的是一种行动或程序，可以阐明或详述模型的内部工作方式。请注意，在本书中，"可理解性"等同于 interpretability 和 understandability。因此，模型在一定程度上是可以理解的，而且可以使用某种方法来进行解释，如图 4-8 所示。

可理解性：数据科学模型（或解释）的一种性质，用来衡量模型的"心理拟合度"。其主要驱动因素包括：模型类型和模型大小。

可解释的人工智能：一个主要开发和应用算法来解释模型预测结果的研究领域。

我们一般认为预测模型具有以下几种性质。第一，泛化行为，即模型预测结果的准确性。这一点很重要，往往需要唯一考虑。第二，模型的可理解性，表示用户理解模型的程度。第三，合理性或直观性，即模型同现有领域知识的一致性。模型可以是既准确无误，又可理解的（例如，一条规律曾预测鞋码大的人寿命更短），但并不符合常识。第四，模型的公平性

（如前面章节所介绍的），或模型进行预测的速度以及模型预测的鲁棒性等。

图 4-8 还揭示了两种类型的解释：全局解释和实例解释。其中，全局解释即针对完整数据集（或大部分）来解释预测模型；实例解释即解释个体预测。这两种解释的原理完全不同。以信用评分为例：首席风险官和监管者希望对即将部署的预测模型决策过程获得全局解释。我们将在后续讨论全局解释的获得方式，但目前考虑一下简单决策树。它在 95% 的情况下可以得出与黑箱模型相同的预测结果：我们便可以将该决策树看作黑箱模型的全局解释。另外，客户可能对机构授予其他用户信贷或拒绝信贷不感兴趣，对于该模型如何全局工作也不

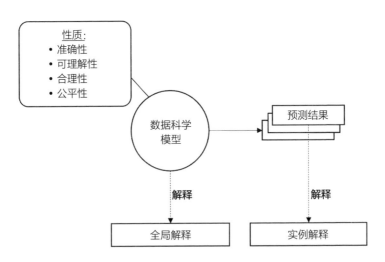

图 4-8　数据科学模型具有一定的可理解性

感兴趣。机构拒绝了他的信贷申请，所以他想要一个解释，这才是他感兴趣的。有时候，模型本身也可提供解释：决策树将全面提供一个规则，详述预测结果的出现原因。我们也将在第 4.4.4 小节额外细述其他方法。因此，请记住，解释算法需要输入模型和数据：全局解释算法将用于解释大数据集模型（其大多为训练数据），而实例解释算法用于解释模型如何对单个数据实例进行预测。

那么，模型是如何具有可理解性的？我们对于可理解性的定义，可谓展开了激烈的哲学讨论。可理解性能衡量模型的"心理拟合度"，其主要驱动因素包括：输出结果的类型和输出结果的大小。

📊 4.4.2　可理解性量化分析

可理解性的第一大衡量标准即模型输出。该输出可以是基于规则、基于树、基于线性、基于非线性、基于实例（例如 k– 近邻）或其他形式。领域不同，最易于理解的规则类型也随之不同。因为可理解性是个主观问题，或者换句话说，可理解性是个人的主观感受。

理夏德·米哈尔斯基（Ryszard Michalski）是最早解决数据科学领域可理解性问题的人。他在可理解性假设中表示，"计算机应该针对既定的实体，归纳出符号性描述结果。该结果应在语义和结构上均与人类专家观察同一实体得出的结果类似。"梅农（Mainon）和罗卡奇（Rokach）对可理解性的表述如下："可理解性标准指的是人类对分类器的掌握程度。"泛化误差衡量的是分类器与数据的拟合度，而可理解性衡量的是分类器的"心理拟合度"。"心理拟合度"这一概念很有说服力，它指出如果用户更熟悉线性模型，那么此等模型的心理拟合度将优于基于树的分类器。然而，总体来说，人们会认为更注重语言的模型具有更高的心理拟合度。由此看来，我们可以发现，基于规则和树的分类器最易理解，而非线性分类器最难理解。

对于给定的规则输出结果，输出结果越大，可理解性便越低。多明戈斯（Domingos）利用奥卡姆剃刀定律（Occam's Razor）来诠释这一点，并将该原理阐述为："更喜欢简单模型，而非复杂模型。"就基于规则的模型而言，条件（要求）越多，模型结果就越难理解。但这之间存在细微的差别：有些人认为，两组规则要比一组规则更易理解，因为两组规则提供的信息更多。心理学研究表明，人们最多能同时记住七个概念。而且随着内容的增加，可理解性会随之降低。当然，"size"这个概念不必局限于规则输出结果上，还可拓展至决策树的节点数、神经网络的权重数、支持向量机中的支持向量数等。尽管我们认为模型输出和模型大小都是决定模型可理解性的主要因素，但模型可理解性还取决于很多其他因素，如规则中的（唯一）变量数、包含的实例数，以及与现有领域知识的一致性等，所以我们还需要多加深入了解。

在继续介绍解释数据科学模型前，大家可能会好奇：既然这些预测模型既复杂又具有很大的透明性，那我们为什么还要使用这些模型呢？我们在使用模型时，经常需要在准确性和复杂性之间妥善权衡。所以为了证明这一点，请看图 4-9（c）。该图展示了里普利（Ripley）数据集。该数据集包含两个变量和两个类别，其中类别根据两个高度重叠的正态分布获得。尽管这是一个合成数据集，但请将其想象成一个信用评分数据集，并包含两个输入变量（例如，标准化年龄和收入）。每个点都对应一位贷款客户，红叉代表拖欠贷款的客户，蓝点代表信誉良好的客户（没有拖欠贷款）。数据科学模型的目标是创建一个预测模型，来区分蓝点和红叉。请考虑以下三种不同方法：一个具有径向基函数核（RBF kernel）的非线性支持向量机、逻辑回归模型和简单决策树。图 4-9（a）和（b）分别显示了基于支持向量机和逻辑回归模型的得分。我们分别选取袖口值为 0 和 0.5，从而形成图 4-9（c）中的红黑二维决策边界。显而易见，图中红线对应的预测结果更为准确，因为它捕捉到了数据中的非线性特征。然而，如果我们考虑模型的输出——详见公式（4.4），其中 n 代表训练点的数量，α 代表拉格朗日乘数，σ

代表一些常量。然而，如果我们无法理解模型如何进行决策的话，那就很难搞懂这个公式了：因为它含有数百个项，而且每个项都包含指数函数。图 4-9（a）还显示，两个输入变量的影响会随着输入空间区域而变化。图 4-9（d）表示由决策树算法 C4.5 得出的树状图，会让人们更易理解模型输出。

$$f(x) = \sum_{i=1}^{n} \alpha_i y_i e^{\frac{-\|x-x_i\|^2}{2\sigma^2}} \tag{4.4}$$

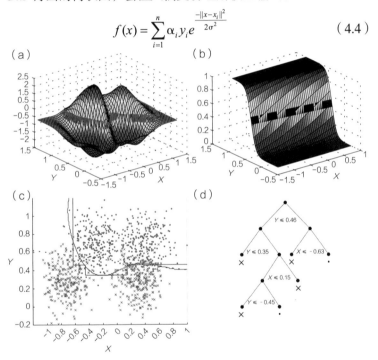

图 4-9　里普利数据集

注：（a）支持向量机；（b）逻辑回归预测值，对应二维图；（c）SVM（_）和逻辑（·）决策边界；（d）为相应决策树，表明树（_）的决策边界。转载自马顿斯（Martens）等人研究，已获爱思唯尔（Elsevier）授权许可。

同样地，深度学习模型也面临非线性输出和结果规模增加的问题。例如，谷歌 MobileNetV2 图像网络分类器利用了多层感知器模型，参数量高达 690 万。然而，此类深度学习模型在图像和语音识别等领域的预测性能，往往优于其他方法。既然这些模型足够准确，我们为什么还需要解释呢？

4.4.3 为何需要理解和解释预测结果？

人类在诞生之初就有想要理解事物的观念，这种观念是科学研究的驱动力。在数据科学领域，人们长期以来都在研究如何解释预测模型的工作原理。早在 20 世纪 90 年代，科德拉托夫（Kodratoff）就强调了可理解性的重要意义。他在其可理解性假设中表示，"每次我们将最喜欢的一种机器学习方法应用于行业中，每次结果的可理解性（尽管定义不明确）都是选择纯统计方法还是神经网络方法的决定性因素。"如今，随着深度学习技术不断发展进步和使用的数据类型越发复杂，我们更加需要明确可理解性的重要意义。

以往的例子可以说明，企业需要充足的用例来理解数据科学模型得出特定预测结果或决策的原因。先前研究表明，如果用户无法理解分类模型的工作原理，他们就会怀疑其可靠性，进而不再愿意使用它。就算该模型已提高其决策绩效，用户的态度还会是如此。总体来说，我们可以得出三个原因：信任、见解、改进预测模型。

几乎不存在不出任何差错的数据科学模型。任何预测模型都很可能做出错误决策，但这并不意味着不应该利用这些模型。但是，在大多数据科学应用中，人们会根据预测结果进一步做出决策，而这些决策会对人、机器乃至公司底线产生重大影响。因此，我们需要确保信任模型。

> **信任**：对某人某事的可靠性、真实性或能力的坚定信念。
>
> ——《牛津英语词典》

信任数据科学模型意味着我们相信模型的可靠性或真实性。（样本外）预测绩效表明了预测结果的准确性。尽管我们承认模型存在错误，但我们希望确认一点，即模型不会学习虚假模式，顶多也只有在非常特殊的情况下，才会学习并使用一点。而且我们还需要对模型做出进一步解释，使人们相信数据科学算法已经掌握"真实"模式。这需要为（复杂）决策模型提供准确指标，与此同时，还要确保人们能够理解所做的解释。一旦人们与模型间建立了信任，就可以部署模型。

需要信任的一个具体案例就是遵从性。由于一些应用具有敏感属性，所以解释模型决策原因的能力逐渐发展成一种监管要求。《通用数据保护条例》第十四条第二款（g）项规定，进行自动化决策时，数据主体有权获得逻辑相关的有意义信息。第二十九条工作组额外提供了关于"逻辑相关"这一概念的细节信息，并强调了解释的必要性。他们表示："数据控制者应该寻求简单方法，来告诉数据主体输出背后的原因，或者决策依据的标准"。《通用数据保护条例》要求控制者提供逻辑相关的有意义信息……所提供的信息应该易于数据主体理解，从而明白决策原因。欧洲 2019 年人工智能伦理准则甚至表示："因为人工智能算法纷繁复杂，所以很难对机器所作决策（例如涉及黑箱效应）进行解释，并说明理由。在此情况下，另一大挑战就是阐明如何才能实施可解释性要求。"

解释的第二大目标是不断了解某个领域或模型，获得见解。预测建模领域目标更为远大，但获得见解也正是其中之一：不断学习领域知识。例如，我的业务出现了问题：为什么客户会流失？是什么导致了税务欺诈？我们拒绝向贷款申请人提供信贷，主要原因是什么？这些见解同样有助于学术理论建设，而数据科学模型可用于新假设和度量指标。研究人员已开始广泛使用脸书数据来证明这一点。科辛斯基（Kosinski）等人表明，用户浏览的脸书页面可以预测出各种个性特性，还能对预测性最强的页面形成一定的见解。为了预测智商，那些幽默风页面，例如《科尔伯特报告》（*Colbert Report*）、《科学》（*Science*）等，能够很好地用来预测出高智商的人，《科学》页面还可以用来预测出用户生活不顺意。普拉特（Praet）等人对此做了进一步研究，并使用了一个比利时样本预测政治倾向。他们发现，电子音乐（例如荷兰 DJ 哈德维尔和比利时双人组合 DJ Dimitri Vegas & Like Mike）相关页面能够预测右翼政治倾向，而另类摇滚音乐（例如汤姆·威兹或狐狸舰队乐队）相关页面能够预测左翼政治倾向。

解释的第三大动机是提高模型的预测绩效。当我们在处理复杂模型和数据时，一般很难检测到数据质量或偏差的出处。我们在本书第 2 章中介绍了大猩猩问题，证明此等问题目前难以解决。预测结果的解释可以确切揭示出图像中导致重大预测失误的地方：究竟是构图或白色背景（大概是因为训练集中的所有大猩猩图片都是白底自拍）的问题吗？又或者仅仅是因为存在人脸才预测错误的吗（如果训练集中没有人类图像，那么算法很可能知道任何有人脸的图像都最接近大猩猩，才如此预测）？再或者是因为缺少自拍类别吗？等等皆是。此等错误并非个例。《自然》（Nature）杂志曾发表过一篇具有里程碑意义的文章。研究人员在那篇文章中揭示了他们的深度学习网络成功诊断皮肤癌的原理，诊断结果高度准确，成功与 21 位皮肤科医生的诊断结果相匹配。他们也进一步展示了人工智能在放射学领域的光明前景。作者在随后发表的一篇论文中还指出，如果图像中包含尺子，这就更可能为恶性癌症。因为相比于良性皮肤病变图像，更多的恶性皮肤病变图像都含有尺子。这种偏差可以解释，因为皮肤科医生在特别关注病变时，都将使用它来测量肿瘤大小。有关恶性预测的解释可以说明此等预测结果的图像依据，例如尺子。这会指导数据科学家改进训练数据。而且，如果预测结果同专家意见相符，那么人们便可信任此模型，它已经掌握"真实"模式了。还请记住，我们还无法对本章开头故事中有关指定信贷限额的决定做出任何解释。

说到这儿，还有另一个故事也经常被人们提到。军事机构训练人工智能模型，来区分友军坦克和敌军坦克。尽管该模型在测试时结果准确性较高，但现场部署后，准确率却极低。后来，研究人员发现，用来训练模型的友军坦克图片是在晴天拍摄的，而相应敌军坦克照片却是在阴天拍摄的。所以，系统就只学习了区分晴天和阴天。格温·布兰文（Wern Branwen）详细描述了这个故事的多个版本，并试图找到最原始版本。他总结道："人工智能传说中有这样一个故事，原本人们训练一个神经网络来检测坦克，但后来它却学会了检测时间。调查发现，此等情况很可能从未发生过。"复杂模型可解释性方法也具有类似的故事。（我们将在后面章节中详细介绍复杂模型可解释性方法这种流行的解释方法。）该故事作者表示其深度学习模型学会了仅仅根据背景中有无雪的存在，来区分哈士奇和狼。作者有意将偏差纳入模型中："我们有意训练这种不合格的分类器，来评估调查对象能否察觉问题。"一种解释为，模型基于图像中有无雪的存在，完成了自动分类。这也由此揭示出偏差所在。再来看最后一个例子。维米尔和马顿斯利用预训练好的谷歌 MobileNet V2 图像分类器来分类图像，却错将几张灯塔的图像预测为导弹。有人可能觉得，灯塔的形状跟导弹类似，所以模型才预测错误。但是，这种解释还说明，云朵的形状十分像导弹的排气尾流，可能导致预测失误。同样，这也为数据科学家提供了很多见解，进而不断改进训练集和结果预测模型。例如，数据科学家可以多添加灯塔图像，而且其背景中要包含那种排气尾流状的云朵。总而言之，结果解释可以揭示出错的数据实例和特征（值），还可以指导数据科学家更改数据集来消除错误。

马顿斯和罗沃斯特从卡兰德等人的 3-gaps 框架中获得灵感，进一步提出了 7-gaps 模型框架（见图 4-10）。该框架对解释的三大驱动因素进行了概念性总结。左侧代表各用户类型的心智模型，右侧代表数据科学模型和实际事实。大多数情况下，数据科学模型不会完全符合现实情况，而且还会做出错误预测。改进模型可以缩小数据科学模型和事实或现实间的差距。对模型或单个预测结果有所见解，可以使用户心智模型更接近数据科学模型。而数据科学模型可以通过提供信任和改进模型来接近用户心智模型。

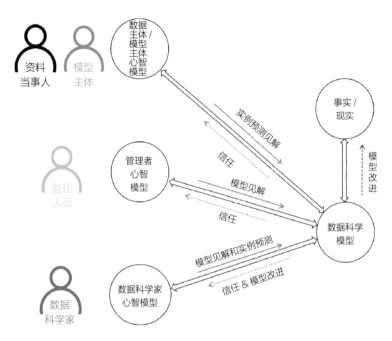

图 4-10 马顿斯和罗沃斯特 7-gaps 模型（由《管理信息系统季刊》授权使用）

4.4.4 解释预测模型和预测结果

解释是主动行为，但讽刺的是，我们还需要更多复杂数据科学算法来解释复杂预测模型。这一切都是为了得到一个可解释的解释。表 4-4 展示了解释算法的通用分类。其不同在于①解释的数据类型，要么是大数据集（通常为训练集）需要全局解释，要么单一预测需要实例解释。②产生的输出类型：模型（主要）特征的重要性、各（重要）特征图和规则。其

中，各特征图展现了特征值改变时预测得分的变化情况，且
规则用于描述解释，共包括简单规则和规则组两种类型。我
们接下来会着重介绍一些流行的解释算法。请注意，我们可
以根据预测模型的性质、数据、解释或者需求等进一步完善
分类。

表 4-4　解释方法的分类

输出类型	全局解释	实例解释
特征重要性	敏感性分析	LIME/SHAP/LRP
特征值图	部分依赖图（PDP）	个体条件期望图（ICE）
规则	规则提取	反事实 / 集合

这些解释方法之间的主要差别在于解释内容：要么是黑
箱做出的决策（分类），要么是黑箱的预测分数。解释预测分
数可以让我们了解预测分数在预测特征方面的变化情况，而解
释决策可以让我们知晓影响决策产生的某些特征组合。我们
需要意识到这点重要差异，费尔南德斯－洛里亚（Fernandez-
Loria）等人也曾在实例解释中提出过这一点。数据科学家往往
倾向于关注解释预测分数，因为最终分类取决于预测分数和一
个临界值，其中该临界值会随环境而变化：营销预算大幅削减
怎么办？那就减少目标消费者的数量。想要采取更为保守的信
用政策？那就少作信用审批决定。正是因为如此，数据科学家
开始广泛使用 AUC 性能指标来评估模型预测性能。另一方面，

模型主体大多对于所作决策备感兴趣。如果其决策代表消极结果，那么模型主体可能非常想知道模型做出此等决策的原因，及该决策的改变方式，而对预测分数的变化情况毫无兴趣。这很可能会促使模型做出不同的决定。以此来看，数据科学家也很重视解释某些决策，如错误分类，进而不断改进模型。基于规则的解释方法可以用来解释决策，而基于特征重要性和基于图的解释方法可以用来解释预测分数。

4.4.5 全局解释

敏感性分析

敏感性分析常用方法是粗略地查看一下哪些特征对于模型最为重要。敏感性分析源于线性模型的易于理解性。其中，各特征系数清晰描述了各特征对于预测分数的影响：只要特征值发生单位变化，预测分数也会随之变化，即相当于系数变化。但如果缺乏线性模型，我们该如何进行敏感性分析呢？

我们简单回顾一下前面的内容，进而理解其中的含义。我们来看第 4.4.2 节图 4-9（a，c），并同时观察非线性支持向量机模型。如果 Y 值固定（如取 $Y=0.4$），我们想查明第一个 X 特征对于预测分数的影响。我们会发现，随着 X 值由小到大变化，预测分数会先随之增大，然后减少，最后再增加。非线性模型的性质使该变化过程变得尤为复杂：输入变量未对预测分数产生任何固定影响。换句话说，特征值与模型敏感性或对预测分数的影响呈非线性相关。解决该问题的一种方法就是查看任意一组数据点上的特征贡献。如果我们改变特征值，会对预测分数或模型总体准确性产生什么影响？使用的数据实例不同，其影响也可能不同。这是因为各数据实例在输入空间中占据不同的位置。利奥·布雷曼（Leo Breiman）在他有关随机森林（Random Forests）的开创性论文中提出了敏感性分析方法，具体表述如下：随机改变数据集中的一个变量值，以此观察其对模型准确性的影响。影响差异越大，该变量就越重要。受合作博弈论沙普利值（game theoretical Shapley values）的启发，有人进一步提出了更先进的方法。该方法会扰乱所有输入特征子集，并采取平均边际效应。请记住，这些特征重要性方法表明特征相对于预测分数或模型准确性都既敏感又重要，但这并不意味着该模型是线性的。

另一种专门针对随机森林模型的方法具体如下：对于每个特征，我们可以在随机森林的树上找到各特征出现的所有分支，并计算出每个分支杂质的减少量。所有分支的平均值表明了随机森林中特征的全局重要性（global importance of the feature）。图4-11展示了成人收入数据集的结果，其所有数据均来自UCI数据集。该模型算法试图预测成人的年收入情况。它共选用六个特征，并按照杂质平均减少量的重要性依次排序显示：资本收益（工资外的其他收入）、受教育年限（接受教育的年限）、年龄、每周工作小时数（每周工作的小时数）、资本损失（投资收入与支出之差）和最终权重（属于同一群体的人数）。

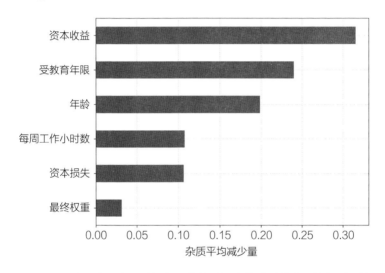

图 4-11　使用成人收入数据集训练的随机森林模型的全局特征重要性

"基于图"设计

"基于图"的方法依赖于可视化解释模型的能力。部分依赖图是二维图，显示了特征对预测分数的边际效应（纵轴）以及特征的全部范围（横轴）。部分依赖图通过展示一个特征的平均边际效应，考虑了该特征在整个可能值范围内与其他特征的交互作用。无论模型为线性或非线性，此等图可以清楚地显示出输入特征与预测分数的部分关系。部分依赖图依赖于可视化数据，由于人类能力的限制，这种分析方法只局限于两个维度，因此部分依赖图只能解释各图表中单一特征的影响。还需注意的是，部分依赖图主要是近似值，因为该图假设了所解释特征与其他特征毫不相关。

图 4-12 显示了在成人收入数据集上训练的随机森林模型结果。它显示出年龄发挥了有趣的非线性作用：40 岁左右人群获得高收入的概率较高，而 60 岁左右人群也会受到一定影响。我们还依次观察了每周工作小时数和资本收益的预测结果。

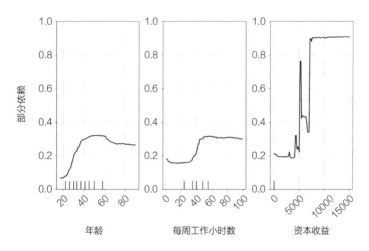

图 4-12　使用成人收入数据集训练的随机森林模型的部分依赖图

规则提取

我们运用这些方法从训练好的黑箱模型中提取规则，并解释这些规则，然后通过不断模拟预测来尽可能保持黑箱模型的准确性。最简单的规则提取方法是只需将类别标签改为黑箱预测标签，然后针对重新标记的数据集采用基于规则或基于树模型的标准归纳方法（如 C4.5、Ripper 和 CN2）来完成预测。所以，最终结果将给出一套规则，来模仿黑箱模型预测过程。事实证明，该方法在可理解性和保真度方面结果较好。保真度可以评估黑箱模型由规则解释的决定数量，而这主要通过提取规则和黑箱模型，针对相同分类的测试数据百分比来进行衡量。

通常基于此，人们还不断创造出更加高级的规则提取方法。1996 年，马克·克雷文（Mark Craven）提出了 Trepan 这一开创性算法。在决策树各分支上创建人工生成的数据点是其中的一个关键环节，从而满足了决策树到各分支的约束条件。这组数据点同样需要获得类别标签。Trepan 利用黑箱作为贴标机，允许添加任意数量的数据实例。ALBA 和 ALPA 两种方法进一步诠释这一思想。因为决策边界区域预测不确定性最大，所以常常作为输入区域来使用，这两种方法就是在黑箱模型的决策边界附近添加数据点来实现预测。

▄▃▅ 4.4.6　实例解释

特征值图

部分依赖图的理念是将某个特征对预测分数的部分影响绘制成图。我们依旧可以将这种思想拓展至实例解释应用中。对于复杂预测模型和异构数据，特征与预测分数之间的关系很可能取决于应用的数据实例，这便要求每个数据实例的影响可视化。个体条件期望图（ICE）将各数据实例分行绘制，从而将其影响可视化展示，这便表示出随着某个特征的改变（其他特征值保持不变），实例预测分数的变化情况。而部分依赖图展示全部实例的平均影响结果。

图 4-13 的例子（上述随机森林模型）表明，年龄对预测

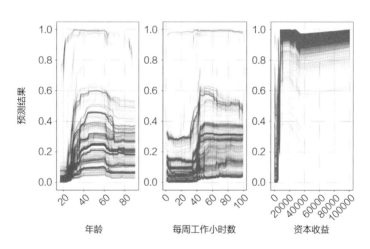

图 4-13　使用成人收入数据集训练的随机森林模型中各实例预测结果
的个体条件期望图

分数的影响会随着个人特征不断变化。例如，那些年薪极大概率（或几乎不可能）超过 5 万的人看不到年龄的影响。

特征重要性排序

特征重要性方法也可用于实例解释：可以判断出对特定数据实例（位于输入空间的特定区域）最为重要的特征。我们可以通过关注某一特定数据点，来不断简化问题。因为我们只需要明确该位置复杂决策边界的影响。复杂模型可解释性方法通过围绕要解释的实例，生成额外的训练数据，再利用黑箱模型进行实例评分，之后再在新创建的数据集上构建线性回归模型，从而完成实例解释。（你可能会注意到，该方法和规则提取有些类似。规则提取同样构建了代理模型来解释复杂模型，生成人工数据，并用黑箱进行标记。）由此看出，那些具有最高（绝对）系数的特征，对当前数据实例的预测结果影响最为重要。包含的特征数量是由用户定义的超参数。SHAP 方法原理类似，它还另外确保所示系数与合作博弈论沙普利值相对应。

图 4-14 显示，假设给出的实例是低收入的可能性极低（32%），那么对低收入预测分数最重要的影响特征为资本收益，其次是教育。每周工作小时数和资本损失对获得低收入的概率存在正向影响，而且根据复杂模型可解释性方法近似（LIME approximation）中线性系数（linear coefficient）的绝对值，我们可以发现，年龄是第五大重要特征，对预测分数存在

负向影响。

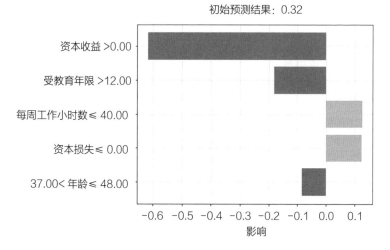

图 4-14　在成人收入数据集的某个特定实例上，随机森林模型预测的
复杂模型可解释性方法特征重要性

反事实证据

请再次注意，上述讨论的实例解释方法均用于解释预测
分数，而非决策。我们可以将解释预测模型的决策看作一个因
果问题：在特定案例（由数据描述）中，是什么促使系统做出
这样的决策？也就是说，数据中不存在哪些证据，系统才不会
做出这样的决策？是反事实证据吗？反事实证据提供了数据实
例中需要解释的最小证据集，如果去除该数据集，模型决策结
果会发生改变。请看一些例子：解释一下，为什么我会在脸书

上看到下则共和党广告：如果你对脸书页面上的"福克斯新闻、纳斯卡赛车和特朗普"等内容不甚喜欢，那么你将从共和党变为中间派。陈（Chen）等人认为，此等解释可以帮助决定应该"隐藏"的脸书点赞，以此约束预测结果。

再看一个有关人力资源分析的案例：当我们根据候选人简历内容来预测拟邀参加职位面试的候选人时，人们希望获得解释，说明将某人归类至不适合工程岗位的原因。反事实证据的情况可能为：如果您的简历中不包含"哲学、麦当劳和COBOL语言"等内容时，您将被划分至适合工程职位的一类中。这表明，模型已经学会拒绝某类人群：他们毕业于哲学专业，（曾经）在麦当劳任过职，而且目前正从事 COBOL 相关工作。因此，反事实代表不同分类的数据点（例如，一份删除某些字眼的简历）。而实例解释需要清楚说明拟解释的数据实例和反事实之间的差异，也就是反事实证据（例如，简历中被删掉的字眼）。

反事实分析早在哲学领域得到了广泛应用。后来，马顿斯和罗沃斯特于 2014 年将反事实分析方法引入了预测模型领域。与此同时，人们也不断提出了数十种新颖的反事实生成算法。反事实证据用于解释决策时，为模型预测提供了指导，帮助决定改变因素来得出另外的结果，同时确保在此过程中未将模型直接披露给终端用户。

讨论

贵校校长了解到你的数据科学能力突出，要求你建立一个新项目。他想要预测毕业后找到"不错"工作的学生。然后，他还希望该预测模型可以识别出高潜力学生，并为他们另外提供"额外学分"课程和个人指导。

1. 找到"不错"工作有什么不同的定义吗？

2. 数据集和模型中对外国学生或女生的偏见会如何影响预测？你该如何评估预测模型的公平性？

3. 需要给予学生有关预测结果的解释吗？需要的话，你更想提供给学生何种解释？

4. 假设校长希望跟其他高校展开合作，使用不同高校的学生数据来提高预测模型的准确性。你认为最适合采用 4.1 节中的哪种隐私保护方法？

4.5
警世故事：解释网页分类

马顿斯和罗沃斯特提供了一个在线广告领域的真实案例研究：根据有无成人内容将网页进行分类，从而避免广告商不将广告投放到这些网页上。研究人员利用一个历史数据集来训练模型，该数据集共包含 25000 多个网页，总计 73000 多个独特字眼（特征，因为采用的是词袋方法）。对于这种高维、稀疏数据，仅采用全局解释方法来解释结果是远远不够的：一组规则或一个有关最重要特征的排名都需要包含上千个特征，才能解释大部分的预测结果。作者举了以下例子："色情"一词位列最重要特征第 700 位，所以人们需要浏览太多特征，才能找到这个明显特征。通过衡量线性模型的系数大小，可以得出最重要的特征是"欢迎"。我们稍后将接着讨论这一解释。请注意，在仍需要全局解释的情况下，例如部署公司的经理需要解释，罗门（Ramon）等人提出了一种针对文本和行为数据的创新方法。他认为，人们与其使用原始特征进行全局解释，还不如直接使用元数据，元数据可将单个特征进行分组处理。

马顿斯和罗沃斯特还提出了实例解释，并以反事实证据形式使用。盲目相信报告中 96% 的测试内容准确无误，会无法获得重要见解，而且错过改进模型的机会。他们研究中的这几个例子共展示了三种用例。首先，信任：大多数关于成人内容网站的解释都相当直观易懂。例如：如果网页上搜索"成人裸体"等字样遭到删除，那么该网页所属的类别将从成人变为非成人。看到这里，我们会更加相信，模型已经学会了真正的模式。其次，我们进一步研究后，会发现成人内容网站首页通常都有这样一行话："欢迎，请继续浏览，您已经是成年人了。"再次，还有一些解释也恰恰说明了模型存在预测错误的原因：如果网页上"欢迎搜索 jpg 投资指数基金领域"等内容遭到删除，那么该网页类别也会从成人变为非成人。该算法很可能已经了解到，如果网页索引了几个域名，包含 jpg 格式文件链接，还具有检索功能，那么这就属于成人内容网页。如果类似的非成人网页索引至投资基金，那么算法就会将这类网页错误分类至非成人网页。对这些错误分类的解释可以揭示出这种偏见，在这种情况下，我们可以提倡在训练集中加入更多此类非成人内容索引网站。

▐▎ 4.5.1　可理解的模型与可解释的人工智能总结

可理解的模型与可解释的人工智能都很有价值。它们可以增强用户的信任，让用户对领域和模型有所了解，还可以不断改进数据科学模型。不要觉得解释是数据科学过程中无法避免的弊端，用来确保数据不造成任何法律或名誉损害。相反，我们应该这样认为：模型依据数据预测做出决策，而解释使得该过程更加公开透明。解释让人们更能意识到数据质量和模型偏差等问题，还可能让人们对某些领域产生见解。

我们既可以使用大量数据来解释模型，从而获得全局解释，也可以对单一数据实例进行解释，获得实例解释。该分类也进一步划分了潜在解释算法。究竟采用何种解释方法，主要取决于解释的对象和当下需要解释的情况。我们需要特别提及反事实分析方法，该方法解释预测模型所做的决策。每当个体遭遇不良决策，无论是被拒绝信贷，还是被选中进行税务审计，又或是未被聘用或定罪，反事实证据都会说明此等决策的原因。这些解释既可以直观明了地安慰到模型主体，解答疑惑，还可以为他们提供反对决策的理由。

当然，其他那些用来解释预测分数的方法也非常重要，特别是在任何情况下，随着时间的推移，用于预测分数来做出决策的临界值发生改变时，人们更需要利用这些方法来获得解释。现在，您可能会问：预测分数的解释不能用来解释决策吗？当然不能：事实证明，"重要"特征既没必要用于反事实证据解释，更不足以进行反事实证据解释。所以，在选择解释方法时务必仔细考虑，记住解释的用途再进行选择。

解释是数据科学伦理领域的基本组成内容，甚至还具有法律依据。但是，解释也提供了自身的伦理挑战：例如解释方法的选择。有些方法还能提供多种解释。就以信用评分为例，同一预测结果可能存在两种反事实证据："如果您是男性，那么银行会认可您的信用"，而且，"如果您的年薪涨了5万欧元，银行会认可您的信用"。第一种情况体现出对女性的歧视，但第二种情况并没有。如今，银行有权利忽略或混淆那些包含敏感属性的解释，这种做法本身就很容易让人们觉得有失道德。

4.6
伦理偏好：自动驾驶汽车

在未来，我们可能希望在机器决策模型中加入道德准则。本节将围绕自动驾驶汽车，探讨其可能面临的伦理困境，并思考我们到底应不应该在模型中引入普遍观测到的人类偏好。

麻省理工学院 2018 年的一项研究调查了人类在应对电车问题时的伦理偏好：如果司机无法刹车，即将发生撞车事故，您觉得电车应该拐弯避开混凝土砖块，以致 3 名孩子丧生，还是直接撞车牺牲司机的生命？该研究灵感源于朱迪斯·贾维斯·汤姆逊（Judith Jarvis Thomson）提出的著名"电车难题"。该思想实验主要如下：假设电车刹车失灵。有 5 个人被捆在铁轨上动弹不得。而您站在控制铁轨开关的拉杆旁边。如果您拉动拉杆，列车将驶向另一组轨道，但有一个人被捆在那条轨道旁边。您共有两个选择：①拉动拉杆，因此主轨上的 5 个人得以生存，但代价是被捆在侧轨上的那个人将失去生命；②不采取任何行动，这样主轨上的 5 个人将被电车撞死。怎样才是正确的做法？功利主义的道德观认为，1 小于 5，所以应该拉动拉杆。但是，道义论认为，如果您拉动拉杆，那您就是犯了道德错误，所以，最好是不采取任何行动。当老师询问学生们这个问题时，大部分学生会选择拉动拉杆。然而，当他们面临类似的解决方案，即杀掉1个人，然后获取其器官来拯救另外5个人时，他们就会开始怀疑对错了。不出所料，这个思想实验和其他许多变体实验都逐渐成了道德心理学和通俗读物中广为讨论的话题。该思想实验具有各种各样的变体研究，例如，需要把某人推下桥来让电车停下来，又或者考虑到侧轨旁被捆的人是您的孩子，等等。

我们便可以很快将该实验同麻省理工学院的道德机器（Moral Machine）研究联系起来：因为刹车失灵，汽车即将发生碰撞事故，司机也由此陷入两难境地，到底该选择救谁？埃德蒙·阿瓦德（Edmond Awad）及其同事在思想实验中考虑了不同的研究对象，如婴儿、孩子、猫咪、狗狗、老人、高管和无家之人等。他们向200多个国家的数百万人提出了这类困境问题，从而建立全球伦理偏好排名。该研究发现，就免遭伤害而言，孩子比成人更受欢迎，成人比老人更受欢迎，有趣的是，狗狗比犯罪嫌疑人更受欢迎。该研究还发现了重要的地区差异：与西方国家（例如北美和欧洲国家）相比，东方国家如日本和中国，人们更希望老年人免遭伤害，而非年轻人。同样地，作者还发现，拉丁美洲国家相比于拯救人类，更偏向于拯救动物。这凸显了在尊重老人、爱护动物方面的地区差异。

然后，基于这些发现，研究人员还提出了一些伦理问题。我们希望这些伦理偏好作为软件模块，加入未来的汽车中吗？如果希望的话，我们是否需要针对不同的地区，采用不同的模块？我们需要制定法律标准来定义伦理偏好，还是让汽车制造商自行决定？汽车制造商应该优先考虑司机权益吗？司机能否主动修改汽车的伦理偏好？

这个思想实验也受到了部分人的批评。因为人们不断放大了此实验的重要意义，让其逐渐偏离了其他围绕自动驾驶汽车更为重要的伦理问题。德国道德委员会（German Ethics Commission）反思了此类自动驾驶的伦理问题，并表示，此类困境实际上取决于当下的具体情况，所以"既不能明确标准化，也不能程序化，以至于此类问题变得伦理上不容置疑"。欧洲委员会（European Commission）在 2020 年发布了一份类似的报告，并在报告中表示："尽管此类问题非常有趣，但这种避免碰撞的道德困境既不是车联网和自动驾驶汽车的安全引发的唯一问题，更不是最为紧急的伦理和社会问题。"除了其他事项，这份有趣的文件还建议采取措施，纠正不公平对待弱势道路使用者的现象，例如让汽车给弱势道路使用者（如骑自行车者或孩子等）让路，适应减速慢行。他们还提到了在部署自动驾驶汽车时存在的其他重要伦理问题，包括可解释性、隐私公平和道路安全等。经麻省理工学院道德机器的作者呼吁，这些额外的伦理问题都得到了很好的反映："我们需要进行全球对话，跟设计道德算法的公司和监管政策制定者表达我们的偏好。"

4.7
本章总结

我们在本章研究了建模领域中的隐私、歧视和可解释性等问题。我们首先讨论了协调隐私和数据科学建模的不同方式，然后又重新详论了差分隐私。差分隐私方法通过在分析结果中添加噪声，实现由参数 ε 控制，来确保数据隐私安全。零知识证明应用价值极大，可以在不泄露秘密的前提下，证明有关该秘密的某些命题。我们随后介绍了同态加密，这很可能是未来云计算领域的重要组成技术。最后，我们讨论了安全多方计算和联邦学习。这两种方法功能强大，可广泛用于多方参与隐私友好的数据科学建模中。请记住，数据科学模型根本无法保证隐私绝对安全，而且也不具备全面的数据科学能力。所以，我们需要根据具体用例和隐私问题进行权衡。

在歧视感知建模方面，我们介绍了几种度量指标，来衡量预测模型的公平性。但遗憾的是，这些指标常常相互矛盾，所以我们需要慎重选择。这也逐渐变成了另一大伦理决定，显然需要我们进行报告。我们可以通过改变训练数据、对目标函数添加公平约束、改变最终决策的临界值，或者学习歧视感知模型表示方式等，来实现一定程度的公平性。

本章第三部分着眼于形成解释和构建可理解性模型。这项工作的讽刺之处在于，我们想通过对复杂预测模型应用复杂算法来理解预测结果。解释的分类系统根据具体环境和用户类型来指导人们选择特定的方法：管理人员往往希望获得全局解释，而模型主体往往更倾向于实例解释。

现在，我们重新回顾一下本章开头的故事。在这个故事中，有人提出苹果信用卡在决策中存在明显的歧视问题。人们共存在两种异议。第一，模型实现自动决策，依旧需要做出解释，因此，我们根本不需要得到诸如"一定是算法搞的鬼"或者"计算机就是这样决定的"等回应言论。我们可以利用反事实方法来解释此类具体情况：这表明，公司需要改变男性数据中的某证据来做出较低信用额度的决策（信用额度较高可能是因为有长期的信用记录，或者女性之前没有工作经历）。第二，公司需要利用大多数自动解释算法，才能立刻提供给客户此等解释。这要么消除了客户担忧，要么表明其算法确实存在偏见，才做出了"错误"决策。如果反事实解释是"如果客户为女性，那么银行会降低 10 倍信用额度"，对女性的歧视显而易见，这就需要改变决策和整个预测模型。公司还可以利用群体均等指标来衡量该模型的公平性：积极结果（高信用额度）是否受客户性别影响？做了初步测试之后，公司便可以迅速反应，并表示模型中不存在性别歧视。

第5章

道德
评价

一位名叫丹尼（Dany）的数据科学家一直在利用空闲时间分析红迪网（Reddit）的数据，试图以此来预测股市。红迪网是一个提供用户生成内容的网站。他一直在阅读性格特征和投资概况方面的文章。根据从红迪网上抓取的文本，他决定创建 500 个模型，每个模型都可以预测性格和投资者情绪的任一组合。丹尼认为，这些投资者的情绪评分可能与股市的走势有关联，而且还可以预测股市的走势。在分析了大量数据后，他获得重大发现：在已建立的模型中，有一个模型对纳斯达克指数的预测准确率达到了 75%！丹尼的研究引起了媒体的关注，他经常在采访中阐述自己的研究成果，甚至有家投行还根据他的情绪评分，创建了一支基金进行交易。但一年后，这支基金被清盘了，而丹尼也不再谈论这项研究。发生了什么？

道德评价有三个重要问题需要考虑。

首先，需要衡量什么？在我们的股市预测例子中，准确性是股票预测模型的正确衡量标准吗？是在什么背景下进行评估的？使用了什么基准？我们需要评估 FAT 标准中的每一项吗？

其次，如何解释这些结果？研究结果有意义吗？是"p值篡改"的问题，还是做了多次对比，却没有得到妥善纠正的问题？

最后，需要汇报什么内容？这个过程是否完全透明，不管结果好坏都如实上报了？数据科学可复制吗？简易程度有多高？接下来，我们将逐一详细介绍。

5.1
道德衡量

道德衡量由两部分组成：做一个优秀的数据科学家和做一个优秀的人。第一部分侧重于数据科学，我们要以正确的方式对待这门科学。所以，我们需要认识到，应该用不同的评估技术和指标来衡量数据科学模型的性能。第二部分重在优秀，而不是"精挑细选"，或者只是为了自己的利益而在数据科学评估指标上作弊。

ⅲ 5.1.1　正确评估：正确对待数据科学

对数据科学进行评估的意义在于：不同的测量措施可能会带来截然不同的发现和结论。我们已经在第 3.3.2 节讨论了正确定义目标变量的重要性。但是我们现在如何评估预测的实际效果呢？

这要从基础的数据科学说起。正如你在之前的数据科学入门课程中可能已经看到的那样，我们必须始终使用测试集，该测试集应尽可能地代表目标人群。这个集合最好是基于时间的预测（相对于基于样本的预测），并且足够大。不使用测试集或者使用不具有代表性的测试集都是不恰当的，会导致对数据科学的影响估测过高。这种不恰当的做法不一定是人们有意识做出的决定，反而有可能是疏忽所致。因为作为一名数据科学家，如果一开始就能得到一个很好的结果，便会非常兴奋，所以才会忽略评估中需要回答的关键问题。因此，道德准则要求你成为一名优秀的数据科学家。

如果我们问丹尼是否使用了测试集以及他是如何选择测试集的，他便会说自己使用了一个基于时间的测试集。他将1月到11月的数据作为训练集，然后将12月的四周数据作为测试集。他的预测模型在20天中有15天准确地预测了当天纳斯达克指数的涨跌。因此，这个测试集的准确率为15/20=75%。那么第一个问题就出现了：12月的数据可能无法代表全年的交易。因为股市具有潜在季节性，这在"5月清仓离场，11月重新买入"这句话中可以体现。除此之外，丹尼只评估了20天的数据。这似乎是一个非常有限的时间段，可能不足以展示部署时的预测性能。

除了用于评估数据科学模型的测试集有问题，用于衡量测试集准确性的指标也可能存在问题。对于企业和终端用户来说，这个指标非常直观，所以也不难理解人们经常用这个指标向普通大众传达结果。但该指标也存在一些问题，如分类不均衡、未考虑假阳性和假阴性错分代价的差异等。如果在丹尼的20 天测试集中，纳斯达克指数上涨了 16 天，那么一个预测市场上涨的常用简单模型的准确率将达到 16/20=80%，甚至超过了丹尼模型的准确率。但是你想根据这种模型进行交易吗？当然不会，因为它会建议你每天都买纳斯达克股票，一直买。除此之外，还有一些更合适的指标和曲线图，比如混淆矩阵、受试者工作特征曲线（ROC 曲线）、升力曲线或利润曲线以及汇总指标等。模型的性能还取决于所选择的阈值，从而可以做出正向的决定。所以，即使在从预测数据到分类的阶段一直使用 ROC 曲线，人们仍然可以使用最终选定的阈值。

此外，你还可以考虑几种基线模型，比如随机模型、多数票决模型、专家模型或任何符合你的应用程序的模型。对于丹尼来说，合适的基线模型可作为预测模型使用，因为该模型能够给出前一天股市的走势：如果市值上涨，预测值也会继续上涨；如果市值下跌，预测的市值第二天也会下跌。假如你报告的目标受众是不知道 AUC 是什么（也没有兴趣听这方面的讲座）的外行用户，也要确保你已经做过适当的分析，能够向其他数据科学家证明为什么你选择的模型是正确的。

这些选择通常只是不错的数据科学实践，但如果这些决定是有意识做出的，那么其中也有重要的道德元素要考虑在内。超越现有的模型和基线可能非常困难，所以有人铤而走险。他们为了获得良好的结果，只上报一些经过精挑细选的指标，但在部署时，他们就已经知道这可能不会成立。作为一名数据科学家，选择一个方便预测的测试集，上报一个符合自己目的的单一指标太容易了。但对于非专家而言，这样的报告是肯定可以蒙混过关的。

5.1.2 评估 FAT

除了正确对待数据科学，还要注意评估中正当和正确的部分。到目前为止，我们已经在不同阶段讨论了 FAT 的隐私原则、对敏感群体的歧视、程序透明和可解释人工智能。只要数据集中存在个人数据、敏感数据或敏感群体，就需要考虑公平性衡量、隐私评估和可理解性需求这些方面。在报告需要考虑的敏感群体、你认为可能的个人隐私数据，以及可以重新识别的方法时，也应该尽量保持透明。基于这几点，你可以根据 $k-$ 匿名性、$l-$ 多样性、$t-$ 邻近性，或对数据集中敏感群体的公平性来评估数据集的隐私性，并将得到的评估值作为群体均等值或该模型的评估值，把评估指标作为群体均等或机会均等来用。就模型主体需设定在何种程度，你应该解释一下；再就是解释到何种程度也需要进行评估。

像丹尼开发的这类应用，会使用红迪网的公开数据进行股市预测，因此可能不存在与数据主体或模型主体的隐私或歧视相关的问题。但是如果丹尼使用的是他工作的银行的支付数据呢？这是思想实验部分内容，我们将在下面讨论。

讨论

你在一家大型银行担任数据科学主管，指导团队尝试将支付数据用于市场营销，预测哪些客户可能会对银行赞助的高尔夫锦标赛感兴趣。支付数据和客户一一对应，而每个账号都是独一无二的，这是这些数据的特点。你新雇的团队成员斗志昂扬，他们花了很多精力建立了一个线性模型。在这个模型中，每个可以付款的账号都设有一个系数。这个预测模型是根据客户的付款对象来预测客户兴趣的。他们很得意地向你汇报，在一月份选择的测试集上，这个模型的准确率达到了95%。

1. 关于评估，你还有什么疑问吗？比如测试数据、指标和基线等方面。

2. 有哪些潜在的隐私风险是由重新识别或向数据科学团队透露客户敏感信息造成的？如何衡量这些风险的大小？

3. 支付数据的使用是否会造成对敏感群体的歧视，比如少数民族或女性？又该如何评价？如果客户向这些特殊账号付款，是否会显示敏感信息？如何判断这个模型是否歧视性地使用了这些数据呢？

4. 是否需要向高尔夫锦标赛的受邀者解释他们的预期兴趣？如果必要的话，你会怎么解释？

5. 如果现在的信用风险（是否拖欠贷款）是目标变量，而数据已经提供给了外部学术研究小组，那么你的答案会发生什么变化？

6. 当你的数据科学团队在报告他们的发现时，你是否希望他们回答（或至少提出）了之前所有的问题？

5.1.3 评估其他道德要求

到目前为止，我们一直在关注的是 FAT 的道德要求，可以说它涵盖了当今时代数据科学存在的大部分道德问题。此外，我们还提出了一些额外的道德要求，这些要求在某些应用中至关重要。

鲁棒性

在欧洲发布的《可信赖人工智能道德准则》(*Ethics Guidelines for Trustworthy AI*) 中，人工智能的鲁棒性（Robustness）居于人工智能道德性和人工智能合法性之后。据说，人工智能的可靠性就是源于人工智能的道德性和合法性。关于鲁棒性，该文件指出："技术鲁棒性要求人工智能系统的开发应采取预防性措施来防范风险，并使其以某种方式可靠地按预期运行，同时最大限度地减少无意和意外伤害，防止不可接受的伤害。鲁棒性包括抵御攻击、备援计划、准确性、可靠性和可重现性。有几个组成部分与前面提到的伦理评估方法有关，如安全性、准确性和可重现性。对抗攻击以及如何让模型抵抗此类攻击，是一个与鲁棒性相关的研究课题，十分有趣。对抗攻击会改变输入（例如图像），但这种改变与自然数据几乎无法区分，而预测的输出却变得出乎意料。模型的鲁棒性可用于评估对这种攻击的抵御能力。

可持续性

现代数据科学模型以及各大深度学习模型的大量计算，不仅会产生经济成本，用以在大型计算机上的训练模型，还会产生生态成本，因为模型的训练和部署都需要花相当多的能量。对于那些处理大量数据的应用程序，数据科学家应该考虑其对地球生态系统和环境的影响。OpenAI 著名的 GPT-3 语言处理模型便是其中一例，该模型可以编写创意小说，并进行翻译。这个深度学习模型由 1750 亿个参数组成，已经训练了 5000 亿个文档。2019 年的一项研究估计，训练一个深度学习模型产生的二氧化碳排放量，相当于 5 辆汽车的终生碳排放

量。当时，GPT-2 是这项研究可用的最大模型，只有大约 15
亿个参数。

因此，深度学习模型的兴起会引发以下问题：我们能否
用更少的计算量做同样的事情，或者我们能否用更少的能量做
同等质量的事情？会少耗费多少？对生态环境有什么影响？当
训练正在进行大规模计算的系统（如 GPT-3）时，和 / 或当数
据科学系统在大量机器上部署使用时，这些类型的评估就显得
非常重要。以深度学习模型在移动设备上的部署为例：当这种
模型部署在智能手机上时，调查和优化其能源成本可能会对能
源使用总量和碳排放总量产生相对较大的影响。在"物联网"
或自动驾驶汽车环境中部署数据科学技术有助于提高能效，既
经济节约又符合道德规范。确保可持续性并不要求你放弃使
用数据科学；相反，这意味着你应该意识到这个问题，对能
量使用结果保持透明 [可使用机器学习排放计算器（Machine
Learning Emission Calculator）或碳跟踪器等工具]，考虑如何
对其进行改进。比如将超级参数的搜索空间限制在相关范围
内，限制浪费的实验数量，根据计算出的碳排放量选择数据中
心和云提供商，使用节能硬件等。

5.2
结果的伦理解释

为了评估结果的显著性，可以应用统计检验（statistical tests）来确定结果是否稳健。有一个典型的对比：结果是否明显优于基线模型？然后，根据一些选取的统计检验，用 p 值来表示这种情况是否存在。在解释这些结果时，我们需要考虑两个伦理问题：p 值篡改和多重比较。

᪲ 5.2.1　p 值篡改

p 值定义为在假设原假设正确的情况下，获得至少与统计检验观察到的结果一样极端的概率。当"研究人员收集或选择数据或统计分析，直到非显著性结果变得显著"时，p 值篡改就会发生。我们将要讨论的做法也可以用来调优我们的数据收集、预处理、建模和测试集评估，这种做法有时也被称为数据疏浚（data dredging）。

显著性检验通常需要多次观察。例如，重复实验 10 次，每次使用不同的、随机选择的测试集。这就引出了第一个问题：如果你发现某个子集的性能恰好比所有其他子集的性能差很多，你应该怎么办？你会想，虽然这些子集是随机选择的，但这个特定的测试集很难预测（并且会毁了你的好结果），所以你决定再次将数据集随机分成为 10 个子集，并在新的测试集上再次进行你的实验。这样看起来好多了。但你不会就此止步。你不必更改所有子集，而是考虑性能最差的测试子集，然后用一个新的随机选择的子集来改变它，希望这种方式可以使性能更好。并且你会重复该过程，直到所有子集都具有相似的最大可能性能。很明显，这是不道德的数据科学。评估的目的应该是独立评估模型在新的、不可见的数据点上的性能，而不是通过玩弄评估设置来得出模型的最佳性能。这也成为第一个所谓的 p 值篡改的例子：篡改性能评估来获得显著提升。

一旦我们有了一组性能度量（假设我们度量了准确性），就可以应用统计测试来测试我们模型的准确性是否等于或小于等于基线模型的准确性。阈值 α 通常在 5% 左右。如果 p 值较低，可以说差异是显著的。在这种情况下，如果结果没有明显改善，那么看到这种情况的概率不到 5%，所以这是一个稳健而显著的发现。

在数据科学中，调整数据或模型，从而在测试集上得到正确的评估和 p 值，是一大禁忌。执行 p 值篡改的方法有几种，其中一种我们已经介绍过了（干扰测试集），这取决于数据科学过程中额外干预的位置。第一种方法是在数据收集和预处理阶段向数据集添加实例，直到获得正确的 p 值，并丢弃所有其他实例。这甚至可以更巧妙地（或更迂回地）完成，通过查看哪些实例应该包含在数据集中，从而在测试集上获得正确的 p 值。

第二种方法是输入变量级别：转换变量和 / 或进行输入选择，从而获得正确的 p 值。我们要记住，输入选择或者输入变量的转换不一定是坏事（恰恰相反！），只要它在验证集上计算即可。当这样做是为了在测试集上获得最好的（显著的）结果时，就变成了不道德的 p 值篡改。

第三种方法是评估本身。它尝试了许多评估指标，但只报告了一个显著指标，也不管这个指标是否适合你的应用。可能丹尼尝试使用期望利润、提升度、F-measure（又称 F-Score，F- 分数）和准确性来评估他的模型，发现用准确性评估的结果最好，所以他只报告了准确性这一项。我们还可以进一步测试不同阈值下测试性能（test performance）的显著性，并且只报告最好的一个。然而，另一个 p 值篡改创建了许多预测模型，但只报告了性能最好的一个（最显著、最低 p 值），这一点我们将在接下来进行更详细的讨论。

正如你所注意到的，有很多方法可以用来在测试集上获得显著性结果，以展示显著改进的结果，但这些只是失败的科学和商务实践。那么人们为什么要做 p 值篡改呢？这显然是错误的做法。在研究中，阴性结果或者没有突出表现的新方法是很难发表的。同样，在行业中，数据科学家当然更愿意报告对业务有重大影响的好结果，而不是报告他或她无法改进现有的系统。在生活的任何方面，取得好成绩都是我们的目标。当你想在学术上得到晋升，或者让你的研究成果发表在一个好的期刊上，或者只是为了让你的研究或部门获得更多的资金，p 值篡改是一种简单但不道德的做法。它将通过把坏结果转化为好结果来实现这些目标。即使结果没有带来直接的晋升或财务影响，更好的表现也可以带来名誉和荣耀，我们大多数人对这些都很敏感。当你使用 p 值篡改的时候，名声不过是昙花一现，因为在部署时或实验被他人抄袭时，不好的结果必然会暴露出来。

所以我们需要注意这种做法，因为我们应该认识到别人的风险以及我们自己的风险。我们需要积极打击 p 值篡改，它在科学和商业进步上都存在潜在的灾难，因为我们的决策不再以实际结果为指导。

📶 5.2.2　多重比较

除了刻意搅乱评估过程以获得正确的 p 值，仅仅因为一些模型的 p 值低于选定的 α 值 5%，就进行多次比较，并将结果解释为显著，这也是一个问题。多重比较的问题在于，你进行的测试越多，一些罕见事件偶然发生的可能性就越大。例如，你向空中扔 1000 枚 1 欧元硬币，如果你仔细观察这些硬币，就会发现一部分硬币乱堆在一起，而且都是正面。这是偶然现象，并非因为你有神奇的投掷能力。

我们不妨重新审视一下 p 值的含义：假设在 $\alpha=5\%$ 时，你的测试得出了显著性结果。那么，这个发现的偶然性概率是多少？所以没有得到真正的改善吗？是 5%。现在假设我建立了 m 个预测模型，在 5% 的水平上测试每个模型的准确性是否明显优于随机猜测。仅仅因为偶然，至少有一个模型明显优于随机猜测的概率是多少？

P（至少一个显著性结果）=1–P（非显著性结果）

=1–（1–0.05）^{m}。

如果我们只做一次实验（m=1），那么至少有一个显著性结果（由于偶然）的概率是 5%，这是有道理的，因为我们是在 5% 的水平上测量显著性的。如果我们建立了 10 个模型，那么有 40% 的概率至少有一个模型会有显著性结果，即使结果没有显著提高。如果建立了 20 个模型，则有 64% 的概率，而如果我们建立了 100 个模型，则有 99% 的概率（！）至少有一个模型的结果是显著的，即使测试实际上并没有显著提高。对这一问题的监督使人们意识到，（学术）出版物上报道的许多有统计学意义的结果可能并不成立。

因此，回到丹尼使用红迪网数据建立的 500 个模型来预测纳斯达克的涨跌。丹尼自豪地报告称，其中一个预测得分的结果明显优于使用基线模型预测第二天纳斯达克在前一天的表现，即使是在 1% 的水平上。考虑到之前的计算，这并不能说明什么，因为我们几乎可以确定 500 款中至少有一个模型会在 1%（$1-0.99^{500}=99.34\%$）的水平上有显著提升，这只是偶然的。

邦弗朗尼修正法（Bonferroni correction）可用来纠正多重比较出现的问题。当检验 m 个不同的假设时，不使用之前选择的 $a/5\%$，而是使用 a/m 作为临界值来判断显著性。在建立 10 个模型的条件下，现在的显著性衡量为 0.5% 的水平，而不是 5%。然后，如果我们计算其中至少一个由于偶然而发生的概率，我们得到 4.9%（$=1-0.995^{10}$）；非常接近我们最初设定的 5% 的水平。邦弗朗尼修正法本身并不完美，因为它假设了个体测试的独立性（以及我们案例中的预测模型）。但事实并非总是如此，因此这可能会导致更高概率的假阴性结果。

p 值篡改和多重比较问题的整体解决方案再次透明化了：简单透明地报告所有采取的步骤（建立了哪些模型、如何建立的、在什么数据集上等）。接下来要讨论的就是这种道德报告（ethical reporting）。

5.3
道德报告

📊 5.3.1　公开透明的报告

　　道德报告必须公开透明，无论好坏。不要只展示成功案例，要记录完整的数据科学过程，解释每一步的原因，包括失败案例。该报告应回答以下问题：

- **数据实例层面**：为什么选择一定的样本量？这个样本具有代表性吗？你为什么这么想？你是否考虑过学习曲线（添加更多数据时对性能的影响)？

- **输入变量层面**：你考虑过哪些变量，为什么？它们是如何获得的？你删除变量了吗？为什么删除？怎么删除？

- **建模层面**：你采用了什么技术？你调整这些技术了吗？你测试了哪些模型？

- **评估层面**：用什么评估指标，为什么？等等。

　　这都与了解、应用和报告正确的数据科学实践相关。普罗沃斯特和福西特合著的《商战数据挖掘》（*Data Science for Business*）堪称佳作，可以让你在商业环境中正确掌握数据科学的基础知识。

透明的报告之所以如此重要，是因为它能确保对构建模型的数据科学的信任。我们要相信数据科学家拥有渊博的知识，会进行正确的数据科学实践。然而，我们也应该相信，数据科学家并没有故意使用 p 值篡改或调整测试集等做法来玩弄系统。

为了让这一点更可信，以重现性为目标可能大有裨益。如果报告能让我们轻松重现研究成果，信任自然会产生，从而确认数据科学真的是有效的、有意义的，并且是可以建立在其基础之上的。重现性表现为数据和代码可用且易于访问，其中主脚本自动执行所有数据科学步骤，并得到与报告相同的结果。在企业内部，重现性也保证了数据科学家在离开公司时工作不会丢失。未记录的代码或无法产出报告结果的代码至少会造成效率损失，甚至会否定先前的结果。如果已经部署了这些早期的结果，则需要停止它们，所有的财务和声誉损失都将随之而来。对于数据科学读者来说，阅读并跟进其他数据科学家未记录的代码，很可能会因不当报告感到沮丧。

越来越多的人鼓励学者们在发表研究成果时共享数据和代码。如第 3 章所述，在共享敏感数据或个人数据（即使是"化名"）时，我们应该非常小心。当然，不共享这些数据是有

充分理由的。例如，这些数据是通过与私人或政府合作伙伴的
合作获得的，或者个人数据是在研究过程中获得的。我们鼓励
通过 github 等平台进行代码共享，这样做甚至有助于推广我们
自己的研究成果。

所谓的"模型卡"是一种有趣的工具，是用于报告数据
科学模型的关键组件。2019 年，谷歌员工在一篇论文中引入
了这一工具，目的是鼓励进行透明的模型报告。模型卡通常只
有一两页长，并且清楚地说明了模型的预期用途、使用的训练
数据、模型类型、评估方法、局限性、可以联系谁以获取更多
信息以及其他重要的模型信息。

让我们回到丹尼的股票预测模型。丹尼应该在自己的报
告中解释为什么只选择了 12 月份 20 天的测试数据。是因为缺
乏数据吗？但是数据是公开的，包括输入数据（红迪网数据）
和目标变量（纳斯达克），所以这可能不是真正的原因。是因
为他只想在 12 月使用他的模型吗？但是他为什么要这么做呢？
他有什么论据证明这是评估模型的代表性样本？关于评估指
标，为什么测试指标是正确的，他尝试过其他指标吗？在交易
领域，人们经常使用风险调整指标，他考虑过这些吗？为什么
（没有）？他应该为数据预处理和建模提供类似的动机。与重
现性相关的透明性要求（更为普遍）：他的数据和代码是否公
开可用，以便其他研究人员验证结果，甚至可以应用模型，验

证它在他选择的测试集之外是否总是表现良好？丹尼可能很难展示和解释原因，他也很快意识到自己的预测模型其实是不正确的。如此一来，他便会进一步改进数据、模型和评估，从而恰当地证明他实际上能够（或不能）比一些选定的基线更好地预测纳斯达克的走势。

5.3.2　符合道德标准的学术报告

学术报告是一个值得特别关注的特殊领域。激励机制和学术报告过程很容易引起"小规模"的不道德行为，如精心选择数据集在学术出版物上发表报告，甚至完全捏造结果。

以重现性为标杆

在学术研究中，研究人员倾向于提出假设或研究问题，收集和分析数据，并展示结果。这些出版物的读者会相信论文是如实撰写的，当他们遵循作者写的确切步骤操作时，可以得到同样的结果。不幸的是，太多的事实表明，情况并非总是如此。

比如在癌症基础研究领域，我们都希望这个领域发表的成果能够得到完全重现。2012 年，路透社（*Reuters*）和《科学》杂志（*Science*）的一篇报道披露，该领域甚至存在重现性危机，对新药开发造成了严重后果。据报道，作为一家生物技术公司的全球癌症研究负责人，格伦·贝格利（C. Glenn Begley）和他约 100 名科学家组成的团队试图重现 53 份他们标记为"里程碑"级出版物发表的研究结果。他们试图在进一步研究新药之前，再次重现这些论文的结果。结果令人吃惊：只有 6 项研究经得起检验，并且可以重现，而其他 47 项（89%）均无法重现。因为这不一定是造假，而可能是由于技术差异或困难才导致的，所以贝格利和他的团队联系了论文作者，并讨论了相互矛盾的结果。据悉，贝格利在一次癌症会议上与一篇无法重现的论文的首席科学家进行了讨论。正如他在那次会议的报告中所描述的，他得到的反馈让人大失所望："我们逐行逐图地浏览了文件。我向他解释说，我们又做了 50 次实验，但没有得到和他们一样的结果。他说他们做了 6 次，有一次得到了这样的结果，就把它写进了论文里，因为这是最好的结果。"这种事情发生了不止一次，拜耳公司的科学家也报告了类似的问题：在他们研究的 47 个肿瘤学项目中，只有 20% ~ 25% 的研究结果可以重现，进而得到与先前报告的相同结果。

这个问题不仅限于一个领域。2016 年,《自然 》杂志（Nature）在 1576 名研究人员中进行的一项调查显示，超过 70% 的人试图重现另一组实验，但失败了。更令人惊讶的是，超过一半的人无法重现他们自己的实验。这些受访者来自化学、医学、工程学等各个学科。然而，大多数人仍然相信自己领域内已公布的结果，但同时也有 52% 的人表示他们的领域存在明显的重现性危机。在某些领域，输入（或上下文）的细微差异可能会导致不同的结果。在《自然》杂志的同一项调查中，实际造假只是导致研究不可重现问题的第 9 大报告因素。受访者认为，造成这场危机的最大原因是选择性报道和论文发表的压力。

学者之间的竞争

局外人很可能对学术环境的超竞争特质一无所知。我们可以通过一些背景来解释这一点。对学术研究人员的评估部分是基于他们发表的论文数量。研究人员能够发表论文的期刊或会议越好，研究人员就被认为越优秀。因为这一原则被广泛接受，发表的论文越多，就越容易获得额外的资金，从而可以聘用更多的研究人员，进行更多的研究。所以学术界有这样一种说法："不发表，就灭亡。"这种背景实际上导致了 20 世纪论文数量的指数级增长，但思想却只是线性增长（以文章标题中独特的短语来衡量）。

学术出版物通常"只不过是"一篇书面论文，它详细描述了作者所做的工作。研究科学社会学的默顿（Merton）声称，科学奖励的基本货币是认可。因此，作为学者，我们的目标是在顶级期刊上发表论文，这些论文经常被其他论文引用以获得认可。

假设所写的内容是真实的，研究是按照研究领域的规则进行的。一篇论文投给期刊，会有其他学者对其进行评审和评论，指出哪些地方需要改进，是否可以发表。不明确的结果，比如"我们进行了 10 次分析，只有 1 次得到了这个非常好的结果"，比"我们的分析得到了这个非常好的结果"更容易被拒绝。

科研诚信行为准则

科研人员应该遵循哪些规则？《欧洲科研诚信行为准则》（*European Code of Conduct for Research Integrity*）提供了一个框架，并解释了应遵循的原则。该准则是欧盟资助的所有项目的参考文件，因此被欧盟委员会认可为科研人员和组织的参考文件。科研诚信的四个主要基本原则是：

1. 可靠性：保证科研质量；

2. 诚信：在科研过程中，在审查、报告和交流科研过程中体现；

3. 尊重：尊重同事和社会；

4. 责任制：对研究的所有方面负责，直到发表为止。

因此，明确的不当行为包括：

- **捏造**：捏造结果，并将其作为真实的结果发表；
- **伪造**：无正当理由篡改过程或数据；
- **剽窃**：未经适当授权使用他人的作品或创意。

在这一点上，你可能认为这些准则和实践是不言而喻、毫无争议的。然而，当学者不了解这些准则和相关的警世故事时，他们可能会受到诱惑，更乐意稍微调整下规则，发表更多作品。2013年，《科学》杂志的一项研究发现，有些公司会出售学术作品的版权，有些作者会出售自己论文的作者名额。而如果你想发表一篇论文的另一个选择是请一家公司就某个主题为你写一篇全新的论文（通常是综述论文）。同样，学者这样做的动机可能仅仅是为了得到认可，或者是为了得到晋升，甚至是为了避免丢掉工作。

不道德的学术行为还可能包括更微妙的行为，例如，作为匿名审稿人，要求作者引用他的作品，从而不公开你的作品的弱点或他对研究的怀疑，或者将你的手稿分成几份提交，只是为了发表更多的文章。所有与 p 值篡改相关的行为，比如删除与你的假设不匹配的数据点，或者只报告最适合的研究测量结果，也属于这种不道德的学术行为。

不遵守这些求真原则会对科学乃至整个社会产生实际的负面影响。上面提到的重现性危机显示了时间、精力和金钱的潜在浪费。因此，学者有责任牢记研究诚信的原则。这里有一些做法，可以用来打击现实生活中的不当行为。在审稿过程结束后，需要将另一位作者添加到论文中时，编辑应该询问需要这样做的原因，以及该作者对这篇论文的额外贡献。重现性应该变得更容易，这与需要访问数据（或解释为什么不能共享，例如出于保密的原因）、代码，以及数据和代码的相应证明材料是携手并进的。应该鼓励和激励博士生导师适当培养处于起步阶段的研究人员。学术机构应该认识到，这一切都需要时间，而仅仅将更多的教育和管理责任强加给学术人员，可能会造成培训、跟进和重复实验的代价。

下一个警世故事说明了对学术认可的追求是如何导致对不道德学术行为的追逐，但首先我们需要讨论如何评估一个定向广告活动。

讨论

定向数字广告是一个庞大的产业，该产业充分利用了数据和数据科学来投放广告。假设你在一家广告公司工作，该公司以善用数据来定向投放广告而闻名。如果公司开展一个横幅广告活动，要推广一本关于"数据科学伦理"的新书，你需要决定的是用哪个指标来报告这次在线营销活动的结果。有三种指标可以选择：报告用户点击广告的频率，用户最终进入广告登录页面的频率，或广告中给出的折扣代码用于在线转换（购买图书）的频率。

1. 在什么情况下，这三个指标会有所不同？

2. 哪个指标看起来更正确：点击量、广告登录页访问量，还是线上转化率？

3. 你的分析表明，如果广告出现在两岁儿童的游戏应用中，则点击率将飙升。但是，登录页面的访问数量仍然很少。是什么造成了这个结果？在这款应用中显示所有广告的原因是什么？不显示所有广告的原因又是什么？

4. 你的分析表明，转化率高的网页是含有仇恨言论的阴谋论的网页，这个网页上显示所有广告的原因是什么？不显示所有广告的原因又是什么？

5. 你想用什么基准来衡量你的定向广告活动的结果，进而表明你额外的数据科学工作可以使结果更好，效果显著？

6. 老板让你做的报告仅包含指标和基准，这些指标和基准可以使你的活动看起来十分成功，不需要报告显示广告的网页或应用程序。你会做这样的报告吗？

5.4
德里克·斯塔佩尔的警世故事

德里克·斯塔佩尔（Derek Stapel）是一位德高望重的社会心理学教授，也是蒂尔堡大学的院长。他的研究引起了学术界和媒体的广泛关注，并获得了多项奖项。当他操作数据和完全捏造实验的行为被曝光后，一夜之间，他成了《纽约时报》所报道的"或许是学术界最大的骗子"。

在研究过程中，斯塔佩尔经常以人类为对象进行调查和实验。他的一些被广泛报道的研究结果表明，肉食者比素食者更自私、更不合群，而凌乱的房间会让人更具攻击性。

他的许多实验数据被证明是捏造的。根据有关此事的报道，他会开展一个完整的实验，从理论和假设到问卷调查，然后从学校的实验中编造参与者的答案，只有他自己能接触到这些实验。据报道，他会将带有调查结果的 Excel 文件交给博士生进行分析，然后这些博士生会共同发表他们的研究成果，捏造的数据（在博士研究人员不知情的情况下）就这样污染了他们的博士论文。

当其他研究人员开始注意到斯塔佩尔的论文存在疑点时，他们联系了大学并采取了措施。他发表的 50 多篇文章被撤回。后来，斯塔佩尔出版了一本自传，他在自传中解释了是什么驱使他从知名教授沦落为数据操作和捏造的罪犯，他承认自己是罪犯。他似乎受权力和对荣誉的渴望以及混乱的实验结果所驱使：虽然实验数据的结果太不明确，但答案（对他来说）很清楚，于是他开始相应地操作数据。对此，斯塔佩尔已经表示了后悔，并向他以前的博士生和同事道歉。据报道，他以前的一名博士生说："有做坏事的好人，也有做好事的坏人。"她会把斯塔佩尔归为前一类。

像这样完全捏造的实验当然是不可接受的。这种错误的实践始于"简单"的数据操作，我们可以将其称为通往不道德数据科学实践的大门。因此，当你试图从大规模基准研究中删除一个数据集，或者从数据集中删除几个数据实例，只是为了从分析中得到更清晰的结论时，请想想这个故事。

5.5
本章总结

总体来说，评估数据科学模型已然成为一项复杂的工作。在本章中，我们重点讨论了评估的道德问题，其结构分为三部分：衡量的内容，如何解释结果，以及报告的内容。首先，道德标准要求使用数据科学领域的一切评估标准来对其进行正确评估。简单来说，不使用适当的测试集或度量标准可能导致误导性结果。在这一点上，想想丹尼选择有限测试集和精度指标来评估股票预测模型的做法。合乎道德的 FAT 数据科学衡量标准包括前几章介绍的内容，如数据集和模型的公平性，数据和模型主体的隐私性，以及模型的可理解性。

其次，就如何解释结果，我们概括了一系列可能导致"p 值篡改"的做法。即使没有统计检验，这种做法仍可能是不道德的。例如，选择数据实例，进行输入选择，并根据测试集选择模型评价准则。这是任何一个有道德的数据科学家都不会做的事情，因为对这种结果的解释可能会导致错误的结论，以及在此错误方向上的后续投资，这对企业或社会极有可能造成巨大的负面影响。想想丹尼投资基金的例子吧，他的操作直接导致了公司倒闭。

最后，符合道德规范的报告应做到无论好坏都坚持公开透明。其实与人分享一下你曾尝试过何种徒劳的方法，对他人来说也会受益匪浅，因为这会帮助他们避免日后重蹈覆辙，或者可以激励其他人改进结果。确保重现性是一个关键要素，可以让所有进行的步骤都变得清晰起来，从导入选择到模型评估，概莫能外。学术报告具有特殊性，因为它受到相当独特的竞争环境的影响，而且又可以对社会产生深刻的影响。因此，我们强烈建议学术型数据科学家将其代码及数据公布出来（如果需要的话可以公布综合数据），这样其他人就可以重现相关实验，并能站在巨人的肩膀上，更上一层楼。

第6章

伦理
部署

美国亚利桑那州的钱德勒市道路宽阔、路标明确，少见雨雪天气，住有约 25 万名居民。Waymo 汽车是谷歌母公司字母表（Alphabet）下的无人驾驶汽车公司，自 2017 年以来，Waymo 在钱德勒市试驾其无人驾驶车——vans。据报道，试驾的前两年，无人驾驶汽车遭到了二十多次攻击：车胎被割伤、被人们投掷石块。某司机甚至拒绝 Waymo 的自动驾驶汽车在马路上行驶，而另一名司机则冲着 vans 怒吼，让它离开社区。为什么会发生这种情况呢？政府收到了无数投诉，投诉内容从发生事故到自动驾驶汽车可能引发的失业问题不等，应有尽有。一名试图把 vans 赶出马路的居民被警察警告后，对《纽约时报》说："他们没有问我们是否愿意参加他们的验收测试。"Waymo 说这些攻击只是他们在亚利桑那州进行的所有测试的一小部分，他们在意的是安全问题。本章节，我们将探讨与部署数据科学系统相关的伦理问题。首先，我们要知道谁有权访问系统。在 Waymo 的案例中，就是要明确测试自动驾驶汽车 vans 的工作人员。接下来，我们将讨论区别对待他人的伦理规范（基于已有的预测、诚信和监督），以及数据科学部署引发的非预期后果。失业是关键问题之一。300 多万名司机和 360 万收银员将因自动化数据科学系统失业，这会导致美国社会发生动荡，因为他们知道 2018 年发生在钱德勒市的 vans 骚动事件的后果（事件虽小但值得注意）。

6.1
系统访问

在数据科学部署阶段，我们需要讨论有权访问系统的主体。基于多种原因，仅有特定的人或者地区有权访问系统。如图 6-1 所示，通常需要事先进行伦理讨论，以确定有权访问系统的主体，以及访问哪个部分和访问原因。

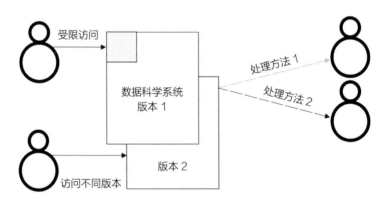

图 6-1　对数据科学系统的访问权限

▂▃▅ 6.1.1　访问受限

首先，由于数据固有的敏感性和私人性，各类组织需要限制对数据的访问权。例如，对银行的支付数据、医院的医疗记录、大学成绩或政府的税务信息。除了明显的机密性、完整性和访问控制措施之外，拥有一个记录数据访问的日志系统也至关重要。如果银行员工要查找名人的付款记录，那么员工应对此负责，并解释查找的缘由。在你认为存有类似的敏感数据时，请内置此日志记录功能，并让员工知晓此功能的存在，并使其了解在无正当理由的情况下访问数据的潜在负面后果。

公司也可能有意决定让某些用户或地区有权访问系统的一部分。举几个例子：谷歌发现识别问题后，也只是停用了"大猩猩"的标签。据报道，即使两年过后，谷歌照片也不知该如何准确预测大猩猩。这一做法可取吗？投入更多的精力和资源能解决问题吗？如果这是一个难以解决的问题，那我们应该公开讨论技术中的困难吗？还是这仅仅是对深度学习模型预测准确性的一个警告？

同样，新闻网站和社交媒体平台（如推特和脸书）通常会筛选新闻，以推出（预测）你想要阅读的新闻，从而隐藏与你的观点不同的新闻，即形成回声室。你的想法是一方面，你是否知情此算法的存在以及算法的运作方式是另一方面。人们可以选择随机添加其他新闻，而不是让用户阅读为他们量身定做的新闻——打破潜在的文化和智能的隔离，或者可以完全关闭筛选功能。

另一个例子涉及可解释的人工智能领域。对于单一预测模型和数据实例而言，有许多不同的解释——它们似乎同样有效、长度相同，并且都是反事实的。但对于企业来说，一种解释可能比另一种解释更方便。我们以招聘为例理解：如果你是一名男性而非女性，那么你可以参加面试；而另一种解释：如果你的 Python 水平可达到高级而非中级，那么你可以参加面试。两个解释可能在长度以及提供反事实条件句等方面相似。然而，第一种解释表明模型具有明显的歧视偏见，第二种则没有。因此，公司老板可能更倾向于第二种解释，而非第一种解释。梭伦·巴罗卡（Solon Barocas）和他的合著者指出了决策者的新权力。内部解释的透明度以及对模型主体解释的透明度两者皆有助于约束新权力。

最后，某些人可能一直无法访问系统。任何使用智能手机数据建立的决策模型，都仅限于使用智能手机用户的数据。样本中一般不包含老年人和收入较低的人，因此可能会有负面偏见。因此，本案例表明，在数据收集阶段和部署阶段，对不使用智能手机的用户存有偏见（参见第 6.6 节）。

某些数据科学技术存在如此严重、可能不合乎伦理的问题，因此需要非常严格地控制其访问权限。人脸识别技术是此类技术之一。随机拍摄一个人的照片，（如果此人的图像在数据库中）人脸识别会将其与数据库中的人脸图像进行匹配。对执法部门来说，这是一个有用的工具，可以帮助解决犯罪。但与此同时，这项技术可能会被滥用：通过识别个人身份（例如在和平抗议活动中）限制个人权利、跟踪陌生人，或追踪不知情的顾客。我们将要在第 6.3 节的案例中讨论：谁有权使用此类软件，以及使用哪一类的图像数据库。

决定谁能访问系统的高自由度为使用数据科学的公司和政府提供了一种新型权力。这再次说明，所作决策的透明度、动机和伦理考量至关重要。

▁▂▃ 6.1.2　因人而异的数据内容

迄今为止，我们已经讨论了用户对数据科学系统不同的访问权限。此外，不同的用户（或地区）会得到不同版本的数据驱动应用程序或软件。用户可能会主动选择安装或使用不同的版本，如带有广告和针对性内容的版本，或对数据使用有更多控制权且不含广告的付费版本。当公司为用户决定使用哪个版本时，重要的伦理考量必不可少。这需遵守政策法规。

被媒体广泛报道的拼车服务公司优步（Uber）案例与此相关。优步公司在早期创建了两个版本的应用程序。据报道，优步正在处理欺诈行为——一些优步司机会创建虚假账户接单，然后司机接受订单（之后他们会取消乘车）。优步鼓励司机多多接单，因此司机通过欺诈行为赚取更多的钱。通过抹除手机痕迹，并创建一个新的假账户，这可以在无法识别手机的情况下多次完成订单。优步开始对苹果手机进行"指纹识别"，这样即使被抹除痕迹，手机也会得到唯一的标识符。如此一来，优步可以检测到反复使用、抹除和重复使用手机从而在优步系统中进行欺诈的司机。但这种做法本身极其麻烦，因为指纹识别违反了苹果的隐私规则。为了规避这一政策问题，优步创建了两个版本的应用程序：一个面向公众，一个专门面向苹果总部的苹果员工。通过对苹果库比蒂诺总部进行地理围栏，优步会知道哪些可能是苹果员工。然后向这些苹果员工提供不同版本的应用程序，以掩盖优步在该应用被删除后仍在识别和标记苹果手机的事实。据报道，苹果首席执行官库克要求优步的首席执行官停止采取此类做法，否则苹果的应用程序商店将不再提供优步软件，随后这一做法被叫停。其实本案例中隐藏着一种相当不合乎伦理的做法，尽管它似乎解决了一个严重的欺诈问题，但并非我们力争的透明标准。

公司也可能拒绝对某些用户提供访问权限，因为系统可能会违反特定用户的条例。《通用数据保护条例》生效的第二天，许多非欧洲网站屏蔽了有关欧洲的网站内容。这是一个有

效的商业决策，有利于避免遵守法规带来的法律和技术成本
（或为此争取时间）。据报道，两个月后，美国一百家最大的
报纸公司中约有三分之一的公司禁止欧洲读者访问。这引发了
与新闻有关的伦理问题：某些欧洲用户通过这些新闻网站获取
新闻；其他人则希望阅读一篇只在该新闻网站上获取的报道文
章。许多新闻网站无心遵守《通用数据保护条例》，也没有加
强保护非欧洲用户的隐私，而是选择采取简单的方法——屏蔽
欧洲用户。

<h1 style="text-align:center">6.2</h1>
<h2 style="text-align:center">预测差异性与结果差异性</h2>

ᵢᵢ 6.2.1　基于数据的价格差异化

经常订机票的用户都知道机票的价格并非一成不变，以
及根据空座和预订时间的不同，同一航班上的乘客可能会支付
不同的价格。但这也取决于商务舱和经济舱的选择，以及乘
客是否注册了忠诚计划。这种差别定价的做法已经变得相当
普遍。相关实例是 Mac 用户和 PC 用户搜索的酒店房间价格不
同（更贵）。瓦里安（Varian）发现，在一个允许出现版本控
制的新市场中，以不同价格提供不同版本的商品会增加整体盈

利（以消费者剩余和生产者剩余计算）。例如，提供学生折扣，可能会为市场引入一批新消费者。

我们在此关注基于数据的预测，用户会得到不同的待遇。在机票的例子中，对支付意愿的预测可能导致定价不同，或展示不同的广告（经济舱和商务舱）。这种预测可能相当简单，如只基于一个人的国家或邮政编码进行预测。在信用评分的背景下，基于风险的定价将把利率与预测的信用风险联系起来。从经济角度来看，这种做法有合理之处，因为风险越大，预期损失越大，借款人不偿还贷款的可能性越大，因此应该以高价补偿。

那其中的伦理问题是什么呢？这再次涉及透明和公平。第一个问题是敏感属性。基于敏感属性，这一做法可能会导致价格差别。我们已经讨论了在预测模型中使用位置信息（例如邮政编码）的危险性，这可能会对某些种族或收入群体产生负面影响。据报道，年龄和性别等其他社会人口统计数据可能与支付能力和支付意愿有关。单纯、脆弱和不懂技术的消费者可能并不清楚价格差别，也可能不知道如何适应这种负面的价格决定。除了定价，同样的推理也广泛适用于所有基于预测的待遇，如提供的信息或服务。第二个公平问题与隐私有关：是否使用了个人数据做出这些预测？如果是这样的话，这就引出了之前提到的所有问题：如何收集数据？得到用户的知情同意了吗？与最初收集数据的目的一样吗？如何进行预处理？能否根据数据重新识别用户？等等。第三个是透明问题。消费者需要清楚不同的待遇：如果满足了整体福利增长的条件，就会出现消费者剩余。我们需要清楚不同的待遇会引发盈余问题。如果我们不知道有不同的待遇，那么可能有持反对意见的伦理论点——决定不公开此做法。如果这种差异随后被外界（如记者）揭露，可能会导致更多的伦理问题和名誉损失。所以我们在此进行伦理讨论：对消费者有哪些影响？对谁有益？对谁有害？这一做法可取吗？例如，如果你发现你的使用苹果手机的客户往往更富有，便对他们收取更多服务费，而向其他人收取更少费用，这一做法是否正确？这似乎有正当理由，因为它类似于许多国家的累进税制。但作为一名 Mac 用户，你认为这样公平吗？如果先向 Mac 用户提供更贵的版本或收取更高的价格，现在解释原因（Mac 用户倾向于选择更贵的版本），并为消费者提供完全不使用数据的选项，这会导致无区别对待吗？这一伦理讨论将决定你的数据科学平衡，以及你的客户是否应在不同的预测中得到不同的待遇。

ⅰ 6.2.2　行为修正与预测成真

徐茉莉进一步探讨了这一问题，她关注的是互联网平台如何拥有做出一系列预测的行为数据，还能有改变我们行为的工具。她提出了一个令人信服的案例——使用行为修正技术，这会激励平台"预测成真"。他们为什么要这么做？祖波夫（Zuboff）称之为"预测产品"，通过所谓的"行为期货市场"出售给广告商、保险公司和政治咨询公司。显而易见，预测性越准确，预测产品的销路越好。徐茉莉提供了几个假定案例说明如何进行行为修正。第一个案例中，保险公司需要吸引新的低风险客户。基于互联网平台获得的大量行为数据，它可能会提供此类风险预测。这只需要通过鼓励低风险用户不在开车时使用这款应用，以及工作时间不播放含酒精饮料的广告即可。而对于那些被预测为高危用户的用户，则可以采取相反的做法，甚至可以在他们开车时直接发送消息。徐茉莉讲述了另一个有趣的场景——竞选活动。她再次假设平台可以使用所有的工具推动投票行为朝着预测的方向发展。例如，更多展现平台预测的候选人的正面信息、广告或搜索结果；更多展现竞争对手的负面消息。

尽管平台的动机很明显，但正如徐茉莉所说，伦理问题极力反对此类做法。这对一些消费者来说有失公平，甚至有可能对他们（参见保险案例）或社会（参见对选举的影响）造成伤害。无论是为了实现目标而使用消费者的数据，还是采取行为修正技术，消费者甚至对这种潜在的伤害性做法视而不见，除非平台明确告知他们这些机制的存在。预测产品的客户不仅对此毫不知情，还会大张旗鼓地宣扬预测产品的准确性。即使是平台也可能未曾意识到行为修正的存在，比如在这些预测将自动包含在进一步的个性化/修正工具时预测为高风险，那么算法会发现你可能更喜欢工作期间喝威士忌的广告。这一推理再次论证了，从数据科学选择的公平和透明方面来看，我们需要明确地思考，并讨论其伦理后果。

6.3
警世故事：人脸识别

⏸ 6.3.1　使用人脸识别软件

　　人脸识别软件现在是、将来也可能永远是一个伦理焦点，尤其是在讨论谁有权使用此类软件时。正如第 3.4 节提到的，人脸识别应用服务公司的有趣案例。这家科技公司提供人脸识别软件，并在上传匹配者的照片后，在脸书和领英等网站上提供匹配者的在线资料链接。与这项服务相关以及更普遍的所有人脸识别软件的伦理问题之一是谁有权使用这项技术。只有执法部门或者私营企业的安全部门有权使用吗？尊重人权的国家是否应限制此项应用，或者所有人均可使用？某些公民是否也有权使用，如注册的私人侦探？人脸识别应用服务公司（潜在

数据科学伦理：   **Data Science Ethics**
概念、技术和警世故事   Concepts, Techniques and
Cautionary Tales

的）投资者可以使用以及验证此应用软件吗？人脸识别应用服务公司的员工也可以出于任何目的使用此应用软件吗？这只是公司在发布此软件之前需要考虑与限制访问有关的几类伦理问题。鉴于授予访问权限这一权力，透明公开的流程必不可少，并需清楚告知决策和决策过程。最后，政策应落实为明显有效的措施，违反政策的人应承担不良后果。简而言之：承担责任。

6.4
诚实和换脸技术

　　"动摇我的不是因为你欺骗了我，而是我不再信任你。"尼采（Nietzsche）的名言恰恰总结了数据科学技术——深度伪造技术可能引发的负面影响，我们可能不会再相信视频录像或录制的演讲。深度伪造技术基于深度学习可以创造看似真实实则伪造的视频。在最先广为人知的使用换脸技术拍摄的一段影片中，美国前总统奥巴马（Obama）指出了虚假新闻的危险性。影片名为"奥巴马在这个视频里说的话，不可信"。奥巴马在此影片开篇就说："我们已经进入了这样一个时代，我们的敌人能给大家造成一种'任何人在任何时候都能说任何话'的错觉。即使有些人根本不会说那样的话。"在视频的结束部分，人们才发现真正的演讲者是喜剧演员乔丹·皮尔（Jordan Peel），而这段视频是 BuzzFeed 网站制作的假视频。在数字时代之前，造谣宣传活动就已存在。然而，数字和社交媒体的兴起让某些人操纵和分享这种存心欺骗的信息变得易如反掌。深度伪造技术的新功能可以轻松更改视频材料，这些逼真的材料几乎与真实可靠的材料别无二致。

最流行的深度伪造技术类型是视频中的人脸互换，这一技术保留了原始图像的表情、姿势和背景。创建于 2017 年的换脸（FaceSwap）是一个流行的开源工具。从技术上看，该工具使用了两个深度自动编码器（编码器部分是共享的）。这个编码器会将图像映射到一个共享的潜在空间表征（latent representation），然后每个独立的解码器会区分人物的身份与面部表情。其结果是一张互换的脸：最初的身份配上伪装者的表情和姿态。这种廉价且相对容易使用的技术可以应用于公开的视频（或语音）记录，以冒充他人。

我们可以列出这一技术一些潜在的合法用途。在娱乐界，当真人演员无法参演时，这项技术可应用于电影。例如，演员年轻的时候，或当演员去世时，或演员只是没有办法扮演的时候。著名的例子包括娱乐体育节目电视网（ESPN）的一则广告和《星球大战》（*Star Wars*）的几个场景。该网络社区重现了许多由尼古拉斯·凯奇（Nicolas Cage）扮演其他演员的电影场景。比利时特效专家克里斯·乌姆（Chris Ume）也为汤姆·克鲁斯（Tom Cruise）创作了几部深度伪造技术短片。他强调，制作如此逼真的电影并不简单，他还明确表示，电影将继续使用深度伪造技术。

遗憾的是，也有很多滥用深度伪造技术的案例。同样是在娱乐界，有很多演员根本不会参演的电影，但是深度学习却可以把他们嵌入这类电影中。詹妮弗·劳伦斯（Jennifer Lawrence）和艾玛·沃特森（Emma Watson）等明星被嵌入伪造的色情电影中。用深度伪造技术制作的复仇式色情影片也会对很多人造成很大的伤害。例如，制作了令人难堪或犯罪的虚假镜头后，再制作嵌入了他人形象的假视频对他人进行勒索。深度伪造技术不仅限于制作假视频，还可以冒充声音。2019年，英国一家能源公司的首席执行官成为疑似深度伪造技术演讲骗局的受害人，他在此过程中损失了 22.5 万欧元。他原本以为自己在和母公司的首席执行官对话，便听信了火速转账给匈牙利供货商的谎言。在政治活动中，含虚假陈述的假新闻可将对手置于不利地位。相似的是，政治家也可以否认对自己不利的录音，称这份录音是由深度伪造技术制作。

黄教授（Hwang）等人在 2021 年进行了一项实验，研究了深度伪造技术对造谣的影响，有 316 名韩国成人参与了此项实验。参与者看到了一篇关于脸书首席执行官扎克伯格的假新闻。一组参与者还观看了一个深度伪造技术视频。结果显示，与只发送文本信息相比，在虚假信息中由深度伪造技术制作的视频会明显增加信息的说服力、可信度和人们的分享欲。因此，深度伪造技术似乎确实是一种促进虚假信息宣传的有效工具。研究也表明，读写教育有助于抵挡虚假信息。读写教育会告知学习者虚假信息的定义、展示一些例子和造谣的后果。

深度伪造技术促进了对其他检测假视频方法的探索。濮佳萌（Jiameng Pu）和她的合著者研究了 Youtube 和哔哩哔哩的 1869 个视频数据集上现有的深度伪造技术检测算法（2021 年可用的算法）。他们发现，在这些视频中，没有检出率（F-分数）超过 90% 的方法。水印或区块链可能会进一步帮助验证视频是否真实。正如黄教授的实验证明的一样，读写教育是抵制恶意使用深度伪造技术和恶意演讲的一种重要的非技术手段。或者正如阿尔巴尼大学的吕教授所说："认知也是一种预防形式。"控制深度伪造技术的法规和行为准则也开始出现。例如，2019 年美国通过了一项针对深度伪造技术的联邦法律——政府鼓励研究深度伪造技术检测技术；而得克萨斯州和加利福尼亚州通过的法律，要求禁止在选举活动中出现深度伪造技术视频。

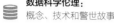
6.5
管理方式

数据科学和数据科学伦理对公司的重要性日益增加，因此公司需要对其进行管理和监督。管理方式包含以下三步：设立伦理监督委员会，制定数据科学伦理政策，以及贯彻做法和流程以落实方针执行。

设立伦理监督委员会

设立一个道德监督委员会，由其负责制定公司希望在所有阶段遵守的伦理原则。有原则的政策应该指导可能出现的伦理问题，如保存什么样的个人数据，保存多长时间（收集阶段），我们是否应该预测怀孕（预处理阶段）；如果有被驳回申请的客户，我们应如何解释（建模阶段）；如何评价我国信用评分模型的公平性（评估阶段）；或者谁有权使用人脸识别软件（部署阶段）？一旦制定了政策，委员会还负责审查和批准或拒绝潜在的数据科学功能，并指导附加工具的使用和培训实践。

委员会成员应富有学识、肯花时间，并得到公司内部的认可。首先，委员会应包括来自所有利益相关者的代表，业务、数据、模型主体（尤其是受负面影响的人）和数据科学家均可。委员会成员的角色、专业背景、性别、文化和年龄越多元化，就越有可能发现潜在问题。其次，高级管理层应参与其中，以确保委员会获得适当的资源和时间，同时展示高级管理层对公司数据科学伦理的责任，以及科学数据伦理对公司的重要性。外部成员和思想领袖可以提供更深层的见解。委员会应该培养一种开放的讨论文化——多角度考虑问题、成员各抒己见，从而选择中庸之道。最后，所有员工都应该乐于向委员会提出潜在问题，如有需要，可以匿名反馈。委员会应该公开汇报委员会成员、选举过程、所作决策，以及他们担任的角色。

脸书的监督委员会（有时称为脸书的最高法院）就是一个例子。据报道，扎克伯格在 2018 年会见了哈佛法学院教授诺亚·费尔德曼（Noah Feldman），费尔德曼提议脸书成立一个监督委员会，于是委员会于 2020 年成立。其中的一些预期目标包括公平、系统透明、独立监督、加强问责制。据说，委员会想正式"通过对重要内容做出有原则的独立决定，并对脸书的内容政策发表政策咨询意见，从而保护言论自由"。因此，用户可以针对内容审核的决定向委员会提出上诉，然后委员会可能会受理案件，并做出独立判断。当然，委员会也要确保其独立性。聘请外界专家作为委员会成员不失为一种方法。2021年脸书监督委员会的成员有一位诺贝尔和平奖得主、记者、各学科的学者和丹麦的前总理。为了进一步确保独立性，委员会成立了一个信托基金，以保障委员会的独立性，并确保其有效运作。此外，据说由委员会做出最终决策。委员会的一份章程阐明了这些责任与脸书的关系，增强了委员会及其所做决定的透明度。委员会调查了一个著名案例，2021 年 1 月 6 日美国国会大厦发生骚乱后，美国前总统特朗普的账户被暂停使用。委员会同意此决定，但提议脸书应重新考虑其永久禁止特朗普使用该平台的决定，而脸书将有 6 个月的时间考虑。

制订方针

这里有一个重要的监管问题——什么才是合乎伦理的。本书与数据科学伦理相关的讨论以一组与数据科学实践相关的重要原则收尾。此类政策可以用于培训为员工提供指导，并为可能会发生的违法行为提供补救措施。我们从有关主题的讨论中提炼出这些原则。这一对话本身就具有巨大的价值，因为它涉及可能会发生的应用和滥用，以及对所有潜在利益相关者的影响。这可能是本书各类讨论、开场故事和警世故事的作用所在。当然，这需要所有利益相关者的信息，还需要伦理监督委员会的推动。监督委员会要秉持的原则可能会因公司行业和规模而异，而且应符合公司的价值观。因此，数据科学实践即在过度和不足之间进行讨论，并在所选的平均值中保持公开透明。2018 年，谷歌公司的首席执行官桑达尔·皮采（Sundar

Pichai）在一篇博客中公开了该公司的人工智能原则。其中第一个（共七个）原则的标题是"有益于社会"，另一个是"纳入隐私设计原则"。皮采在博客中写道，谷歌不会开发对人有伤害性（或可能有伤害性）的技术，以及对人造成伤害的武器。然而，另一组相关的原则是美国计算机协会（ACM）的伦理和专业行为规范中的一点，其中包括避免伤害、可信性、公平和隐私等原则。

实施政策

实施政策的第一要义是让员工了解方针的存在。可以把它们包含在新员工签署的初始政策（类似于信息技术政策）中，以及针对员工的职位和背景定制的建立伦理思维的培训。为确保问责制从理论到实践层面的实行，应采取有效明显的措施。迄今为止，我们讨论的大量数据科学概念和技术，可以为这一点提供灵感。员工应该了解公司采取这些做法的原因，这样他们就不会认为政策只是另一份需要签署的文件。沟通是达到这一效果的关键，沟通形式从公司活动演讲到博客文章均可。同样，需考虑如何与外部利益相关者沟通相关原则和实践，以及他们如何获取所需的反馈（例如对预测的解释）或提供意见。

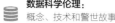
6.6
非预期后果

　　如果一台计算机要找出根除癌症的方法，它在分析了大量数据之后，得出一个数据科学公式——预测哪个国家会杀死地球上的所有人……这是 2016 年博诗曼（Bossmann）在世界经济论坛上提出的一个场景，说明了人工智能带来的非预期后果。尽管这个例子也说明了这一点，但许多其他更现实的场景里，数据科学模型导致的非预期后果通常属于以下类别：数据科学模型的表现与预期不符，如"杀死所有人类"公式所示；对人类产生意想不到的影响，比如某些人遭受（经济上甚至医学上的）间接伤害。

6.6.1　数据科学模型的表现与预期不符

　　第一组数据科学模型的表现与预期不符，通常与其机器人和环境之间相对简单的互动有关，导致复杂、非预期的总体行为状况。

　　人类和自动机器人均在对在线百科全书平台维基百科的文章进行修改。机器人执行相对简单的任务，如拼写检查、执行禁令、创建跨语言链接和识别侵犯版权行为。茨韦特科娃（Tsvetkova）等人调查了 2001 年至 2010 年期间编辑维基百科的机器人的行为。令人惊讶的是，他们发现有些机器人会通过撤销对方的编辑来破坏彼此的工作，最普遍的操作是在维基百科网页上创建和修改不同语言版本的链接。不仅是机器人之间的斗争让人啼笑皆非，更有意思的是，这些斗争会持续多年。

金融界也有此类案例，金融界也在使用算法进行高频交易。据报道，算法交易约占美国股票交易量的 70%。短期的算法交易被称为高频交易，其中（数据科学）模型和算法试图在几微秒内发现股市中的机会。据报道，这些交易模式与公司的根基或命运几乎无关。相关人员正在研究这种高频交易算法的行为与闪电崩溃（股市突然大幅下跌，并在极短的时间内恢复价值）的关系。尽管人们质疑此类算法可能会引发闪电崩溃，但它们可以增强此类非预期事件的影响力。

最后一个案例与推特的种族主义机器人"Tay"有关。Tay 由微软开发，于 2016 年 3 月发布。Tay 旨在与推特上 18 至 24 岁的美国年轻人互动，尝试理解对话。但仅上线 16 小时，Tay 就被关闭了，因为它发布了具有攻击性的、种族主义和性别歧视的推特博文。Tay 的推特简介写着"你说得越多，Tay 就越聪明"，因为它会从互动中学习。微软解释说，Tay 被"投饵人"攻击，他们询问有关种族主义和性别歧视的问题，试图引诱 Tay 说不好的话。即使推特本想利用 Tay 创造积极体验，并对其进行了多次实验，但是这一偶发事件揭示了机器人的脆弱

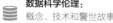
性。Tay 的这一行为令人意想不到。微软也迅速采取了解决措施：发表致歉声明、关闭机器人的功能、删除了恶意推特博文。这则警世故事告诉我们，在设计阶段要考虑对手可能会滥用机器人，并考虑可能出现的冒犯语。微软随后发布了一个新的机器人"Zo"，当谈及宗教和政治等敏感话题时，"Zo"会自动关闭。

6.6.2　对人类的非预期后果：失业？

许多目前由人类完成的任务在未来可能会被智能机器人和数据科学系统代替。它们会带来提高生产力、安全系数甚至是整体收入的积极影响，但是也会导致极具破坏性的消极影响。失业就是严峻问题之一。我们以货运和驾驶业务为例。随着自动驾驶（汽车、卡车、有轨电车和火车）的发展，司机很可能在不久的将来面对失业的困境。2020 年美国总统的候选人杨安泽（Andrew Yang）尤为关注自动化对就业的影响。他在 2019 年《纽约时报》发表了一篇题为《是的，机器人正在偷走你的工作》的评论文章，他说我们面临着一个艰巨的任务——试图激发创业精神和试图创造就业机会来弥补失业。已经有众多讨论此话题的文章，预测未来的本质是一种猜测。但我们可以来看看现在与以往类似的场景有什么不同，哪些工作面临风险，以及解决方案是怎样的。

由于经济引入创新技术而导致人们对失业的担忧的案例

屡见不鲜。以美国为例，2000 年至 2010 年，美国大约流失了 560 万个制造业工作岗位，其中 88% 的流失归因于自动化和生产力的提高。约翰·梅纳德·凯恩斯（John Maynard Keynes）写了一篇相关性很强、耐人寻味的文章（尽管已有近 100 年的历史），文章中说：我们遭到了一种新病症的侵袭——技术性失业。他将其定义为"我们发现了高效利用劳动力的方法，但是我们还未找到劳动力的新用途，这导致了失业"。他指出，创新带来经济发展的同时，也伴随着许多困难："我们遭受的不是老年期的风湿痛，而是超速发展带来的发育期关节痛，以及经济周期之间的调整痛。"甚至更早之前，16 世纪，威廉·李（William Lee）的故事也说明了这一点。他发明了一种针袜机，为了寻求专利保护，他前往伦敦会见伊丽莎白一世（Elizabeth I）女王。但伊丽莎白一世拒绝授予专利，因为她担心这可能会影响手工编织行业："想想这项发明对手工业从业者有什么影响吧。肯定会剥夺他们的工作，给他们造成打击，他们别无他法，只能当乞丐谋生。"人们的第一反应一般是抵制创新物以确保就业。但是历史告诉我们，此类创新势不可当，而且机器完成了当时绝大部分的针织品制作。

历史也表明，创新其实会引发就业净增长。麻省理工学院一项名为"未来的工作"的研究项目为此现象列出了三点原因。第一，在未使用自动化的领域，员工的生产力会提高。比如一个建筑师花更少的时间绘制设计图，而花更多的时间进行创作。第二，生产力的提高会增加整体的经济蛋糕。收入越多，消费能力就越强，也就会产生更多的工作。第三，创新带来了新的就业机会。据估计，2018 年的工作岗位中有 60% 以上是在 1940 年以后创造的，如现代数据科学家的工作。但也有许多新兴的非高科技的工作岗位，如心理健康和健身教练。因此，我们就可以说无须担心失业吗？其实是需要的。因为净增加的工作岗位并不是均匀分布在所有人口群体中，一个人的生活可能会因失业遭到巨大破坏。这次的情况可能会有所不同。让我们首先关注谁将失业。

首当其冲的是受无人驾驶技术冲击的司机行业。试想数以百万的司机听闻了钱德勒市的传闻证据，并且发现他们每天都没有工作，那么社会就会动荡不安。这些司机往往缺乏教育，而且是有语言障碍的移民。麻省理工学院的另一项研究预计，部署自动驾驶汽车不是一蹴而就的事情，它还有装卸和维修等额外工作。这肯定会缓和对数百万受影响的工作岗位的冲击。但是，不只是司机会受失业的影响。一些研究估计了未来十年潜在的失业情况，数字之高，达到 30% ~ 40%（发达国家）。

受到冲击的不仅是专注于日常任务的工作，还包括驾驶和手术等非常规的人工作业，甚至有法律和金融服务，或欺诈

检测等非常规认知作业。2020年，世界经济论坛的一项研究
列出了到2025年预计增长和下降最多的工作岗位，其中前三
名如表6-1所示。与数据科学相关的岗位数量不断增加，数据
录入员则面临最大的风险。2020年，美国就业局发布的一项
相关研究预计，到2029年，美国将（净）增约600万个工作
岗位。他们还根据2019年至2029年的预测对增长和下降的岗
位进行排名（见表6-2），其中，收银员在预计下降幅度最大
的职业中名列前茅。

表6-1 《2020年世界经济论坛未来就业调查》中
增长最多和下降最多的岗位

增长最多	下降最多
数据分析家 & 数据科学家	数据录入员
人工智能和机器学习专家	行政和执行秘书
大数据专家	会计、簿记和薪资文员

表6-2 美国就业局预测的美国2019—2029年
增长最多和下降最多的岗位

增长最多	下降最多
家庭健康和个人护理助手	收银员
快餐和柜台工作人员	秘书和行政助理，法律、医疗和行政人员除外
厨师、餐厅工作人员	各种装配工和制造商

表 6-2 显示，不仅是低收入、低技能人群会面临失业。甚至会出现从中等收入就业向低收入服务就业的转变。这种预期的转变成了趋势：1980 年至 2005 年，在没有大学学历的工人中，从事低技能服务工作的时间增长了 50% 以上。

所以工作岗位会减少，很多工作内容会改变，新的工作岗位也会出现。那我们为什么担忧？首先，如果不积极处理从中等收入岗位向低收入岗位的转变，可能会加剧现有的不平等。

其次，当前情况的特殊之处在于对非常规岗位（例如审核员或放射科医师）的影响。尽管这些工作可能不会彻底消失，但工作内容肯定会消失，他们更多的是成为机器和模型主体（例如患者或被审计的公司）之间的桥梁。鉴于许多人的就业将受到负面影响，专家们一致提出三种解决策略：培训、提供多种形式的全民基本收入，以及学会适应没有工作的自由。

当务之急是重新培训失业工人。未来有用的技能很可能是那些难以进行自动化、只与机器协作的技能，包括应用专业知识、与利益相关者互动、应用情感和社交技能以及创造力等高级认知技能。这种持续性学习不同于学校对学生的培训，企业应该让员工在工作中提升技能。利用新技术影响全球劳动力的科技公司，可能会率先对受影响的员工进行再培训。在 2017 年哈佛大学毕业典礼的演讲中，扎克伯格讨论了这一话题，并提出以下建议："随着技术的不断变化，我们要更多地关注继续教育，活到老，学到老。是的，赋予每个人追求目标的自由，这并非不需要代价。像我这样的人应当为此付费。在你们之中，许多人将来都会做得很好，当然，你们也应该为之付费。"政府也应发挥其重要的作用——提供激励措施（补贴、减税或制订培训计划），以促进员工的再培训和提高员工的技能。

第二个解决方法是提供全民基本收入。这可以有多种形式，成年人的保证收入和失业保险福利均可。由于即将面临失业，有保障的基本收入为失业者重新掌握技能创造了时间，并为其应对技术影响提供了安全缓冲。2020 年的美国总统竞选中，民主党人杨安泽提议，每个成年人每月应有 1000 美元的保障收入。扎克伯格、埃隆·马斯克（Elon Musk）、杰克·多西（Jack Dorsey）和拉里·佩奇（Larry Page）等知名科技企业家都支持类似的想法。由此引发的政治和伦理问题是，谁应该为额外的支出买单：社会上的每个人、主要是富人、使工人失业的创新公司，还是失业者自己？

最后一个办法是乐观地接受机器将取代我们的观点，并学会享受随之而来的失业自由。人工智能的产生能让人们有更多的时间去娱乐，去享受生活。我们不需要很多工作，我们需要的是让人们感到快乐的工作。尽管这个想法可能令人愉快，但对我们大多数人而言，实际上，仅仅作为一名家庭主妇或母亲、艺术家或作家是达到享受生活的程度都是很不容易的。可以说，社会对以上角色的认可程度比不上一名成功的首席执行官或数据科学家。美国前总统奥巴马提出："我们需要做出一些艰难的决策。尽管教师是一项具有高难度的工作（即使是对于计算机而言），但是教师的工资过低。因此，我们需要重新审视自己看重什么，我们愿意付出什么？无论是老师、护士、护工、在家的爸爸妈妈、艺术家，所有现在对我们来说非常有价值但收入不高的角色。这是我们需要着手做的事情。"这与凯恩斯在 1930 年的文章中的观点不谋而合："我们一直都知道如何努力生活，但是不知道如何享受生活。"

总之，数据科学可能对我们的经济和社会产生巨大的积极影响，但由于自动化程度加深，也将对全球劳动力带来严重的消极影响。在此提醒广大读者，你应该意识到你的工作对人们就业的影响，不回避参与有关此问题的讨论。

6.7
本章总结

尽管成功创建并评估了数据科学模型，在部署阶段仍然会出现伦理问题。本章首先提出了谁具有访问系统的权限。在处理个人和敏感数据时，受限访问必不可少，比如医院或银行需要决定谁在什么情况下可以访问什么数据。但是选择限制访问可能会赋权给授予访问权的人，如介绍哪些信息或提供哪些解释。另一个伦理决定是谁有权使用部署系统。有些人可能根本没有使用系统的技术或经济手段，如没有智能手机的老人。当然，这可能是一种有意识的选择。你也可能有意禁止某些人或公司使用，正如人脸识别技术启发的一样。根据有权使用系统的人和被允许使用系统的人之间的区别，可以为不同的人提供不同的版本。

接下来，基于数据科学系统的预测，我们分析了对人们的不同待遇。在旅游行业，差别定价是一种很常见、公认的做法。当根据数据科学模型的预测收取不同价格时，我们再次探讨透明和公平问题：公开差异化出现的过程，确保不歧视敏感群体，并考虑对数据和模型主体隐私的影响。一个值得注意的相关机制是行为修正，正如徐茉莉所说，一个人的行为可能会被助推朝预期方向发展，从而使预测成真。

基于深度学习的深度伪造技术已经被用于制作了无数虚假视频，只是为了无厘头搞笑，这项技术有时也应用于娱乐产业的专业领域。但不幸的是，欺诈行为和色情影片也会利用此项技术。我们可以使用深度伪造技术检测模型解决此类问题，同时让公众了解深度伪造技术的存在及其风险。

在"管理方式"部分中，我们讨论了如何在公司建立数据科学伦理。讨论的三个指导方针包括：建立伦理监督委员会、制定政策、加以实施。最后，数据科学模型产生的非预期后果，可能远远超出对模型主体的直接影响。出于善意而设计的机器人，却掉进了种族主义和性别歧视的陷阱中；随着数据科学和随之而来的自动化的发展，我们的工作面临着巨大挑战，这可能会引发社会问题。这些案例均可以论证模型产生的非预期后果。

第 **7** 章

————

结　论

————

　　数据科学已经对公司和个人产生了巨大的积极影响，正迅速成为所有公司的标准工具（除少数公司外）。但同时，它也会带来严重的、意外的负面影响，让我们付出巨大的代价。无数的警世故事告诉我们，在数据科学技术前沿工作的人必然会面临伦理问题。仅仅出于善意做一件事是不够的，注重伦理还需要经过伦理考量。首先，在数据效用和伦理的重要性之间进行权衡。什么是正确的平衡，什么是合乎伦理的，取决于环境：使用什么数据，如何收集和进行预处理，之后适用于何种应用和建模？需要公开回答这些问题，并公开阐明所选的这个"中庸之道"（亚里士多德）。最后，数据科学伦理平衡标准将最终决定我们采用哪种应对策略。

　　最后，让我们回顾一下数据科学伦理的含义：

　　● **公开讨论数据科学伦理**。不要羞于公开讨论数据的效用。为了避免担心说错话，可以在讨论中指出具体的观点：不管实际意见是什么，有些人会支持数据的效用，而其他人支持隐私和公平。这些讨论应在所选择的平衡点达成共识。讨论总结应该公开报告。显然，由于公司的机密或技术细节不适合向所有人公开，所以对不同的利益相关者可能会有不同的报告。为了训练自己讨论开放的、建设性的问题，本书中的 10 个讨论题均可以作为参考案例。同样，在你的下一份数据科学报告、演示或电子邮件中，不要回避伦理话题，因为这可能会引发新的讨论。从公司层面来看，未来的非财务报告和标准也可能包括数据科学伦理。

● **掌握数据科学伦理并不简单**。我们必须要进行学习，付出大量的时间和精力才行。我们不仅要进行公开讨论，还要了解潜在的问题和概念，并掌握可能相关的现有技术。由于数据科学和数据科学伦理研究领域在迅速发展，因此要保持良好的实践需要付出时间和资源。所以，高级管理层对投资数据科学伦理的承诺和认可，其重要性就显得至关重要。这也是一种温和的对策。涉及数据科学的工作会引发先前不被接受甚至不为人知的伦理问题。从这些警世故事中学习，可以让你成为更明智、更强的数据科学家、经理甚至公民。同样，在用现在的见解判断和讨论历史案例和警世故事时，态度要保持温和。伦理不是一成不变的，会随着时间、地点和应用而变化。注意，你也可能无意中成为未来警世故事的讨论主题。

● **数据科学伦理并非不使用数据**。注重伦理并非不使用数据工作。在这一点上，亚里士多德可以做我们的表率，他曾指出：不足本身就是不道德的。确切地说，我们应该在不足和过度之间找到平衡。仅关注隐私或公平，可以有效地保护某些利益相关者（如数据主体）的权利，但是我们应该在过度和不足之间的平衡点讨论这个问题。

- **数据科学伦理不仅仅是一张清单**。由于对伦理的定义具有动态性和主观性，常规的清单必然无法考虑到某些情况。同样地，由于伦理不断发展，这份清单难以紧随发展，还需要时常更新。当然，在某些情况下，例如为了执行公司的伦理政策，清单是极具价值的。但这需要并行训练和透明的报告，以了解清单背后的概念、原则，以及保持清单更新的流程。指导本书的 FAT 流程框架可以作为构建数据科学伦理的参考方法。

- **数据科学伦理可以创造价值**。数据科学伦理有助于规避某些成本：名誉损失以及随之而来的潜在的法律和经济成本。数据科学伦理也有助于获取价值，例如，我们讨论了解释预测模型或个人预测是如何揭示数据质量问题或潜在的模型偏见的。选择正确的隐私友好型数据收集机制可能会使源自大型样本的数据问世，因此可能会产生更强的数据科学模型。同样，选择一个合适的隐私保护数据挖掘装置，也可以建立更理想的模型。例如，联邦学习便有助于我们使用多个数据源的数据。改进数据科学模型可以带来经济优势，例如更高的效率、更低的成本、更多的利润、更好的客户服务等。当今世界，人们愈发期待公司的行为合乎伦理，合乎伦理的数据科学甚至可以成为一种营销工具，以此吸引消费者或向上销售（指根据既有客户过去的消费喜好提供更高价值的产品或服务，刺激客户做更多的消费）。因此，我们需要让大家看到数据科学伦理的积极性，而不是使之成为为了规避某些成本而必须遵守的卑鄙手段。我们应该展开充满建设性和趣味性的讨论，学习新技术，研究数据科学伦理的概念和技术在公司中的作用，分享数据科学伦理如何改善了客户、员工或整个社会的生活。只有这么做，数据科学伦理才会变得妙趣无穷。

　　数据科学伦理的未来发展一片光明。数据在我们的社会中举足轻重，这是不可逆转的潮流。尽管我们经常面临数据泄露、隐私问题和歧视等问题的争议，但数据科学似乎正在向着正确的方向发展。依我拙见，解决伦理难题的文化和技术手段的发展也如日方中。简单说来，你读过这本书，便是最好的证明。

致　谢

写书的过程如同一场旅行，身边伴有许多至亲好友。感谢大家在我写书时为我提供灵感，给予鼓励。尤为感谢（如有遗漏，还请海涵）迪特·布鲁赫曼斯（Dieter Brughmans）、图恩·卡尔德尔斯（Toon Calders）、塞奥佐罗斯·叶夫根尼欧（Theodoros Evgeniou）、苏菲·戈塔斯（Sofie Goethals）、特拉维斯·格林（Travis Greene）、维纳亚克·贾瓦里（Vinayak Javaly）、拉斐尔·马津·巴尔博萨·德·奥利维拉（Raphael Mazzine Barbosa De Oliveira）、彼得·莱曼（Pieter Leyman）、康斯坦特·马滕斯（Constant Martens）、比约格·梅勒梅斯特（Bjorge Meulemeester）、斯蒂恩·普雷特（Stiene Praet）、亚努拉蒙（Yanou Ramon）、盖丽特·徐茉莉（Galit Shmueli）。还要感谢山姆·平克斯特伦（Sam Pinxteren）在本书第 2 章中提出的身份证件散列法，以及奥利维拉在第 4 章中对可解释的人工智能方法列举的实例。特别感谢普罗沃斯特为此书撰写前言，以及对早期稿件提出的宝贵反馈。我也很感谢牛津大学出版社的凯瑟琳·沃德（Katherine Ward）和查尔斯·巴斯（Charles Bath）在此书出版过程中给我提供的帮助。本书与我在安特卫普大学教授数据科学与伦理学课程时的教学内容相对应。在此特别感谢在课程中参与讨论的学生，他们所讨论的内容也常在本书中列出。

最重要的是，我非常感谢我妻子和两个孩子的支持和关爱。在我开始写本书时，我的大儿子还穿着尿不湿，小儿子甚至还没有出生。你们一直是我的写作灵感。无以言谢，谨以此书献给你们。

——大卫·马滕斯（David Martens）

参考文献

[1] Abalone (22 June 2014). Lessons from NYC's improperly anonymized taxi logs. https://news.ycombinator.com/item?id=7927034. Hacker News, Online, accessed 1 May 2020.

[2] Acar, Abbas, Aksu, Hidayet, Uluagac, A. Selcuk, and Conti, Mauro (2018). A survey on homomorphic encryption schemes: Theory and implementation. *ACM Computing Surveys*, **51**(4), 508–516.

[3] Acemoglu, Daron and Robinson, James A. (2012). *Why Nations Fail: The Origins of Power, Prosperity and Poverty* (1st edn). Crown, New York.

[4] Aggarwal, Charu C. (2005). On k-anonymity and the curse of dimensionality. In *Proceedings of the 31st International Conference on Very Large Data Bases*, VLDB '05, pp. 901–909. VLDB Endowment.

[5] Agrawal, Aditi (12 November 2019). New York regulator orders probe into Goldman Sachs' credit card practices over Apple card and sexism. https://www.medianama.com/2019/11/223-apple-card-sexism-goldman-sachs/. Medianama, Online, accessed 21 January 2021.

[6] Alba, Davey (16 July 2019). A Google VP told the US Senate the company has "terminated" the Chinese search app dragonfly. https://www.buzzfeednews.com/article/daveyalba/google-project-dragonfly-terminated-senate-hearing. Online, accessed 25 May 2021.

[7] Alcine, Jacky (June 29, 2015). Twitter post on Google Photos app. https://twitter.com/jackyalcine/status/615329515909156865. Twitter, Online, accessed May 1, 2020.

[8] Allea (2017). The European Code of Conduct for Research Integrity. https://www.allea.org/wp-content/uploads/2017/05/ALLEA-European-Code-of-Conduct-for-Research-Integrity-2017.pdf. Online, accessed 1 October 2020.

[9] Amatriain, Xavier and Basilico, Justin (6 April 2012). Netflix recommendations: Beyond the 5 stars. https://netflixtechblog.com/netflix-recommendations-beyond-the-5-stars-part-1-55838468f429. Netflix Technology Blog, Online, accessed 1 May 2020.

[10] Anderson, Alan Ross (1951). A note on subjunctive and counterfactual conditionals. *Analysis*, **12**(2), 35–38.

[11] Andrews, Robert, Diederich, Joachim, and Tickle, Alan B. (1995). Survey and critique of techniques for extracting rules from trained artificial neural networks. *Knowledge-Based Systems*, **8**(6), 373–389.

[12] Angwin, Julia, Larson, Jeff, Mattu, Surya, and Kirchne, Lauren (23 May 2016). Machine bias. https://www.propublica.org/article/machine-bias-risk-assessments-in-criminal-sentencing. ProPublica, Online, accessed 21 January 2021.

[13] Angwin, Julia, Larson, Jeff, Mattu, Surya, and Kirchner, Lauren (2016, May). Machine bias. https://medium.com/the-official-integrate-ai-blog/towards-fair-machine-learning-models-acfc6c4f9ee5. Online; accessed 22-03-2019.

[14] Anthony, Lasse F. Wolff, Kanding, Benjamin, and Selvan, Raghavendra (2020). Carbontracker: Tracking and predicting the carbon footprint of training deep learning models arXiv:2007.03051 [cs.CY].

[15] Apple (2020). Apple differential privacy technical overview. https://www.apple.com/privacy/docs/Differential_Privacy_Overview.pdf. Apple, Online, accessed 1 October 2020.

[16] Aral, S. (2020). *The Hype Machine*. HarperCollins Publishers.

[17] Aristotle (2000). *Aristotle: Nicomachean Ethics*. Cambridge Texts in the History of Philosophy. Cambridge University Press.

[18] Arrieta, Alejandro Barredo, Diaz-Rodriguez, Natalia, Ser, Javier Del, Bennetot, Adrien, Tabik, Siham, Barbado, Alberto, Garcia, Salvador, Gil-Lopez, Sergio, Molina, Daniel, Benjamins, Richard, Chatila, Raja, and Herrera, Francisco (2019). Explainable artificial intelligence (XAI): Concepts, taxonomies, opportunities and challenges toward responsible AI.

[19] Article 29 Data Protection Working Party (2010). Opinion 3/2010 on the principle of accountability. Technical Report WP173 00062/10/EN, European Commission.

[20] Article 29 Data Protection Working Party (2014). Opinion 06/2014 on the notion of legitimate interests of the data controller. Technical Report WP217 844/14/EN, European Commission.

[21] Article 29 Data Protection Working Party (2014, April). Opinion 06/2014 on the notion of legitimate interests of the data controller under article 7 of directive 95/46/ec. Technical Report 844/14/EN, European Commission.

[22] Article 29 Data Protection Working Party (2017). Guidelines on automated individual decision-making and profiling for the purposes of regulation 2016/679. Technical Report WP 251 17/EN, European Commission.

[23] Article 29 Data Protection Working Party (2017). Guidelines on automated individual decision-making and profiling for the purposes of regulation 2016/679. Technical Report WP173 00062/10/EN, European Commission.

[24] Aschwanden, Christie (24 November 2015). Not even scientists can easily explain p-values. https://fivethirtyeight.com/features/not-even-scientists-can-easily-explain-p-values/. Online, accessed 25 May 2021.

[25] Austin, Algernon, Bucknor, Cherrie, Cashman, Kevin, and Rockeymoore, Maya (2017). Stick shift: Autonomous vehicles, driving jobs, and the future of work. https://globalpolicysolutions.org/wp-content/uploads/2017/03/Stick-Shift-Autonomous-Vehicles.pdf. Center for Global Policy Solutions, Online, accessed 8 March 2021.

[26] Autor, David, Mindell, Dvid, and Reynolds, Elisabeth (2020). *The Work of the Future: Building Better Jobs in an Age of Intelligent machines*. https://workofthefuture.mit.edu/research-post/the-work-of-the-future-building-better-jobs-in-an-age-of-intelligent-machines/. MIT.

[27] Autor, David H. and Dorn, David (2013, August). The growth of low-skill service jobs and the polarization of the us labor market. *American Economic Review*, **103**(5), 1553–1597.

[28] Awad, Edmond, Dsouza, Sohan, Kim, Richard, Schulz, Jonathan, Henrich, Joseph, Shariff, Azim, Bonnefon, Jean-François, and Rahwan, Iyad (2018, 11). The moral machine experiment. *Nature*, **563**.

[29] Baesens, Bart (2014). *Analytics in a Big Data World: The Essential Guide to Data Science and Its Applications* (1st edn). Wiley Publishing.

[30] Bahajji, Zineb Ait and Illyes, Gary (6 August 2014). HTTPS as a ranking signal. https://webmasters.googleblog.com/2014/08/https-as-ranking-signal.html. Google WebMaster Central Blog, Online, accessed 19 July 2019.

[31] Bake, Monya (2016, May). 1,500 scientists lift the lid on reproducibility. *Nature*, **533**, 452–454.

[32] Bakos, Yannis, Marotta-Wurgler, Florencia, and Trossen, David R. (2009, August). Does Anyone Read the Fine Print? Testing a Law and Economics Approach to Standard Form Contracts. Working Papers 09-04, NET Institute.

[33] Balazs, Kovacs Zoltan (15 April 2019). New Hungarian data protection fines. https://eugdpr.blog.hu/2019/04/15/new_hungarian_data_protection_fines. EU GDPR Blog, Online, accessed 7 March 2019.

[34] Ball, James, Borger, Julian, and Greenwald, Glenn (6 September 2013). Revealed: how US and UK spy agencies defeat internet privacy and security. https://www.theguardian.com/world/2013/sep/05/nsa-gchq-encryption-codes-security. Online, accessed 25 May 2021.

[35] Barbaro, Michael and Jr., Tom Zeller (9 August 2006). Web searchers' identities traced on aol. https://www.nytimes.com/2006/08/09/technology/08cnd-aol.html. New York Times, Online, accessed 1 May 2020.

[36] Barbera, Pablo, Jost, John T., Nagler, Jonathan, Tucker, Joshua A., and Bonneau, Richard (2015). Tweeting from left to right: Is online political communication more than an echo chamber? *Psychological Science*, **26**(10), 1531–1542.

[37] Barkalow, Carol (1990). *In the Men's House*. Poseidon Press.

[38] Barocas, Solon and Nissenbaum, Helen (2014). *Big Data's End Run around Anonymity and Consent*, pp. 44–75. Cambridge University Press.

[39] Barocas, Solon and Selbst, Andrew D. (2016). Big Data's disparate impact. *California Law Review*, **671**.

[40] Barocas, Solon, Selbst, Andrew D., and Raghavan, Manish (2020). The hidden assumptions behind counterfactual explanations and principal reasons. In *Proceedings of the 2020 Conference on Fairness, Accountability, and Transparency*, FAT* '20, New York, NY, USA, pp. 80–89. Association for Computing Machinery.

[41] Barr, Alistair (1 July 2015). Google mistakenly tags black people as 'gorillas,' showing limits of algorithms. https://blogs.wsj.com/digits/2015/07/01/google-mistakenly-tags-black-people-as-gorillas-showing-limits-of-algorithms/. The Wall Street Journal, Online, accessed 1 May 2020.

[42] Bastos, Marcos and Walker, Shawn T. (11 April 2018). Facebook's data lockdown is a disaster for academic researchers. https://theconversation.com/facebooks-data-lockdown-is-a-disaster-for-academic-researchers-94533. The Conversation, Online, accessed 1 May 2020.

[43] BBC (25 May 2018). GDPR: US news sites unavailable to EU users under new rules. https://www.bbc.com/news/world-europe-44248448. BBC Online, accessed 1 October 2020.

[44] BBC News (23 March 2010). China condemns decision by Google to lift censorship. http://news.bbc.co.uk/2/hi/asia-pacific/8582233.stm. BBC News Online, accessed 1 October 2020.

[45] BBC News (5 May 2021). Facebook's Trump ban upheld by oversight board for now. https://www.bbc.com/news/technology-56985583. Online, accessed 25 May 2021.

[46] BBC News—Magazine Monitor (29 July 2014). Okcupid: Who believes compatibility ratings on dating websites? https://www.bbc.com/news/blogs-magazine-monitor-28543248. Online, accessed 25 May 2021.

[47] Beecher, Henry K. (1966). Ethics and clinical research. *New England Journal of Medicine*, **274**(24), 1354–1360.

[48] Begley, C. Glenn and Ellis, Lee M. (2012, March). Drug development: Raise standards for preclinical cancer research. *Nature*, **483**(7391), 531–533.

[49] Begley, Sharon (28 March 2012). In cancer science, many 'discoveries' don't hold up. https://www.reuters.com/article/us-science-cancer-idUSBRE82R12P20120328. Reuters, Online, accessed 1 October 2020.

[50] Belongia, Edward A. and Naleway, Allison L. (2003). Smallpox vaccine: the good, the bad, and the ugly. *Clinical Medicine & Research*, **1**(2), 87–92.

[51] Ben-Sasson, E., Chiesa, A., Garman, C., Green, M., Miers, I., Tromer, E., and Virza, M. (2014). Zerocash: Decentralized anonymous payments from bitcoin. In *2014 IEEE Symposium on Security and Privacy*, pp. 459–474.

[52] Benbunan-Fich, Raquel (2017). The ethics of online research with unsuspecting users: From a/b testing to c/d experimentation. *Research Ethics*, **13**(3-4), 200–218.

[53] Benner, Katie and Lichtblau, Eric (28 March 2016). U.S. says it has unlocked iPhone without Apple. https://www.nytimes.com/2016/03/29/technology/apple-iphone-fbi-justice-department-case.html. Online, accessed 25 May 2021.

[54] Bershidsky, Leonid (7 July 2014). Larry Page's slacker utopia. https://www.bloomberg.com/opinion/articles/2014-07-07/larry-page-s-slacker-utopia. Online, accessed 8 March 2021.

[55] Bestavros, Azer, Lapets, Andrei, and Varia, Mayank (2017, January). User-centric distributed solutions for privacy-preserving analytics. *Commun. ACM*, **60**(2), 37–39.

[56] Bhattacharjee, Yudhijit (28 April 2013). The mind of a con man. https://www.nytimes.com/2013/04/28/magazine/diederik-stapels-audacious-academic-fraud.html. New York Times, Online, accessed 1 October 2020.

[57] Blaze, Matt (15 December 2015). A key under the doormat isn't safe. neither is an encryption backdoor. https://www.washingtonpost.com/news/in-theory/wp/2015/12/15/how-the-nsa-tried-to-build-safe-encryption-but-failed/. The Washington Post, Online, accessed 1 May 2020.

[58] Bogetoft, Peter, Christensen, Dan Lund, Damgård, Ivan, Geisler, Martin, Jakobsen, Thomas, Krøigaard, Mikkel, Nielsen, Janus Dam, Nielsen, Jesper Buus, Nielsen, Kurt, Pagter, Jakob, Schwartzbach, Michael, and Toft, Tomas (2009). *Secure Multiparty Computation Goes Live*, pp. 325–343. Springer-Verlag, Berlin, Heidelberg.

[59] Bolukbasi, Tolga, Chang, Kai-Wei, Zou, James, Saligrama, Venkatesh, and Kalai, Adam (2016). Man is to computer programmer as woman is to homemaker? debiasing word embeddings. In *Proceedings of the 30th International Conference on Neural Information Processing Systems*, NIPS'16, Red Hook, NY, USA, pp. 4356–4364. Curran Associates Inc.

[60] Bossmann, Julia (21 October 2016). Top 9 ethical issues in artificial intelligence. https://www.weforum.org/agenda/2016/10/top-10-ethical-issues-in-artificial-intelligence/. World Economic Forum, Online, accessed 25 May 2021.

[61] Bovens, Mark (2006, 01). Analysing and assessing public accountability. a conceptual framework. *CONNEX and EUROGOV Networks, European Governance Papers (EUROGOV)*.

[62] Bradlow, Eric, Gangwar, Manish, Kopalle, Praveen, and Voleti, Sudhir (2017, 03). The role of big data and predictive analytics in retailing. *Journal of Retailing*, **93**, 79–95.

[63] Brandt, Allan M. (1978). Racism and research: The case of the tuskegee syphilis study. *Hastings Center Report*, **8**(6), 21–29.

[64] Branwen, Gwern (14 August 2019). The neural net tank urban legend. https://www.gwern.net/Tanks. gwern.net. Online, accessed 8 March 2021.

[65] Breiman, Leo (2001). Random forests. *Machine Learning*, **45**(1), 5–32.

[66] Brewster, Thomas (22 January 2017). Forget about backdoors, this is the data whatsapp actually hands to cops. https://www.forbes.com/sites/thomasbrewster/2017/01/22/whatsapp-facebook-backdoor-government-data-request/#34aa039b1030. Forbes, Online, accessed 28 February 2020.

[67] Brey, Philip (2004, 05). Ethical aspects of facial recognition systems in public places. *Journal of Information, Communication and Ethics in Society*, **2**, 97–109.

[68] Brian Fung (28 July 2014). Okcupid reveals it's been lying to some of its users. just to see what'll happen. https://www.washingtonpost.com/news/the-switch/wp/2014/07/28/okcupid-reveals-its-been-lying-to-some-of-its-users-just-to-see-whatll-happen/. Washington Post, Online, accessed 28 October 2019.

[69] Brodkin, Jon (8 December 2009). Facebook halts beacon, gives $9.5m to settle lawsuit. https://www.pcworld.com/article/184029/facebook_halts_beacon_gives_9_5_million_to_settle_lawsuit.html. PC World, Online, accessed 1 June 2020.

[70] Brown, Tom B., Mann, Benjamin, Ryder, Nick, Subbiah, Melanie, Kaplan, Jared, Dhariwal, Prafulla, Neelakantan, Arvind, Shyam, Pranav, Sastry, Girish, Askell, Amanda, Agarwal, Sandhini, Herbert-Voss, Ariel, Krueger, Gretchen, Henighan, Tom, Child, Rewon, Ramesh, Aditya, Ziegler, Daniel M., Wu, Jeffrey, Winter, Clemens, Hesse, Christopher, Chen, Mark, Sigler, Eric, Litwin, Mateusz, Gray, Scott, Chess, Benjamin, Clark, Jack, Berner, Christopher, McCandlish, Sam, Radford, Alec, Sutskever, Ilya, and Amodei, Dario (2020). Language models are few-shot learners. *CoRR*, abs/2005.14165.

[71] Brunton, Finn and Nissenbaum, Helen (2015). *Obfuscation: A User's Guide for Privacy and Protest*. The MIT Press.

[72] Buolamwini, Joy and Gebru, Timnit (2018, 23–24 February). Gender shades: Intersectional accuracy disparities in commercial gender classification. In *Proceedings of the 1st Conference on Fairness, Accountability and Transparency* (ed. S. A. Friedler and C. Wilson), Volume 81 of *Proceedings of Machine Learning Research*, New York, NY, USA, pp. 77–91. PMLR.

[73] Buolamwini, Joy and Gebru, Timnit (2018, 23–24 Feb). Gender shades: Intersectional accuracy disparities in commercial gender classification. Volume 81 of *Proceedings of Machine Learning Research*, New York, NY, USA, pp. 77–91. PMLR.

[74] Bureau of Export Administration (2000, January). Revised U.S. encryption export control regulations. https://epic.org/crypto/export_controls/regs_1_00.html. Electronic Privacy Information Center, Online, accessed 13 September 2019.

[75] BuzzFeedVideo (17 April 2018). You won't believe what Obama says in this video! ;). https://www.youtube.com/watch?v=cQ54GDm1eL0. Online, accessed 8 March 2021.

[76] Calders, Toon and Verwer, Sicco (2010, September). Three naive Bayes approaches for discrimination-free classification. *Data Min. Knowl. Discov.*, **21**(2), 277–292.

[77] Camenisch, Jan, Chaabouni, Rafik, and Shelat, Abhi (2008). Efficient protocols for set membership and range proofs. In *Proceedings of the 14th International Conference on the Theory and Application of Cryptology and Information Security: Advances in Cryptology*, ASIACRYPT '08, Berlin, Heidelberg, pp. 234–252. Springer-Verlag.

[78] Canavan, John E. (2000). *Fundamentals of Network Security*. Artech House.

[79] Candela, Joaquin Quinonero (20 January 2019). Facebook and the Technical University of Munich announce new independent TUM Institute for Ethics

in Artificial Intelligence. https://about.fb.com/news/2019/01/tum-institute-for-ethics-in-ai/. Online, acces-sed 25 May 2021.

[80] CBS News (5 February 2020). Google, Youtube, Venmo and Linkedin send cease-and-desist letters to facial recognition app that helps law enforcement. https://www.cbsnews.com/news/clearview-ai-google-youtube-send-cease-and-desist-letter-to-facial-recognition-app/. CBS News, Online, accessed 1 October 2020.

[81] Cerullo, Megan (July 10, 2020). Universal basic income cause gets a $3 million boost from Jack Dorsey. https://www.cbsnews.com/news/jack-dorsey-twitter-guaranteed-income-programs-3-million-donation/. Online, accessed 8 March 2021.

[82] Chalkias, Kostas (13 September 2017). Demonstrate how zero-knowledge proofs work without using maths. https://www.linkedin.com/pulse/demonstrate-how-zero-knowledge-proofs-work-without-using-chalkias/. Online, accessed 25 May 2021.

[83] Chambers, Chris (1 July 2014). Facebook fiasco: was Cornell's study of 'emotional contagion' an ethics breach? https://www.theguardian.com/science/head-quarters/2014/jul/01/facebook-cornell-study-emotional-contagion-ethics-breach. Online, accessed 25 May 2021.

[84] Chan, Siu On (2016). Advanced topic: Zero-knowledge proofs. https://www.cse.cuhk.edu.hk/~siuon/csci3130-f16/slides/lec24.pdf. Online, accessed 25 May 2021.

[85] Chappell, Andrew (29 April 2019). Danish DPA's recent fine offers insight on GDPR Article 5 enforcement. https://iapp.org/news/a/danish-dpas-recent-fine-offers-guidance-on-article-5/. IAPP, Online, accessed 7 March 2019.

[86] Chen, Daizhuo, Fraiberger, Samuel P., Moakler, Robert, and Provost, Foster J. (2017). Enhancing transparency and control when drawing data-driven inferences about individuals. *Big Data*, 5(3), 197–212.

[87] Chen, Hao, Laine, Kim, and Rindal, Peter (2017, October). Fast private set intersection from homomorphic encryption. In *CCS '17 Proceedings of the 2017 ACM SIGSAC Conference on Computer and Communications Security* (CCS '17 Proceedings of the 2017 ACM SIGSAC Conference on Computer and Communications Security edn), pp. 1243–1255. ACM New York, NY, USA.

[88] Chen, Yen-Liang, Tang, Kwei, Shen, Ren-Jie, and Hu, Ya-Han (2005, August). Market basket analysis in a multiple store environment. *Decis. Support Syst.*, **40**(2), 339–354.

[89] Chipman, Jason, Ferraro, Matthew, and Preston, Stephen (24 December 2019). First federal legislation on deepfakes signed into law. https://www.jdsupra.com/legalnews/first-federal-legislation-on-deepfakes-42346/. Online, accessed 8 March 2021.

[90] Chouldechova, Alexandra (2016, 10). Fair prediction with disparate impact: A study of bias in recidivism prediction instruments. *Big Data*, **5**.

[91] Christoper Mims (4 June 2019). The day when computers can break all encryption is coming. https://www.wsj.com/articles/the-race-to-save-encryption-11559646737. The Wall Street Journal, Online, accessed 1 August 2019.

[92] Cinelli, Matteo, De Francisci Morales, Gianmarco, Galeazzi, Alessandro, Quattrociocchi, Walter, and Starnini, Michele (2021). The echo chamber effect on social media. *Proceedings of the National Academy of Sciences*, **118**(9).

[93] Clifford, Catherine (18 June 2018). Elon Musk: Free cash handouts 'will be necessary' if robots take humans' jobs. https://www.cnbc.com/2018/06/18/elon-musk-automated-jobs-could-make-ubi-cash-handouts-necessary.html. Online, accessed 8 March 2021.

[94] CNN (January 26, 2006). Google to censor itself in China. http://edition.cnn.com/2006/BUSINESS/01/25/google.china/. CNN.com, Online, accessed 1 October 2020.

[95] Constantin, Andres (2018, 12). Human subject research. *Health and Human Rights Journal*, **20**(2), 137–148.

[96] COPE (2018). Editor and reviewers requiring authors to cite their own work. https://publicationethics.org/case/editor-and-reviewers-requiring-authors-cite-their-own-work. Online, accessed 25 May 2021.

[97] Craven, Mark W. and Shavlik, Jude W. (1995). Extracting tree-structured representations of trained networks. In *Proceedings of the 8th International Conference on Neural Information Processing Systems*, NIPS'95, Cambridge, MA, USA, pp. 24–30. MIT Press.

[98] Crawford, Kate (10 May 2013). Think again. https://foreignpolicy.com/2013/05/10/think-again-big-data/. Foreign policyt, Online, accessed 11 November 2019.

[99] Crawford, Kate and Schultz, Jason (2014). Big data and due process: Toward a framework to redress predictive privacy harms. *Boston College Law Review*, **55**(1).

[100] Crook, Jonathan and Banasik, John (2004, 04). Does reject inference really improve the performance of application scoring models? *Journal of Banking & Finance*, **28**, 857–874.

[101] Dalessandro, Brian, Hook, Rod, Perlich, Claudia, and Provost, Foster (2012, 10). Evaluating and optimizing online advertising: Forget the click, but there are good proxies. *Big Data*, **3**.

[102] Dastin, Jeffrey (10 October 2018). Amazon scraps secret AI recruiting tool that showed bias against women. https://www.reuters.com/article/us-amazon-com-jobs-automation-insight/amazon-scraps-secret-ai-recruiting-tool-that-showed-bias-against-women-idUSKCN1MK08G. Reuters, Online, accessed 28 February 2020.

[103] Davenport, Thomas H. and Patil, D. J. (2012, October). Data scientist: The sexiest job of the 21st century. *Harvard Business Review*.

[104] De Cnudde, Sofie, Moeyersoms, Julie, Stankova, Marija, Tobback, Ellen, Javaly, Vinayak, and Martens, David (2019). What does your Facebook profile reveal about your creditworthiness? using alternative data for microfinance. *Journal of the Operational Research Society* (3).

[105] de Fortuny, Enric Junqué and Martens, David (2015). Active learning-based pedagogical rule extraction. *IEEE Trans. Neural Networks Learn. Syst.*, **26**(11), 2664–2677.

[106] de Montjoye, Yves-Alexandre, Hidalgo, Cesar, Verleysen, Michel, and Blondel, Vincent (2013, 03). Unique in the crowd: The privacy bounds of human mobility. *Scientific reports*, **3**, 1376.

[107] Dean Takahashi (14 July 2019). IBM research explains how quantum computing works and why it matters. https://venturebeat.com/2019/07/14/ibm-research-explains-how-quantum-computing-works-and-could-be-the-the-supercomputer-of-the-future/. Venture Beat, Online, accessed 4 August 2019.

[108] Dearden, Lizzie (7 May 2019). Facial recognition wrongly identifies public as potential criminals 96% of time, figures reveal. https://www.independent.co.uk/news/uk/home-news/facial-recognition-london-inaccurate-met-police-trials-a8898946.html. Independent, Online, accessed 1 June 2020.

[109] Dedman, Bill (1 May 1988). Atlanta blacks losing in home loans scramble. http://powerreporting.com/color/color_of_money.pdf. Online, accessed 21 January 2021.

[110] Dedman, Bill (May 2, 1988). Southside treated like banks' stepchild? http://powerreporting.com/color/color_of_money.pdf. Online, accessed 21 January 2021.

[111] Delfs, Hans and Knebl, Helmut (2002). *Introduction to Cryptography: Principles and Applications*. Springer-Verlag, Berlin, Heidelberg.

[112] Devjyot Ghoshal (28 March 2018). Mapped: The breathtaking global reach of cambridge analytica's parent company. https://qz.com/1239762/cambridge-analytica-scandal-all-the-countries-where-scl-elections-claims-to-have-worked/. Quartz, Online, accessed 28 October 2019.

[113] Diamond, Jeremy (20 February 2016). Trump calls for Apple boycott. https://edition.cnn.com/2016/02/19/politics/donald-trump-apple-boycott/index.html. Online, accessed 25 May 2021.

[114] Dickinson, Charles (1859). *A Tale of Two Cities*. Chapman and Hall.

[115] Domingos, Pedro (1999). The role of Occam's Razor in knowledge discovery. *Data Mining and Knowledge Discovery*, **3**, 409–425.

[116] Don Gotterbarn et al. (2018). ACM code of ethics and professional conduct. Online, accessed 8 March 2021.

[117] Drummond, David (12 January 2010). A new approach to China. https://googleblog.blogspot.com/2010/01/new-approach-to-china.html. Google Official Blog, Online, accessed 1 October 2020.

[118] Duhigg, Charles (16 Febuary 2012). How companies learn your secrets. https://www.nytimes.com/2012/02/19/magazine/shopping-habits.html. New York Times, Online, accessed 1 June 2020.

[119] Duman, Sevtap, Kalai, Adam Tauman, Leiserson, Max, Mackey, Lester, and Sursesh, Harini (2017). Gender bias in word embeddings. http://wordbias.umiacs.umd.edu/. This was a result of the Hacking Discrimination hackathon held at Microsoft New England Research & Development (NERD) center on 2 February 2017, Online, accessed 12 January 2021.

[120] DutchNews (8 September 2011). Meat eaters absolved, professor in the dock. https://www.dutchnews.nl/features/2011/09/meat_eaters_absolved_professor/. Online, accessed 1 October 2020.

[121] Dwork, Cynthia, Hardt, Moritz, Pitassi, Toniann, Reingold, Omer, and Zemel, Richard (2012). Fairness through awareness. In *Proceedings of the 3rd Innovations in Theoretical Computer Science Conference*, ITCS '12, New York, NY, USA, pp. 214–226. Association for Computing Machinery.

[122] Dwork, Cynthia, McSherry, Frank, Nissim, Kobbi, and Smith, Adam (2006). Calibrating noise to sensitivity in private data analysis. In *Theory of Cryptography* (ed. S. Halevi and T. Rabin), Berlin, Heidelberg, pp. 265–284. Springer Berlin Heidelberg.

[123] Dwork, Cynthia and Roth, Aaron (2014). The algorithmic foundations of differential privacy. *Foundations and Trends in Theoretical Computer Science*, **9**(3-4), 211–407.

[124] Edmonds, David (2014). *Would You Kill the Fat Man?: The Trolley Problem and What Your Answer Tells Us about Right and Wrong*. Princeton University Press.

[125] Elizabeth Vowell (26 April 2018). Three years later, investigators still search for pregnant mother's killer. https://www.wafb.com/story/38045081/three-years-later-investigators-still-search-for-pregnant-mothers-killer/. WAFB 9, Online, accessed 13 September 2019.

[126] Ellenberg, Jordan (2014). *How Not to Be Wrong: The Power of Mathematical Thinking*. The Penguin Press.

[127] Ellis, James (2010). The history of non-secret encryption. *Cryptologia*, **23**(3), 267–273.

[128] Erlingsson, Úlfar, Pihur, Vasyl, and Korolova, Aleksandra (2014). Rappor: Randomized aggregatable privacy-preserving ordinal response. In *Proceedings of the 2014 ACM SIGSAC Conference on Computer and Communications Security*, CCS '14, New York, NY, USA, pp. 1054–1067. Association for Computing Machinery.

[129] Esteva, Andre, Kuprel, Brett, Novoa, Roberto A., Ko, Justin, Swetter, Susan M., Blau, Helen M., and Thrun, Sebastian (2017, January). Dermatologist-level classification of skin cancer with deep neural networks. *Nature*, **542**, 115–118.

[130] Ethics Commission Automated and Connected Driving (2017). Ethics Commission Automated and Connected Driving.

[131] European Commission (21 April 2021). Europe fit for the digital age: Commission proposes new rules and actions for excellence and trust in artificial intelligence. https://ec.europa.eu/commission/presscorner/detail/en/ip_21_1682. Online, accessed 25 May 2021.

[132] European Court of Human Rights (2010, December). Case of Roman Xakharov v. Russia. Technical Report Application no. 47143/06, European Court of Human Rights.

[133] European Data Protection Board (25 March 2019). The Danish Data Protection Agency proposes a dkk 1,2 million fine for Danish taxi company. https://edpb.europa.eu/news/national-news/2019/danish-data-protection-agency-proposes-dkk-12-million-fine-danish-taxi_en. Online, accessed 25 May 2021.

[134] European Data Protection Board (21 May 2019). First significant fine was imposed for the breaches of the general data protection regulation in lithuania. https://edpb.europa.eu/news/national-news/2019/first-significant-fine-was-imposed-breaches-general-data-protection_lv. Online; accessed 7 March 2019.

[135] Evan Selinger (11 October 2018). Stop saying privacy is dead. https://medium.com/s/story/stop-saying-privacy-is-dead-513dda573071. Medium, Online, accessed 13 September 2019.

[136] Evans, David, Kolesnikov, Vladimir, and Rosulek, Mike (2018). A pragmatic introduction to secure multi-party computation. *Foundations and Trends in Privacy and Security*, **2**(2-3), 70–246.

[137] Facebook (31 March 2019). Why am I seeing this? we have an answer for you. https://about.fb.com/news/2019/03/why-am-i-seeing-this/. Online, accessed 25 May 2021.

[138] Facebook AI (31 March 2021). How we're using fairness flow to help build ai that works better for everyone. https://ai.facebook.com/blog/how-were-using-fairness-flow-to-help-build-ai-that-works-better-for-everyone/. Online, accessed 25 May 2021.

[139] Fazzini, Kate and Kolodny, Lora (29 March 2019). Tesla cars keep more data than you think, including this video of a crash that totaled a model 3. https://www.cnbc.com/2019/03/29/tesla-model-3-keeps-data-like-crash-videos-location-phone-contacts.html. CNBC, Online, accessed 19 July 2019.

[140] Federal Committee on Statistical Methodology (2005). Report on statistical disclosure limitation methodology. Technical Report Statistical Policy Working Papaer 22, Federal Committee on Statistical Methodology.

[141] Federal Trade Commission (July 24, 2019). FTC imposes $5 billion penalty and sweeping new privacy restrictions on Facebook. https://www.ftc.gov/news-

events/press-releases/2019/07/ftc-imposes-5-billion-penalty-sweeping-new-privacy-restrictions. Online, accessed 25 May 2021.

[142] Fernandez-Loria, Carlos, Provost, Foster, and Han, Xintian (2020). Explaining data-driven decisions made by ai systems: The counterfactual approach. arXiv:2001.07417 [cs.LG].

[143] Fifield, Anna (29 August 2019). Jack Ma, once proponent of 12-hour work-days, now foresees 12-hour workweeks. https://www.washingtonpost.com/world/asia_pacific/jack-ma-proponent-of-12-hour-work-days-foresees-12-hour-workweeks/2019/08/29/fd081370-ca2a-11e9-9615-8f1a32962e04_story.html. Online, accessed 8 March 2021.

[144] Finley, Mary Lou (8 February 2016). The Chicago Freedom Movement and the fight for fair lending. https://www.chicagoreporter.com/the-chicago-freedom-movement-and-the-fight-for-fair-lending/. Online, accessed 21 January 2021.

[145] Five Country Ministerial (2018). Statement of principles on access to evidence and encryption. https://www.ag.gov.au/About/CommitteesandCouncils/Documents/joint-statement-principles-access-evidence.pdf. Australian Governernment, Attorney- General's Department, Online, accessed 13 September 2019.

[146] Fortunato, Santo, Bergstrom, Carl T., Börner, Katy, Evans, James A., Helbing, Dirk, Milojević, Staša, Petersen, Alexander M., Radicchi, Filippo, Sinatra, Roberta, Uzzi, Brian, Vespignani, Alessandro, Waltman, Ludo, Wang, Dashun, and Barabási, Albert-László (2018). Science of science. *Science*, **359**(6379).

[147] Fox-Brewster, Tom (September 29, 2014). Londoners give up eldest children in public wi-fi security horror show. https://www.theguardian.com/technology/2014/sep/29/londoners-wi-fi-security-herod-clause. The Guardian, Online, accessed 1 May 2020.

[148] Francis, Enjoli (24 February 2016). Exclusive: Apple CEO Tim Cook says iPhone-cracking software 'equivalent of cancer'. https://abcnews.go.com/Technology/exclusive-apple-ceo-tim-cook-iphone-cracking-software/story?id=37173343. ABC News, Online, accessed 7 October 2019.

[149] Francis, Tracy and Hoefel, Fernanda (2018, November). 'true gen': Generation Z and its implications for companies. Technical report, McKinsey & Company.

[150] Fraser, Colin (4 January 2020). Target didn't figure out a teenager was pregnant before her father did, and that one article that said they did was silly and bad. https://medium.com/@colin.fraser/target-didnt-figure-out-a-teen-girl-was-pregnant-before-her-father-did-a6be13b973a5. Medium, Online, accessed 1 June 2020.

[151] Frey, Carl Benedikt and Osborne, Michael A. (2017). The future of employment: How susceptible are jobs to computerisation? *Technological Forecasting and Social Change*, **114**, 254–280.

[152] Friedler, Sorelle A., Scheidegger, Carlos, Venkatasubramanian, Suresh, Choudhary, Sonam, Hamilton, Evan P., and Roth, Derek (2019). A comparative study of fairness-enhancing interventions in machine learning. In *Proceedings of the Conference on Fairness, Accountability, and Transparency*, FAT* '19, New York, NY, USA, pp. 329–338. Association for Computing Machinery.

[153] Friedman, Jerome H. (1997, January). On bias, variance, 0/1 loss, and the curse-of-dimensionality. *Data Mining & Knowledge Discovery*, **1**(1), 55–77.

[154] Friedman, Jerome H. (2001). Greedy function approximation: A gradient boosting machine. *The Annals of Statistics*.

[155] Fung, Benjamin C. M., Wang, Ke, Chen, Rui, and Yu, Philip S. (2010, June). Privacy-preserving data publishing: A survey of recent developments. *ACM Comput. Surv.*, **42**(4).

[156] Gail Kent (7 May 2018). Hard questions: Why does Facebook enable end-to-end encryption? https://about.fb.com/news/2018/05/end-to-end-encryption/. Facebook Newsroom, Online, accessed 5 October 2019.

[157] Gallagher, Ryan (8 August 2018). Inside Google's effort to develop a censored search engine in China. https://theintercept.com/2018/08/08/google-censorship-china-blacklist/. The Intercept, Online, accessed 1 October 2020.

[158] Gallagher, Ryan (17 December 2018). Google's secret China project "effectively ended" after internal confrontation. https://theintercept.com/2018/12/17/google-china-censored-search-engine-2/. The Intercept, Online, accessed 1 October 2020.

[159] Gallagher, Ryan (9 October 2018). Leaked transcript of private meeting contradicts Google's official story on China. https://theintercept.com/2018/08/08/google-censorship-china-blacklist/. The Intercept, Online, accessed 1 October 2020.

[160] Galloway, Scott (2018). *The Four.* Corgi Books.

[161] Gayo-Avello, Daniel (2012, 04). "I wanted to predict elections with Twitter and all I got was this lousy paper" – a balanced survey on election prediction using Twitter data. arXiv:1204.6441 [cs.CY].

[162] Gelman, Andrew and Loken, Eric (2014, 11). The statistical crisis in science. *American Scientist*, **102**, 460.

[163] Gentry, Craig and Boneh, Dan (2009). *A Fully Homomorphic Encryption Scheme.* Ph.D. thesis, Stanford University.

[164] Gladstone, Joe J., Matz, Sandra C., and Lemaire, Alain (2019). Can psychological traits be inferred from spending? evidence from transaction data. *Psychological Science*, **30**(7), 1087–1096.

[165] Godfrey-Smith, Peter (2003). *Theory and Reality: An Introduction to the Philosophy of Science.* University of Chicago Press Chicago.

[166] Goldman, Megan (2008). Statistics for bioinformatics. https://www.stat.berkeley.edu/~mgoldman/Section0402.pdf. Spring 2008 - Stat C141/ Bioeng C141 - Statistics for Bioinformatics, Online, accessed 8 March 2021.

[167] Goldreich, Oded, Micali, Silvio, and Wigderson, Avi (1991, July). Proofs that yield nothing but their validity or all languages in NP have zero-knowledge proof systems. *J. ACM*, **38**(3), 690–728.

[168] Goldstein, Alex, Kapelner, Adam, Bleich, Justin, and Pitkin, Emil (2015). Peeking inside the black box: Visualizing statistical learning with plots of individual conditional expectation. *Journal of Computational and Graphical Statistics*, **24**(1), 44–65.

[169] Goldwasser, S, Micali, S, and Rackoff, C (1985). The knowledge complexity of interactive proof-systems. In *Proceedings of the Seventeenth Annual ACM Symposium on Theory of Computing*, STOC '85, New York, NY, USA, pp. 291–304. Association for Computing Machinery.

[170] Goldwasser, Shafi, Micali, Silvio, and Rackoff, Charles (1989). The knowledge complexity of interactive proof systems. *SIAM Journal on Computing*, **18**(1), 186–208.

[171] Google. Artificial intelligence at Google: Our principles. https://ai.google/principles. Google, Online, accessed 1 May 2020.

[172] Google (2020). Google mission statement. https://about.google/. Google, Online, accessed 1 October 2020.

[173] Google (2020). Machine learning glossary. https://developers.google.com/machine-learning/glossary/fairness. Google Machine Learning, Online, accessed 1 October 2020.

[174] Google Arts & Culture. Art selfie. https://artsandculture.google.com/camera/selfie. Online, accessed 1 June 2020.

[175] Google Security Blog (30 October 2014). Learning statistics with privacy, aided by the flip of a coin. https://security.googleblog.com/2014/10/learning-statistics-with-privacy-aided.html. Google Security Blog, Online, accessed 1 October 2020.

[176] Graham-Harrison, Emma and Cadwalladr, Carole (17 March 2018). Revealed: 50 million Facebook profiles harvested for Cambridge Analytica in major data breach. https://www.theguardian.com/news/2018/mar/17/cambridge-analytica-facebook-influence-us-election. The Guardian, Online, accessed 7 March 2019.

[177] Greenberg, Andy (13 June 2016). Apple's 'differential privacy' is about collecting your data but not your data. https://www.wired.com/2016/06/apples-differential-privacy-collecting-data/. Wired, Online, accessed 1 October 2020.

[178] Greene, Travis, Martens, David and Shmueli, Galit (2021). Barriers for Academic Data Science Research in the New Realm of Behavior Modification by Digital Platforms. Available at SSRN: https://ssrn.com/abstract=3946116

[179] Greengard, Samuel (2019, December). Will deepfakes do deep damage? *Commuications of the ACM*, **63**(1), 17–19.

[180] Greenspan, Jesse (7 May 2015). The rise and fall of smallpox. https://www.history.com/news/the-rise-and-fall-of-smallpox. History, Online, accessed 1 May 2020.

[181] Grierson, Jamie (11 August 2017). Ex-MI5 chief warns against crackdown on encrypted messaging apps. https://www.theguardian.com/technology/2017/aug/11/ex-mi5-chief-warns-against-crackdown-encrypted-messaging-apps. The Guardian, Online, accessed 1 May 2020.

[182] Grossman, Lev (15 December 2020). Person of the year 2010: Mark zuckerberg. http://content.time.com/time/specials/packages/article/0,28804,2036683_2037183_2037185,00.html. Online, accessed 25 May 2021.

[183] Guardian staff (14 September 2014). Russia's eavesdropping on phone calls examined by Strasbourg Court. https://www.theguardian.com/world/2014/sep/24/strasbourg-court-human-rights-russia-eavesdropping-texts-emails-fsb-. The Guardian, Online, accessed 4 August 2019.

[184] Guidotti, Riccardo, Monreale, Anna, Ruggieri, Salvatore, Turini, Franco, Giannotti, Fosca, and Pedreschi, Dino (2018, August). A survey of methods for explaining black box models. *ACM Comput. Surv.*, **51**(5), 93:1–93:42.

[185] Gunsalus, C.K. and Robinson, Aaron D. (2018). Nine pitfalls of research misconduct. *Nature*, **557**, 297–299.

[186] Hafner, Katie (23 August 2006). Researchers yearn to use aol logs, but they hesitate. https://www.nytimes.com/2006/08/23/technology/23search.html. New York Times, Online, accessed 1 May 2020.

[187] Hafner, Katie and Richtel, Matt (20 January 2006). Google resists U.S. subpoena of search data. https://www.nytimes.com/2006/01/20/technology/google-resists-us-subpoena-of-search-data.html. New York Times, Online, accessed 1 May 2020.

[188] Hansell, Saul (8 August 2006). AOL removes search data on group of web users. https://www.nytimes.com/2006/08/08/business/media/08aol.html. New York Times, Online, accessed 1 May 2020.

[189] Hardt, Moritz, Price, Eric, Price, Eric, and Srebro, Nati (2016). Equality of opportunity in supervised learning. In *Advances in Neural Information Processing Systems 29* (ed. D. D. Lee, M. Sugiyama, U. V. Luxburg, I. Guyon, and R. Garnett), pp. 3315–3323. Curran Associates, Inc.

[190] Harkness, Jon, Lederer, Susan, and Wikler, Daniel (2001, 02). Laying ethical foundations for clinical research. *Bulletin of the World Health Organization*, **79**(4), 365–366.

[191] Harvard Law Today (27 June 2019). Harvard law professor plays instrumental role in creation of facebook's content oversight board. https://today.law.harvard.edu/harvard-law-professor-plays-instrumental-role-in-creation-of-facebooks-content-oversight-board/. Online, accessed 25 May 2021.

[192] Hashemian, H. M. and Bean, Wendell C. (2011). State-of-the-art predictive maintenance techniques. *IEEE Transactions on Instrumentation and Measurement*, **60**(10), 3480–3492.

[193] Hawes, Michael (5 March 2020). Differential privacy and the 2020 decennial census. https://www2.census.gov/about/policies/2020-03-05-differential-privacy.pdf. U.S. Census Bureau, Online, accessed 1 October 2020.

[194] Hawkins, Andrew J. (9 December 2019). Waymo's driverless car: Ghost-riding in the back seat of a robot taxi. https://www.theverge.com/2019/12/9/21000085/waymo-fully-driverless-car-self-driving-ride-hail-service-phoenix-arizona. The Verge, Online, accessed 8 March 2021.

[195] Head, Morgan L., Holman, Luke, Lanfear, Rob, Kahn, Andrew T., and Jennions, Michael D. (2015). The extent and consequences of p-hacking in science. *PLoS Biology*, **13**(3).

[196] Heath, Alex (25 May 2017). Mark Zuckerberg's big Harvard speech was his most political moment yet. https://www.businessinsider.nl/watch-video-transcript-mark-zuckerberg-harvard-commencement-speech-2017-5. Online, accessed 8 March 2021.

[197] Hee, Lente Van, Baert, Denny, Verheyden, Tim, and Heuvel, Ruben Van Den (10 July 2019). Google employees are eavesdropping, even in your living room, VRT NWS has discovered. https://www.vrt.be/vrtnws/en/2019/07/10/google-employees-are-eavesdropping-even-in-flemish-living-rooms/. VRT NWS, Online, accessed 28 February 2020.

[198] Helen Nissenbaum (1998). Protecting privacy in an information age: The problem of privacy in public. *Law and Philosophy*, **17**, 559–596.

[199] Hern, Alex (10 April 2018). How to check whether Facebook shared your data with Cambridge Analytica. https://www.theguardian.com/technology/2018/apr/10/facebook-notify-users-data-harvested-cambridge-analytica. The Guardian, Online, accessed 7 March 2019.

[200] Hern, Alex (27 June 2014). New York taxi details can be extracted from anonymised data, researchers say. https://www.theguardian.com/technology/2014/jun/27/new-york-taxi-details-anonymised-data-researchers-warn. The Guardian, Online, accessed 1 May 2020.

[201] Hicks, Michael and Devaraj, Srikant (2012, June). the myth and the reality of of manufacturing in America. Technical report, Ball State University.

[202] High-Level Expert Group on Artificial Intelligence (2019). Ethics guidelines for trustworthy AI. Technical report, European Commission.

[203] High-Level Expert Group on Artificial Intelligence (2019). Ethics guidelines for trustworty AI. Technical report, European Commission.

[204] Hill, Austin Bradford (1963). Medical ethics and controlled trials. *British medical journal*, **1**(5337), 1043–1049.

[205] Hill, Haskmir (28 July 2014). Okcupid lied to users about their compatibility as an experiment. https://www.forbes.com/sites/kashmirhill/2014/07/28/okcupid-experiment-compatibility-deception/?sh=5b653ffa77b1. Online, accessed 25 May 2021.

[206] Hill, Kashmir (16 February 2012). How target figured out a teen girl was pregnant before her father did. https://www.forbes.com/sites/kashmirhill/2012/02/16/how-target-figured-out-a-teen-girl-was-pregnant-before-her-father-did/#454c5d536668. Forbes, Online, accessed 1 June 2020.

[207] Hill, Kashmir (18 January 2020). The secretive company that might end privacy as we know it. https://www.nytimes.com/2020/01/18/technology/clearview-privacy-facial-recognition.html. New York Times, Online, October June 1, 2020.

[208] Hill, Kashmir (28 June 2014). Facebook manipulated 689,003 users' emotions for science. https://www.forbes.com/sites/kashmirhill/2014/06/28/facebook-manipulated-689003-users-emotions-for-science/. Online, accessed 25 May 2021.

[209] Hill, Kashmir (5 March 2020). Before clearview became a police tool, it was a secret plaything of the rich. https://www.nytimes.com/2020/03/05/technology/clearview-investors.html. New York Times, Online, accessed 1 October 2020.

[210] Hillier, Amy E. (2003). Redlining and the Homeowners' Loan Corporation. Departmental Papers (City and Regional Planning) 5-1-2003, University of Pennsylvania. Postprint version. Published in *Journal of Urban History* 29(4), 394–420, 2003.

[211] Hopwood, D., Bowe, S., Hornby, T., and Wilcox, N. (2020). Zcash protocol specification. White Paper Version 2020.1.14, Electric Coin Company.

[212] Horizon 2020 Commission Expert Group to advise on specific ethical issues raised by driverless mobility (E03659) (2020). Ethics of connected and automated vehicles: recommendations on road safety, privacy, fairness, explainability and responsibility. https://ec.europa.eu/info/sites/info/files/research_and_innovation/ethics_of_connected_and_automated_vehicles_report.pdf. Publication Office of the European Union: Luxembourg, Online, accessed 21 January 2021.

[213] Hsu, Justin, Gaboardi, Marco, Haeberlen, Andreas, Khanna, Sanjeev, Narayan, Arjun, Pierce, Benjamin C., and Roth, Aaron (2014). Differential privacy: An economic method for choosing epsilon. In *Proceedings of the 2014 IEEE 27th Computer Security Foundations Symposium*, CSF '14, USA, pp. 398–410. IEEE Computer Society.

[214] Hsu, Tiffany (22 April 2020). An ESPN commercial hints at advertising's deepfake future. https://www.nytimes.com/2020/04/22/business/media/espn-kenny-mayne-state-farm-commercial.html. Online, accessed 25 May 2021.

[215] Human Rights Library (1992). All amendments to the united states constitution. http://hrlibrary.umn.edu/education/all_amendments_usconst.htm. Online, accessed 25 May 2021.

[216] Hunt, Elle (24 March 2016). Tay, Microsoft's AI chatbot, gets a crash course in racism from Twitter. https://www.theguardian.com/technology/2016/mar/24/tay-microsofts-ai-chatbot-gets-a-crash-course-in-racism-from-twitter. The Guardina, Online, accessed 1 October 2020.

[217] Huysmans, Johan, Dejaeger, Karel, Mues, Christophe, Vanthienen, Jan, and Baesens, Bart (2011, 04). An empirical evaluation of the comprehensibility of decision table, tree and rule based predictive models. *Decision Support Systems*, **51**, 141–154.

[218] Hvistendahl, Mara (2013). China's publication bazaar. *Science*, **342**(6162), 1035–1039.

[219] Ingram, Davud (5 May 2021). Trump's facebook ban upheld by oversight board. https://www.nbcnews.com/tech/tech-news/trump-s-facebook-ban-upheld-oversight-board-n1266339. Online, accessed 25 May 2021.

[220] Iosifidis, Vasileios and Ntoutsi, Eirini (2019). Adafair: Cumulative fairness adaptive boosting. In *Proceedings of the 28th ACM International Conference on Information and Knowledge Management*, CIKM '19, New York, NY, USA, pp. 781–790. Association for Computing Machinery.

[221] Isaac, Mike (23 April 2017). Uber's C.E.O. plays with fire. https://www.nytimes.com/2017/04/23/technology/travis-kalanick-pushes-uber-and-himself-to-the-precipice.html. New York Times, Online, accessed 1 October 2020.

[222] Iskyan, Kim (2 May 2016). Sell in May and don't come back until November. https://www.businessinsider.com/sell-in-may-dont-come-back-until-november-2016-5. Online, accessed 8 March 2021.

[223] Jackson, Dan (7 July 2017). The Netflix prize: How a $1 million contest changed binge-watching forever. https://www.thrillist.com/entertainment/nation/the-netflix-prize. Thrillist, Online, accessed 1 May 2020.

[224] Jain, Atish, Dedhia, Ronak, and Patil, Abhijit (2015, Nov). Enhancing the security of caesar cipher substitution method using a randomized approach for more secure communication. *International Journal of Computer Applications*, **129**(13), 6–11.

[225] James B. Comey (16 October 2014). Going dark: Are technology, privacy, and public safety on a collision course? https://www.fbi.gov/news/speeches/going-dark-are-technology-privacy-and-public-safety-on-a-collision-course. FBI, Online, accessed 13 September 2019.

[226] Junque de Fortuny, Enric, De Smedt, Tom, Martens, David, and Daelemans, Walter (2014, 03). Evaluating and understanding text-based stock price prediction models. *Information Processing & Management*, **50**, 426–441.

[227] Junqué de Fortuny, Enric, Martens, David, and Provost, Foster (2013). Predictive modeling with big data: is bigger really better? *Big Data*, **1**(4), 215–226.

[228] Junqué de Fortuny, Enric, Stankova, Marija, Moeyersoms, Julie, Minnaert, Bart, Provost, Foster, and Martens, David (2014). Corporate residence fraud detection. In *Proceedings of the 20th ACM SIGKDD international conference on Knowledge discovery and data mining*, pp. 1650–1659. ACM.

[229] Jurafsky, Daniel and Martin, James H. (2000). *Speech and Language Processing: An Introduction to Natural Language Processing, Computational Linguistics and Speech Recognition (Prentice Hall Series in Artificial Intelligence)* (1 edn). Prentice Hall.

[230] Kairouz, Peter, McMahan, H. Brendan, Avent, Brendan, Bellet, Aurélien, Bennis, Mehdi, Bhagoji, Arjun Nitin, Bonawitz, Kallista, Charles, Zachary, Cormode, Graham, Cummings, Rachel, D'Oliveira, Rafael G. L., Eichner, Hubert, Rouayheb, Salim El, Evans, David, Gardner, Josh, Garrett, Zachary, Gascón, Adrià, Ghazi, Badih, Gibbons, Phillip B., Gruteser, Marco, Harchaoui, Zaid, He, Chaoyang, He, Lie, Huo, Zhouyuan, Hutchinson, Ben, Hsu, Justin, Jaggi, Martin, Javidi, Tara, Joshi, Gauri, Khodak, Mikhail, Konečný, Jakub, Korolova, Aleksandra, Koushanfar, Farinaz, Koyejo, Sanmi, Lepoint, Tancrède, Liu, Yang, Mittal, Prateek, Mohri, Mehryar, Nock, Richard, Özgür, Ayfer, Pagh, Rasmus, Raykova, Mariana, Qi, Hang, Ramage, Daniel, Raskar, Ramesh, Song, Dawn, Song, Weikang, Stich, Sebastian U., Sun, Ziteng, Suresh, Ananda Theertha, Tramèr, Florian, Vepakomma, Praneeth,

Wang, Jianyu, Xiong, Li, Xu, Zheng, Yang, Qiang, Yu, Felix X., Yu, Han, and Zhao, Sen (2021). Advances and open problems in federated learning. arXiv:1912.04977 [cs.LG].

[231] Kalai, Gil (2016). The quantum computer puzzle. *Notices of the AMS*, **63**(5), 508–516.

[232] Kamber, Scott A., Malley, Joseph H., and Parisi, David (17 December 2009). Law suit of doe v. neflix. https://www.wired.com/images_blogs/threatlevel/2009/12/doe-v-netflix.pdf. Online, accessed 25 May 2021.

[233] Kamiran, Faisal and Calders, Toon (2012, October). Data preprocessing techniques for classification without discrimination. *Knowl. Inf. Syst.*, **33**(1), 1–33.

[234] Kamiran, Faisal, Calders, Toon, and Pechenizkiy, Mykola (2010). Discrimination aware decision tree learning. In *Proceedings of the 2010 IEEE International Conference on Data Mining*, ICDM '10, USA, pp. 869–874. IEEE Computer Society.

[235] Kamishima, Toshihiro, Akaho, Shotaro, Asoh, Hideki, and Sakuma, Jun (2012). Fairness-aware classifier with prejudice remover regularizer. In *Machine Learning and Knowledge Discovery in Databases – European Conference, ECML PKDD 2012, Bristol, UK, September 24-28, 2012. Proceedings, Part II* (ed. P. A. Flach, T. D. Bie, and N. Cristianini), Volume 7524 of *Lecture Notes in Computer Science*, pp. 35–50. Springer.

[236] Kang, Cecilia (12 July 2019). F.T.C. approves facebook fine of about $5 billion. https://www.nytimes.com/2019/07/12/technology/facebook-ftc-fine.html. Online, accessed 25 May 2021.

[237] Karimi, Amir-Hossein, Barthe, Gilles, Schölkopf, Bernhard, and Valera, Isabel (2021). A survey of algorithmic recourse: definitions, formulations, solutions, and prospects. arXiv:2010.04050 [cs.LG].

[238] Kasperkevic, Jana (1 July 2015). Google says sorry for racist auto-tag in photo app. https://www.theguardian.com/technology/2015/jul/01/google-sorry-racist-auto-tag-photo-app. Online, accessed 25 May 2021.

[239] Kayande, U., De Bruyn, A., Lilien, G. L., Rangaswamy, A., and van Bruggen, G. H. (2009). How incorporating feedback mechanisms in a DSS affects dss evaluations. *Information Systems Research*, **20**, 527–546.

[240] Keynes, John Maynard (1930). Economic possibilities for our grandchildren. In *Essays in Persuasion*, pp. 358–373. Harcourt Brace.

[241] Kleinberg, Jon, Ludwig, Jens, Mullainathan, Sendhil, and Rambachan, Ashesh (2018, May). Algorithmic fairness. *AEA Papers and Proceedings*, **108**, 22–27.

[242] Kleinberg, Jon M., Mullainathan, Sendhil, and Raghavan, Manish (2017). Inherent trade-offs in the fair determination of risk scores. In *8th Innovations in Theoretical Computer Science Conference, ITCS 2017, January 9-11, 2017, Berkeley, CA, USA* (ed. C. H. Papadimitriou), Volume 67 of *LIPIcs*, pp. 43:1–43:23. Schloss Dagstuhl – Leibniz-Zentrum für Informatik.

[243] Kodratoff, Yves (1994). The comprehensibility manifesto. *KDD Nuggets*, **94**(9).

[244] Kofman, Ava and Tobin, Ariana (13 December 2019). Facebook ads can still discriminate against women and older workers, despite a civil rights settlement. https://www.propublica.org/article/facebook-ads-can-still-discriminate-against-women-and-older-workers-despite-a-civil-rights-settlement. Online, accessed 25 May 2021.

[245] Konečný, Jakub, McMahan, H. Brendan, Yu, Felix X., Richtarik, Peter, Suresh, Ananda Theertha, and Bacon, Dave (2016). Federated learning: Strategies for improving communication efficiency. In *NIPS Workshop on Private Multi-Party Machine Learning*.

[246] Kosinski, Michal, Stillwell, David, and Graepel, Thore (2013). Private traits and attributes are predictable from digital records of human behavior. *Proceedings of the National Academy of Sciences*, **110**(15), 5802–5805.

[247] Kramer, Adam D. I., Guillory, Jamie E., and Hancock, Jeffrey T. (2014). Experimental evidence of massive-scale emotional contagion through social networks. *Proceedings of the National Academy of Sciences*, **111**(24), 8788–8790.

[248] Kranzberg, Melvin (1995). Technology and history: 'Kranzberg's laws'. *Bulletin of Science, Technology & Society*, **15**(1), 5–13.

[249] Kravets, David (17 March 2010). Judge approves $9.5 million Facebook 'Beacon' accord. https://www.wired.com/2010/03/facebook-beacon-2/. Wired, Online, accessed 1 June 2020.

[250] Kremp, Matthias (22 November 2018). Knuddle's chat platform must pay a fine after hacking. https://www.spiegel.de/netzwelt/web/knuddels-chat-plattform-muss-nach-hackerangriff-bussgeld-zahlen-a-1239776.html. Spiegel, Online, accessed 19 July 2019.

[251] Kroll, Joshua A. (2018). Data science data governance [AI ethics]. *IEEE Security Privacy*, **16**(6), 61–70.

[252] Krysia Lenzo and Anita Balakrishnan (29 February 2016). Chertoff: Apple's right, the internet has changed. https://www.cnbc.com/2016/02/29/apple-attorney-fbis-request-is-concerning.html. CNBC, Online, accessed 13 September 2019.

[253] Kshetri, Nir (2014). Big data's impact on privacy, security and consumer welfare. *Telecommunications Policy*, **38**(11), 1134–1145.

[254] Kummer, Wiebke (24 October 2018). Portuguese data protection authority imposes 400,000 € fine on hospital. https://www.datenschutz-notizen.de/portuguese-data-protection-authority-imposes-400000-e-fine-on-hospital-4821441/. Datenschutz Notizen, Online, accessed 7 March 2019.

[255] Kursuncu, Ugur, Gaur, Manas, Lokala, Usha, Thirunarayan, Krishnaprasad, Sheth, Amit, and Arpinar, I. Budak (2018). Predictive analysis on twitter: Techniques and applications. arXiv:1806.02377 [cs.SI].

[256] Kusner, Matt J, Loftus, Joshua, Russell, Chris, and Silva, Ricardo (2017). Counterfactual fairness. In *Advances in Neural Information Processing Systems* (ed. I. Guyon, U. V. Luxburg, S. Bengio, H. Wallach, R. Fergus, S. Vishwanathan, and R. Garnett), Volume 30, pp. 4066–4076. Curran Associates, Inc.

[257] Lacoste, Alexandre, Luccioni, Alexandra, Schmidt, Victor, and Dandres, Thomas (2019). Quantifying the carbon emissions of machine learning. arXiv:1910.09700 [cs.CY].

[258] Lagnado, L.M. and Dekel, S.C. (1992). *Children of the Flames: Dr. Josef Mengele and the Untold Story of the Twins of Auschwitz*. Penguin Books.

[259] Lawrence, Chris (11 February 2020). Vestager (EU): "we must ensure transparency with the data that is processed and its use". https://sportsfinding.com/vestager-eu-we-must-ensure-transparency-with-the-data-that-is-processed-and-its-use/17488/. Sportsfinding, Online, accessed 1 June 2020.

[260] Lazzaro, Sage (17 August 2017). Is this soap dispenser racist? controversy as Facebook employee shares video of machine that only responds to white skin. https://www.dailymail.co.uk/sciencetech/article-4800234/Is-soap-dispenser-RACIST.html. Daily Mail, Online, accessed 28 February 2020.

[261] Le Monde (4 November 1999). La vie privée du chef de l'etat et alors ? https://www.lemonde.fr/archives/article/1994/11/04/la-vie-privee-du-chef-de-l-etat-et-alors_3849431_1819218.html. Online, accessed 25 May 2021.

[262] LeCun, Yann, Bengio, Yoshua, and Hinton, Geoffrey (2015). Deep learning. *Nature*, **521**, 436–444.

[263] Lee, Peter (25 March 2016). Learning from tay's introduction. https://blogs.microsoft.com/blog/2016/03/25/learning-tays-introduction/. Official Microsoft Blog, Online, accessed 1 October 2020.

[264] Legal Information Institute. 15 U.S. code § 1691 - scope of prohibition. https://www.law.cornell.edu/uscode/text/15/1691. Cornell Law School, Online, accessed 28 October 2019.

[265] Leonard, John, Mindelle, David, and Stayton, Erik (2020). Autonomous vehicles, mobility, and employment policy: The roads ahead.

[266] Levin, Sam (26 July 2018). Amazon face recognition falsely matches 28 lawmakers with mugshots, ACLU says. https://www.theguardian.com/technology/2018/jul/26/amazon-facial-rekognition-congress-mugshots-aclu. theguardian.com, Online, accessed 1 June 2020.

[267] LfDI Baden-Württemberg (November 22, 2018). LfDI Baden-Württemberg imposes its first fine in Germany according to the GDPR. https://www.baden-wuerttemberg.datenschutz.de/lfdi-baden-wuerttemberg-verhaengt-sein-erstes-bussgeld-in-deutschland-nach-der-ds-gvo/. Online, translated from German, accessed 25 May 2021.

[268] Li, N., Li, T., and Venkatasubramanian, S. (2007). t-closeness: Privacy beyond k-anonymity and l-diversity. In *2007 IEEE 23rd International Conference on Data Engineering*, pp. 106–115.

[269] Liptak, Andrew (23 April 2017). Uber tried to fool Apple and got caught. https://www.theverge.com/2017/4/23/15399438/apple-uber-app-store-fingerprint-program-tim-cook-travis-kalanick. The Verge, Online, accessed 1 October 2020.

[270] Logg, Jennifer M., Minson, Julia A., , and Moore, Don A. (26 October 2018). Do people trust algorithms more than companies realize? https://hbr.org/2018/10/do-people-trust-algorithms-more-than-companies-realize. Online, accessed 25 May 2021.

[271] Lohr, Steve (12 March 2010). Netflix cancels contest after concerns are raised about privacy. https://www.nytimes.com/2010/03/13/technology/13netflix.html. New York Times, Online, accessed 1 May 2020.

[272] Los Angeles Times (9 December 2015). San Bernardino shooting updates. https://www.latimes.com/local/lanow/la-me-ln-san-bernardino-shooting-live-updates-htmlstory.html. Online, accessed 25 May 2021.

[273] Lundberg, Scott M. and Lee, Su-In (2017). A unified approach to interpreting model predictions. In *Proceedings of the 31st International Conference on Neural Information Processing Systems*, NIPS'17, Red Hook, NY, USA, pp. 4768–4777. Curran Associates Inc.

[274] Machanavajjhala, Ashwin, Kifer, Daniel, Gehrke, Johannes, and Venkitasubramaniam, Muthuramakrishnan (2007, March). *l*-diversity: Privacy beyond *k*-anonymity. *ACM Trans. Knowl. Discov. Data*, **1**(1), 3–es.

[275] Madiega, Tambiama (2019). *EU Guidelines on Ethics in Artificial Intelligence: Context and Implementation*. Technical report, European Parliamentary Research Service.

[276] Madry, Aleksander, Makelov, Aleksandar, Schmidt, Ludwig, Tsipras, Dimitris, and Vladu, Adrian (2018). Towards deep learning models resistant to adversarial attacks. In *6th International Conference on Learning Representations, ICLR 2018, Vancouver, BC, Canada, April 30–May 3, 2018, Conference Track Proceedings*. OpenReview.net.

[277] Maimon, Oded and Rokach, Lior (2005, 01). Decomposition methodology for knowledge discovery and data mining. theory and applications. In: Maimon O., Rokach L. (eds) Data Mining and Knowledge Discovery Handbook. Springer, Boston, MA.

[278] Manthorpe, Rowland and Martin, Alexander J. (4 July 2019). 81% of 'suspects' flagged by MET's police facial recognition technology innocent, independent report says. https://news.sky.com/story/met-polices-facial-recognition-tech-has-81-error-rate-independent-report-says-11755941. news.sky.com, Online, accessed 1 June 2020.

[279] Manyika, James, Chui, Michael, Brown, Brad, Bughin, Jacques, Dobbs, Richard, Roxburgh, Charles, and Byers, Angela Hung (2011, June). Big data: The next frontier for innovation, competition, and productivity. Technical report, McKinsey Global Institute.

[280] Manyika, James, Lund, Susan, Chui, Michael, Bughin, Jacques, Woetzel, Jonathan, Batra, Parul, Ko, Ryan, and Sanghvi, Saurabh (2017). Jobs lost, jobs gained: Workforce transitions in a time of automation. Online, accessed 8 March 2021.

[281] Map Happy (16 December 2014). Use a 'fake' location to get cheaper plane tickets. https://www.huffpost.com/entry/use-a-fake-location-to-ge_b_6315424. Online, accessed 8 March 2021.

[282] Maréchal, Nathalie (2017). Networked authoritarianism and the geopolitics of information: Understanding Russian internet policy. *Media and Communication*, **5**(1), 29–41.

[283] Marshall, Aarian (8 December 2018). 32 hours in Chandler, Arizona, the self-driving capital of the world. https://www.wired.com/story/32-hours-chandler-arizona-self-driving-capital/. wired.com, Online, accessed 8 March 2021.

[284] Martens, David (2008, December). Building acceptable classification models for financial engineering applications: Thesis summary. *SIGKDD Explor. Newsl.*, **10**(2), 30–31.

[285] Martens, David, Baesens, Bart, and Van Gestel, Tony (2009). Decompositional rule extraction from support vector machines by active learning. *IEEE Transactions on Knowledge and Data Engineering*, **21**(2), 178–191.

[286] Martens, David, Baesens, Bart, Van Gestel, Tony, and Vanthienen, Jan (2007). Comprehensible credit scoring models using rule extraction from support vector machines. *European Journal of Operational Research*, **183**(3), 1466–1476.

[287] Martens, David and Provost, Foster (2014, March). Explaining data-driven document classifications. *MIS Quarterly*, **38**(1), 73–100.

[288] Martens, David, Vanthienen, Jan, Verbeke, Wouter, and Baesens, Bart (2011). Performance of classification models from a user perspective. *Decision Support Systems*, **51**(4), 782–793.

[289] Martin, Alicia R., Kanai, Masahiro, Kamatani, Yoichiro, Okada, Yukinori, Neale, Benjamin M., and Daly, Mark J. (2019, 4). Clinical use of current polygenic risk scores may exacerbate health disparities. *Nature Genetics*, **51**(4), 584–591.

[290] Martinez, Antonio Garcia (6 November 2019). Are Facebook ads discriminatory? it's complicated. https://www.wired.com/story/are-facebook-ads-discriminatory-its-complicated/. Online, accessed 25 May 2021.

[291] Marwick, Alice and Lewis, Rebecca (2017). *Media Manipulation and Disinformation Online*.

[292] Mattioli, Dana (23 August 2012). On Orbitz, Mac users steered to pricier hotels. https://www.wsj.com/articles/SB10001424052702304458604577488822667325882. Online, accessed 8 March 2021.

[293] Matz, S. C., Kosinski, M., Nave, G., and Stillwell, D. J. (2017). Psychological targeting as an effective approach to digital mass persuasion. *Proceedings of the National Academy of Sciences*, **114**(48), 12714–12719.

[294] McCaskill, Steve (17 March 2018). La liga handed $ 280,000 GDPR fine for 'spying' on fans watching pirated streams. https://www.forbes.com/sites/stevemccaskill/2019/06/12/la-liga-handed-e250000-gdpr-fine-for-spying-on-fans-watching-pirated-streams. Forbes, Online, accessed 7 March 2019.

[295] McMahan, Brendan, Moore, Eider, Ramage, Daniel, Hampson, Seth, and y Arcas, Blaise Aguera (2017, 20–22 April). Communication-Efficient Learning of Deep Networks from Decentralized Data. Volume 54 of *Proceedings of Machine Learning Research*, Fort Lauderdale, FL, USA, pp. 1273–1282. PMLR.

[296] Merali, Zeeya (2015). Quantum 'spookiness' passes toughest test yet. *Nature*, **525**, 14–15.

[297] Merton, Robert K. (1957). Priorities in scientific discovery: A chapter in the sociology of science. *American Sociological Review*, **22**(6), 635–659.

[298] Meyerson, Adam and Williams, Ryan (2004). On the complexity of optimal k-anonymity. In *Proceedings of the Twenty-Third ACM SIGMOD-SIGACT-SIGART Symposium on Principles of Database Systems*, PODS '04, New York, NY, USA, pp. 223–228. Association for Computing Machinery.

[299] Michalski, Ryszard (1983). A theory and methodology of inductive learning. *Artificial Intelligence*, **20**(2), 111–161.

[300] Mikhitarian, Sarah (25 April 2018). Home values remain low in vast majority of formerly redlined neighborhoods. https://www.zillow.com/research/home-values-redlined-areas-19674/. Zillow Research, Online, accessed 21 January 2021.

[301] Miller, A. Ray (1995). The cryptographic mathematics of enigma. *Cryptologia*, **19**(1), 65–80.

[302] Miller, G.A. (1956). The magical number seven, plus or minus two: some limits to our capacity for processing information. *Psychological review*, **63**(2), 81–97.

[303] Milojevic, Stasa (2015). Quantifying the cognitive extent of science. *Journal of Informetrics*, **9**(4), 962–973.

[304] Mislove, Alan, Lehmann, Sune, Ahn, Yong-Yeol, Onnela, Jukka-Pekka, and Rosenquist, (James) (2011, 01). Understanding the demographics of twitter users. Volume 11.

[305] Mitchell, Margaret, Wu, Simone, Zaldivar, Andrew, Barnes, Parker, Vasserman, Lucy, Hutchinson, Ben, Spitzer, Elena, Raji, Inioluwa Deborah, and Gebru, Timnit (2019, Jan). Model cards for model reporting. *Proceedings of the Conference on Fairness, Accountability, and Transparency*.

[306] Moeyersoms, Julie, d'Alessandro, Brian, Provost, Foster, and Martens, David (2016). Explaining classification models built on high-dimensional sparse data.

[307] Molnar, Christoph (2019). *Interpretable Machine Learning.* https://christophm.github.io/interpretable-ml-book/.

[308] Mongelli, Lorena (March 16, 2012). NYPD uses high-tech facial-recognition software to nab barbershop shooting suspect. http://nypost.com/2012/03/16/nypd-uses-high-tech-facial-recognition-software-to-nab-barbershop-shooting-suspect/. New York Post, Online, accessed 1 June 2020.

[309] Monteiro, Ana Menezes (3 January 2019). First GDPR fine in portugal issued against hospital for three violations. https://iapp.org/news/a/first-gdpr-fine-in-portugal-issued-against-hospital-for-three-violations/. IAPP, Online, accessed 7 March 2019.

[310] Morais, Eduardo, Koens, Tommy, van Wijk, Cees, and Koren, Aleksei (2019). A survey on zero knowledge range proofs and applications. *CoRR*, abs/1907.06381.

[311] Mulgan, Richard (2000). 'accountability': An ever-expanding concept? *Public Administration*, **78**(3), 555–573.

[312] Murphy, Hannah (17 May 2021). Facebook's oversight board: an imperfect solution to a complex problem. https://www.ft.com/content/802ae18c-af43-437b-ae70-12a87c838571. Online, accessed 25 May 2021.

[313] Naor, Moni, Naor, Yael, and Reingold, Omer (1999). Applied kid cryptography or how to convince your children you are not cheating. In *In Proc. of Eurocrypt '94*, pp. 1–12.

[314] Narayanan, Arvind and Shmatikov, Vitaly (2006). How to break anonymity of the Netflix prize dataset.

[315] Narayanan, Arvind and Shmatikov, Vitaly (2008). Robust de-anonymization of large sparse datasets. In *Proceedings of the 2008 IEEE Symposium on Security and Privacy*, SP '08, USA, pp. 111–125. IEEE Computer Society.

[316] Narayanan, Arvind and Shmatikov, Vitaly (2010, June). Myths and fallacies of 'personally identifiable information'. *Communications of the ACM*, **53**(6), 24–26.

[317] Narla, Akhila, Kuprel, Brett, Sarin, Kavita, Novoa, Roberto, and Ko, Justin (2018). Automated classification of skin lesions: From pixels to practice. *Journal of Investigative Dermatology*, **138**(10), 2108–2110.

[318] Natarajan, Sridhar and Nasiripour, Shahien (9 November 2019). Viral tweet about apple card leads to goldman sachs probe. https://www.bloomberg.com/news/articles/2019-11-09/viral-tweet-about-apple-card-leads-to-probe-into-goldman-sachs. Bloomberg, Online, accessed 21 January 2021.

[319] NBC News (28 July 2014). Okcupid experiments on users, discovers everyone is shallow. https://www.nbcnews.com/tech/internet/okcupid-experiments-users-discovers-everyone-shallow-n166761. Online, accessed 25 May 2021.

[320] Netflix (2009). Netflix prize – leaderboard. https://netflixprize.com/leaderboard.html. Netflix, Online, accessed May 1, 2020.

[321] Netflix (July, 2009). Contest closed. https://web.archive.org/web/20090728003547/http://www.netflixprize.com/closed. Netflix, Online, accessed 1 May 2020.

[322] News, BBC (17 July 2019). Google's project dragonfly 'terminated' in China. https://www.bbc.com/news/technology-49015516. BBC News, Online, accessed 1 October 2020.

[323] News 18 (9 May 2018). Whatsapp's end-to-end encryption is a powerful tool for security and safety: Facebook. https://www.news18.com/news/tech/whatsapps-end-to-end-encryption-is-a-powerful-tool-for-security-and-safety-facebook-1742309.html. News 18, Online, accessed 28 February 2020.

[324] Niederer, Sabine and van Dijck, José (2010). Wisdom of the crowd or technicity of content? Wikipedia as a sociotechnical system. *New Media & Society*, **12**(8), 1368–1387.

[325] Nielsen, Michael A. and Chuang, Isaac L. (2010). *Quantum Computation and Quantum Information*. Cambridge University Press.

[326] Nietzsche, Friedrich (1886). *Beyond Good and Evil*. Vintage.

[327] Nissenbaum, Helen (2011). A contextual approach to privacy online. *Daedalus*, **140**(4), 32–48.

355

[328] Nissim, Kobbi, Steinke, Thomas, Wood, Alexandra, Altman, Micah, Bembenek, Aaron, Bun, Mark, Gaboardi, Marco, O'Brien, David R., and Vadhan, Salil (2018). Differential privacy: A primer for a non-technical audience. *Privacy Law Scholars Conference 2017*.

[329] NIST (5 August 2015). Nist releases sha-3 cryptographic hash standard. https://www.nist.gov/news-events/news/2015/08/nist-releases-sha-3-cryptographic-hash-standard. National Institute of Standards and Technology (NIST), Online, accessed 19 July 2019.

[330] Nitulescu, Anca (2020). zk-snarks: A gentle introduction. Technical report.

[331] Noll, Michael G. (7 August 2006). AOL research publishes 650,000 user queries. https://www.michael-noll.com/blog/2006/08/07/aol-research-publishes-500k-user-queries/. Blog Michael G. Noll, Online, accessed 1 May 2020.

[332] NPR (2 March 2015). Ben Franklin's famous 'liberty, safety' quote lost its context in 21st century. https://www.npr.org/2015/03/02/390245038/ben-franklins-famous-liberty-safety-quote-lost-its-context-in-21st-century. NPR, Online, accessed 28 February 2020.

[333] O'Connor, Joseph (11 July 2018). Websites not available in the European Union after GDPR. https://data.verifiedjoseph.com/dataset/websites-not-available-eu-gdpr. Online, accessed 1 October 2020.

[334] Official Journal of the European Union (1996). Directive 96/9/ec of the European Parliament and of the council of 11 March 1996 on the legal protection of databases. Technical report, European Parliament and Council.

[335] Official Journal of the European Union (2016). Regulation (EU) 2016/679 of the European Parliament and of the Council of 27 April 2016 on the protection of natural persons with regard to the processing of personal data and on the free movement of such data, and repealing directive 95/46/ec (General Data Protection Regulation). Technical report, European Parliament and Council.

[336] O'Flaherty, Kate (14 December 2018). The worst passwords of 2018 show the need for better practices. https://www.forbes.com/sites/kateoflahertyuk/2018/12/14/these-are-the-top-20-worst-passwords-of-2018. Forbes, Online, accessed 19 July 2019.

[337] Ohlheiser, Abby (25 March 2016). Trolls turned Tay, Microsoft's fun millennial AI bot, into a genocidal maniac. https://www.washingtonpost.com/news/the-intersect/wp/2016/03/24/the-internet-turned-tay-microsofts-fun-millennial-ai-bot-into-a-genocidal-maniac/. Online, accessed 25 May 2021.

[338] Ohm, Paul (2010, 08). Broken promises of privacy: Responding to the surprising failure of anonymization. *UCLA Law Review*, **57**, 1701–1777.

[339] Oversight Board (2021). Introduction – oversight board. https://oversightboard.com/governance/. Online, accessed 25 May 2021.

[340] Oversight Board (2021). Members – oversight board. https://oversightboard.com/governance/. Online, accessed 25 May 2021.

[341] Oversight Border (September, 2019). Oversight board charter. https://about.fb.com/wp-content/uploads/2019/09/oversight_board_charter.pdf. Online, accessed 30 November 2021.

[342] Panzarino, Matthew (14 March 2019). Apple ad focuses on iPhone's most marketable feature — privacy. https://techcrunch.com/2019/03/14/apple-ad-focuses-on-iphones-most-marketable-feature-privacy. Tech Crunch, Online, accessed 28 October 2019.

[343] Pardes, Arielle (24 May 2018). What is GDPR and why should you care? https://www.wired.com/story/how-gdpr-affects-you/. Wired, Online, accessed 28 October 2019.

[344] Penguin Press – Jordan Ellenberg (14 July 2016). Abraham wald and the missing bullet holes. https://medium.com/@penguinpress/an-excerpt-from-how-not-to-be-wrong-by-jordan-ellenberg-664e708cfc3d. medium.com, Online, accessed 7 October 2019.

[345] Perneger, Thomas V (1998). What's wrong with bonferroni adjustments. *BMJ*, **316**(7139), 1236–1238.

[346] Pernot-Leplay, Emmanuel (2020). China's approach on data privacy law: A third way between the U.S. and the EU? *Penn State Journal of Law & International Affairs*, **8**(1).

[347] Pesenti, Jerome (2 November 2021). An Update on our Use of Face Recognition. https://about.fb.com/news/2021/11/update-on-use-of-face-recognition/. Online, accessed 25 November 2021.

[348] Peteranderl, Sonja (1 January 2019). DSGVO fines 'mistakes are now expensive'. https://www.spiegel.de/netzwelt/netzpolitik/dsgvo-strafen-fehler-werden-jetzt-teuer-a-1249443.html. Spiegel, Online, accessed 19 July 2019.

[349] Pew Research Center (12 June 2019). Mobile fact sheet. https://www.pewresearch.org/internet/fact-sheet/mobile/. Pew Research, Online, accessed 11 November 2019.

[350] Pichai, Sundar (7 June 2018). AI at Google: our principles. https://www.blog.google/technology/ai/ai-principles/. Online, accessed 8 March 2021.

[351] Pogge, J. (1992, 01). Reinvestment in Chicago neighborhoods: A twenty-year struggle. In *From Redlining to Reinvestment* (ed. G. Squires), pp. 133–148. Temple University Press.

[352] Poirier, Ian (2012). High-frequency trading and the flash crash: Structural weaknesses in the securities markets and proposed regulatory responses. *Hastings Business Law Journal*, **8**(2).

[353] Poitras, Laura and Greenwald, Glenn (9 June 2013). NSA whistleblower Edward Snowden: 'I don't want to live in a society that does these sort of things' – video. https://www.theguardian.com/world/video/2013/jun/09/nsa-whistleblower-edward-snowden-interview-video. The Guardian US, Online, accessed 28 February 2020.

[354] Porter, Jon (6 February 2020). Facebook and Linkedin are latest to demand clearview stop scraping images for facial recognition tech. https://www.theverge.com/2020/2/6/21126063/facebook-clearview-ai-image-scraping-facial-recognition-database-terms-of-service-twitter-youtube. theverge.com, Online, accessed 1 October 2020.

[355] Powell, Betsy (13 April 2020). How Toronto police used controversial facial recognition technology to solve the senseless murder of an innocent man. https://www.thestar.com/news/gta/2020/04/13/how-toronto-police-used-controversial-facial-recognition-technology-to-solve-the-senseless-murder-of-an-innocent-man.html. The Star, Online, accessed 1 June 2020.

[356] Praet, Stiene, Aelst, Peter Van, and Martens, David (2018). I like, therefore I am: predictive modeling to gain insights in political preference in a multi-party system. Research Report 2018-014, University of Antwerp, Faculty of Applied Economics.

[357] Praet, Stiene and Martens, David (2020). Efficient parcel delivery by predicting customers' locations. *Decision Science*, **51**(5), 1202–1231.

[358] Preter, Wim De (29 May 2019). Burgemeester beboet voor misbruik per-soonsgegevens in campagne. https://www.tijd.be/politiek-economie/belgie/verkiezingen/burgemeester-beboet-voor-misbruik-persoonsgegevens-in-campagne/10131666.html. De Tijd, Online, accessed 7 March 2019.

[359] Price, Rob (24 March 2016). Microsoft is deleting its ai chatbot's incredibly racist tweets. https://www.businessinsider.com/microsoft-deletes-racist-genocidal-tweets-from-ai-chatbot-tay-2016-3. Online, accessed 25 May 2021.

[360] Prinz, Florian, Schlange, Thomas, and Asadullah, Khusru (2011, September). Believe it or not: how much can we rely on published data on potential drug targets? *Nature Reviews Drug Discovery*, **10**(9), 712–712.

[361] Profis, Sharon (22 May 2014). Do wristband heart trackers actually work? a checkup. https://www.cnet.com/news/how-accurate-are-wristband-heart-rate-monitors/. cnet, Online, accessed 28 February 2020.

[362] Provost, Foster, Dalessandro, Brian, Hook, Rod, Zhang, Xiaohan, and Murray, Alan (2009). Audience selection for on-line brand advertising: privacy-friendly social network targeting. In *Proceedings of the 15th ACM SIGKDD International Conference on Knowledge Discovery and Data Mining*, pp. 707–716. ACM.

[363] Provost, Foster and Fawcett, Tom (2013). Data science and its relationship to big data and data-driven decision making. *Big Data*, **1**(1).

[364] Provost, Foster and Fawcett, Tom (2013). *Data Science for Business: What You Need to Know about Data Mining and Data-Analytic Thinking* (1st edn). O'Reilly Media, Inc.

[365] Provost, Foster, Martens, David, and Murray, Alan (2015). Finding similar mobile consumers with a privacy-friendly geo-social design. *Information Systems Research*, **26**(2), 243–472.

[366] Pu, Jiameng, Mangaokar, Neal, Kelly, Lauren, Bhattacharya, Parantapa, Sundaram, Kavya, Javed, Mobin, Wang, Bolun, and Viswanath, Bimal (2021). Deepfake videos in the wild: Analysis and detection.

[367] Pulitzer Prize Board (1989). 1989 Pulitzer Prizes – journalism. https://www.pulitzer.org/prize-winners-by-year/1989. Online, accessed 21 January 2021.

[368] Quill (11 April 2011). Gone but not forgotten: Ethics guidelines from phil record. https://www.quillmag.com/2011/04/05/gone-but-not-forgotten-ethics-guidelines-from-phil-record/. Online, accessed 25 May 2021.

[369] Raab, Charles (2012, 01). *The Meaning of "Accountability" in the Information Privacy Context*, pp. 15–32.

[370] Ramon, Yanou, Martens, David, Evgeniou, Theodoros, and Praet, Stiene (2021). Can metafeatures help improve explanations of prediction models when using behavioral and textual data? *Machine Learning*, **163**.

[371] Randazzo, Ryan (11 December 2018). A slashed tire, a pointed gun, bullies on the road: Why do waymo self-driving vans get so much hate? https://eu.azcentral.com/story/money/business/tech/2018/12/11/waymo-self-driving-vehicles-face-harassment-road-rage-phoenix-area/2198220002/. Online, accessed 8 March 2021.

[372] Reddit (2021). Deep cage. https://www.reddit.com/r/deepcage/. Online, accessed 25 May 2021.

[373] Ribeiro, Marco Tulio, Singh, Sameer, and Guestrin, Carlos (2016). 'Why should I trust you?': Explaining the predictions of any classifier. In *Proceedings of the 22nd ACM SIGKDD International Conference on Knowledge Discovery and Data Mining*, KDD '16, New York, NY, USA, pp. 1135–1144. ACM.

[374] Richards, Neil (2015). *Intellectual Privacy: Rethinking Civil Liberties in the Digital Age*. Oxford University Press.

[375] Ripley, Brian D. and Hjort, N. L. (1995). *Pattern Recognition and Neural Networks* (1st edn). Cambridge University Press, New York, NY, USA.

[376] Rivest, R. L., Adleman, L., and Dertouzos, M. L. (1978). On data banks and privacy homomorphisms. *Foundations of Secure Computation, Academia Press*, 169–179.

[377] Rivest, Ronald L., Shamir, Adi, and Adleman, Leonard M. (1983, September). Cryptographic communications system and method. Technical Report US Patent number 4.405.829.

[378] Robert K. Nelson, LaDale Winling, Richard Marciano Nathan Connolly et al. (2021). Mapping inequality. https://dsl.richmond.edu/panorama/redlining/#loc=11/40.794/-74.143&city=manhattan-ny. Online, accessed 21 January 2021.

[379] Romero, Simon (31 December 2018). Wielding rocks and knives, arizonans attack self-driving cars. https://www.nytimes.com/2018/12/31/us/waymo-self-driving-cars-arizona-attacks.html. New York Times, Online, accessed 8 March 2021.

[380] Rosenberg, Matthew, Confessore, Nicholas, and Cadwalladr, Carole (17 March 2018). How Trump consultants exploited the Facebook data of millions. https://www.nytimes.com/2018/03/17/us/politics/cambridge-analytica-trump-campaign.html. Online; accessed 7 March 2019.

[381] Sabine Hossenfelder (2 August 2019). Quantum supremacy is coming. it won't change the world. https://www.theguardian.com/technology/2019/aug/02/quantum-supremacy-computers. The Guardian, Online, accessed 4 August 2019.

[382] Samarati, Pierangela and Sweeney, Latanya (1998). Protecting privacy when disclosing information: k-anonymity and its enforcement through generalization and suppression. Technical report.

[383] Samek, Wojciech, Montavon, Gregoire, Lapuschkin, Sebastian, Anders, Christopher J., and Muller, Klaus-Robert (2021, March). Explaining deep neural networks and beyond: A review of methods and applications. *Proceedings of the IEEE*, **109**(3), 247–278.

[384] Sander, David E. and Chen, Brian X. (26 September 2014). Signaling post-Snowden era, new iPhone locks out N.S.A. https://www.nytimes.com/2014/09/27/technology/iphone-locks-out-the-nsa-signaling-a-post-snowden-era-.html. New York Times, Online, accessed 28 October 2019.

[385] Sandler, Mark, Howard, Andrew, Zhu, Menglong, Zhmoginov, Andrey, and Chen, Liang-Chieh (2018, June). Mobilenetv2: Inverted residuals and linear bottlenecks. In *Proceedings of the IEEE Conference on Computer Vision and Pattern Recognition (CVPR)*.

[386] Sanger, David E. and Chen, Brian X. (27 September 2014). Signaling post-snowden era, new iphone locks out nsa. https://www.nytimes.com/2014/09/27/technology/iphone-locks-out-the-nsa-signaling-a-post-snowden-era-.html. New York Times, Online, accessed 1 May 2020.

[387] Sanger, David E. and Frenkel, Sheera (4 September 2018). 'Five eyes' nations quietly demand government access to encrypted data. https://www.nytimes.com/2018/09/04/us/politics/government-access-encrypted-data.html. New York Times, Online, accessed 28 February 2020.

[388] Schmidt, Ulf, Frewer, Andreas, and Sprumont, Dominique (2020). *Ethical Research: The Declaration of Helsinki, and the Past, Present and Future of Human Experimentation*. Oxford University Press.

[389] Schor, Peter (1994). Algorithms for quantum computation: Discrete logarithms and factoring. In *Proceedings of the 35th Annual Symposium on the Foundations of Computer Science*, pp. 124–134. IEEE Computer Society.

[390] Schwab, Klaus and Zahidi, Saadia (2020). The future of jobs report 2020. http://www3.weforum.org/docs/WEF_Future_of_Jobs_2020.pdf. Online, accessed 8 March 2021.

[391] Schwartz, Oscar (25 November 2019). In 2016, Microsoft's racist chatbot revealed the dangers of online conversation. https://spectrum.ieee.org/tech-talk/artificial-intelligence/machine-learning/in-2016-microsofts-racist-chatbot-revealed-the-dangers-of-online-conversation. Online, accessed 25 May 2021.

[392] Scoot Galloway (25 February 2016). Scott Galloway on Apple vs FBI: Sorry not sorry. https://www.l2inc.com/daily-insights/scott-galloway-on-apple-vs-fbi-sorry-not-sorry. Gartner L2, Online, accessed 13 September 2019.

[393] Shearer, Colin (2000). The Crisp-DM model: The new blueprint for data mining. *Journal of Data Warehousing*, 5(4).

[394] Sheehan, Matt (19 December 2018). How Google took on China and lost. https://www.technologyreview.com/2018/12/19/138307/how-google-took-on-china-and-lost/. MIT Technology Review, Online, accessed 1 October 2020.

[395] Shmueli, Galit (2010). To explain or to predict? *Statistical Science*, **25**(3), 289–310.

[396] Shmueli, Galit (2017). Research dilemmas with behavioral big data. *Big Data*, 5(2), 98–119.

[397] Shmueli, Galit (2020). 'Improving' prediction of human behavior using behavior modification.

[398] Shmueli, Galit, Bruce, Peter C., and Patel, Nitin R. (2016). *Data Mining for Business Analytics: Concepts, Techniques, and Applications with XLMiner* (3rd edn). Wiley Publishing.

[399] Sigh, Simon (2000). *The Code Book: The Science of Secrecy from Ancient Egypt to Quantum Cryptography*. Anchor.

[400] Simon, Phil (March, 2014). Potholes and big data: Crowdsourcing our way to better government. https://www.wired.com/insights/2014/03/potholes-big-data-crowdsourcing-way-better-government/. Wired, Online, accessed 11 November 2019.

[401] Simonite, Tom (10 July 2019). Who's listening when you talk to your google assistant? https://www.wired.com/story/whos-listening-talk-google-assistant/. Wired, Online, accessed 28 February 2020.

[402] Simonite, Tom (1 November 2018). When it comes to gorillas, Google Photos remains blind. https://www.wired.com/story/when-it-comes-to-gorillas-google-photos-remains-blind/. Wired, Online, accessed 1 May 2020.

[403] Singer, Natasha (17 May 2014). Never forgetting a face. https://www.nytimes.com/2014/05/18/technology/never-forgetting-a-face.html. New York Times, Online, accessed 1 June 2020.

[404] Smith, Alexander (23 November 2015). #brussellock cat tweets go viral during terrorism raids. https://www.nbcnews.com/storyline/paris-terror-attacks/brusselslockdown-cat-tweets-go-viral-during-terrorism-raids-n468021. NBC News, Online, accessed 28 February 2020.

[405] Smith, Elise and Master, Zubin (2014, 12). *Ethical Practice of Research Involving Humans*, pp. 1–11.

[406] Snow, Jacob (26 July 2018). Amazon's face recognition falsely matched 28 members of Congress with mugshots. https://www.aclu.org/blog/privacy-technology/surveil-

lance-technologies/amazons-face-recognition-falsely-matched-28. ACLU, Online, accessed 1 June 2020.

[407] Snowden, Edward (21 May 2015). Just days left to kill mass surveillance under section 215 of the patriot act. https://www.reddit.com/r/IAmA/comments/36ru89/just_days_left_to_kill_mass_surveillance_under/crglgh2/. Reddit, Online, accessed 1 May 2020.

[408] Social Security Administration (2011). Social security number randomization. https://www.ssa.gov/employer/randomization.html. Online, accessed 25 May 2021.

[409] Sokol, Kacper and Flach, Peter (2020, Jan). Explainability fact sheets. *Proceedings of the 2020 Conference on Fairness, Accountability, and Transparency.*

[410] South, Jeff (7 August 2018). More than 1,000 U.S. news sites are still unavailable in europe, two months after GDPR took effect. https://www.niemanlab.org/2018/08/more-than-1000-u-s-news-sites-are-still-unavailable-in-europe-two-months-after-gdpr-took-effect/. Nieman Lab, Online, accessed 1 October 2020.

[411] Sprenger, Polly (26 January 1999). Sun on privacy: 'get over it'. https://www.wired.com/1999/01/sun-on-privacy-get-over-it/. Online, accessed 25 May 2021.

[412] Stanford Encyclopedia of Philosophy (15 June 2018). Aristotle's ethics. https://plato.stanford.edu/entries/aristotle-ethics/. Online, accessed 8 March 2021.

[413] Stapel, Diederik (2012). *Ontsporing.* Prometheus.

[414] Statt, Nick and Vincent, James (7 June 2018). Google pledges not to develop ai weapons, but says it will still work with the military. https://www.theverge.com/2018/6/7/17439310/google-ai-ethics-principles-warfare-weapons-military-project-maven. The Verge, Online, accessed 1 May 2020.

[415] Stefan Wojcik and Adam Hughes (24 April 2019). Sizing up twitter users. https://www.pewinternet.org/2019/04/24/sizing-up-twitter-users/. Pew Research, Online, accessed 10 October 2019.

[416] Strubell, Emma, Ganesh, Ananya, and McCallum, Andrew (2019). Energy and policy considerations for deep learning in NLP. *CoRR*, abs/1906.02243.

[417] Subrahmanyam, Avanidhar (2013). Algorithmic trading, the flash crash, and coordinated circuit breakers. *Borsa Istanbul Review*, **13**(3), 4–9.

[418] Suciu, Peter (11 December 2020). Deepfake star wars videos portent ways the technology could be employed for good and bad. https://www.forbes.com/sites/petersuciu/2020/12/11/deepfake-star-wars-videos-portent-ways-the-technology-could-be-employed-for-good-and-bad/?sh=1339b1176437. Online, accessed 25 May 2021.

[419] Supp, Catherine (30 August 2019). Fraudsters used ai to mimic ceo's voice in unusual cybercrime case. https://www.wsj.com/articles/fraudsters-use-ai-to-mimic-ceos-voice-in-unusual-cybercrime-case-11567157402. Online, accessed 8 March 2021.

[420] Sweeney, Latanya (1997). Datafly: A system for providing anonymity in medical data. In *Proceedings of the IFIP TC11 WG11.3 Eleventh International Conference on Database Security XI: Status and Prospects*, GBR, pp. 356–381. Chapman & Hall, Ltd.

[421] Sweeney, Latanya (1997). Weaving technology and policy together to maintain confidentiality. *The Journal of Law, Medicine & Ethics*, **25**(2-3), 98–110.

[422] Sweeney, Latanya (2000). Simple demographics often identify people uniquely.

[423] Tan, Pang-Ning, Steinbach, Michael, and Kumar, Vipin (2005, May). *Introduction to Data Mining.* Addison Wesley.

[424] Tanfani, Joseph (27 March 2018). Race to unlock San Bernardino shooter's iPhone was delayed by poor FBI communication, report finds. https://www.latimes.com/

politics/la-na-pol-fbi-iphone-san-bernardino-20180327-story.html. Los Angeles Times, Online, accessed 28 February 2020.

[425] Terjesen, Siri (5 May 2021). Why Facebook created its own 'Supreme Court' for judging content – 6 questions answered. https://theconversation.com/why-facebook-created-its-own-supreme-court-for-judging-content-6-questions-answered-160349. Online, accessed 25 May 2021.

[426] The New York Times (10 April 2018). Mark Zuckerberg testimony: Senators question Facebook's commitment to privacy. https://www.nytimes.com/2018/04/10/us/politics/mark-zuckerberg-testimony.html. Online, accessed 25 May 2021.

[427] The Retraction Watch Database (2020). Retractions of Diederik A. Stapel. http://retractiondatabase.org/RetractionSearch.aspx?AspxAutoDetectCookieSupport=1#?AspxAutoDetectCookieSupport%3d1%26auth%3dStapel%252c%2bDiederik%2bA. Online, accessed 1 October 2020.

[428] The World Bank (2020). Individuals using the internet (% of population) - united states, china. https://data.worldbank.org/indicator/IT.NET.USER.ZS?locations=US-CN. The World Bank, Online, accessed October 1, 2020.

[429] The World Bank (2020). Population, total – United States, China. https://data.worldbank.org/indicator/SP.POP.TOTL?locations=US-CN. The World Bank, Online, accessed 1 October 2020.

[430] Thomas, S.B. and Quinn, S.C. (1991). Public health then and now: The Tuskegee Syphilis Study, 1932 to 1972: Implications for HIV education and AIDS risk education programs in the black community. *American Journal of Public Health*, **81**(11), 1498–1504.

[431] Thomson, Judith Jarvis (1976). Killing, letting die, and the trolley problem. *The Monist*, **59**(2), 204–217.

[432] Tobback, Ellen and Martens, David (2019, 05). Retail credit scoring using fine-grained payment data. *Journal of the Royal Statistical Society: Series A (Statistics in Society)*, **182**.

[433] Tom Lauricella, Kara Scannell and Strasburg, Jenny (2 October 2010). How a trading algorithm went awry. https://www.wsj.com/articles/SB10001424052748704029304575526390131916792. Online, accessed 25 May 2021.

[434] Tranquillus, Gaius Suetonius (121). *About the Life of the Caesars.*

[435] Tressler, Colleen (27 August 2018). Selling your car? clear your personal data first. https://www.consumer.ftc.gov/blog/2018/08/selling-your-car-clear-your-personal-data-first. Federal Trade Commission – Consumer Information, Online, accessed 19 July 2019.

[436] Tsvetkova, M., García-Gavilanes, Ruth, Floridi, L., and Yasseri, T. (2017). Even good bots fight: The case of wikipedia. *PLoS ONE*, **12**(2).

[437] United States Census Bureau (2019). Chanlder City, Arizona. https://www.census.gov/quickfacts/chandlercityarizona. Online, accessed 8 March 2021.

[438] Univers Redactie (31 October 2011). Het leven van diederik stapel, een overzicht. https://universonline.nl/nieuws/2011/10/31/het-leven-van-diederik-stapel-een-overzicht/. Online, accessed 25 May 2021.

[439] U.S. Bureau of Labor Statistics (2019). Cashiers. https://www.bls.gov/ooh/sales/cashiers.htm. Online, accessed 8 March 2021.

[440] U.S. Bureau of Labor Statistics (2019). Employment projections: Occupations with the largest job declines. https://www.bls.gov/emp/tables/occupations-largest-job-declines.htm. Online, accessed 8 March 2021.

[441] U.S. Bureau of Labor Statistics (2019). Employment projections: Occupations with the largest job growth. https://www.bls.gov/emp/tables/occupations-most-job-growth.htm. Online, accessed 8 March 2021.

[442] U.S. Bureau of Labor Statistics (2020). Employment projections: 2019-2029 summary. https://www.bls.gov/news.release/ecopro.nr0.htm. Online, accessed 8 March 2021.

[443] U.S. Census. U.s. census. https://www.census.gov/programs-surveys/decennial-census/2020-census/about.htmlhttps://www.census.gov/programs-surveys/economic-census/guidance/data-uses.html. U.S. Census Bureau, Online, accessed 1 October 2020.

[444] U.S. Department of Justice (21 December 2017). The fair housing act. https://www.justice.gov/crt/fair-housing-act-1. Online, accessed 25 May 2021.

[445] Valentino-DeVries, Jennifer, Singer, Natasha, Keller, Michael H., and Krolik, Aaron (10 December 2018). Your apps know where you were last night, and they're not keeping it secret. https://www.nytimes.com/interactive/2018/12/10/business/location-data-privacy-apps.html. New York Times, Online, accessed 1 May 2020.

[446] Van Gestel, Tony and Baesens, Bart (2009). *Credit Risk Management: Basic Concepts: Financial Risk Components, Rating Analysis, Models, Economic and Regulatory Capital*. Oxford University Press.

[447] Vanhoeyveld, Jellis, Martens, David, and Peeters, Bruno (2020). Customs fraud detection. *Pattern Analysis and Applications*, **23**(3), 1457–1477.

[448] Varian, Hal R. (1997). Versioning information goods. https://www-inst.cs.berkeley.edu/~eecsba1/sp97/reports/eecsba1b/Final/version.pdf. Research Report.

[449] Verfaellie, Mieke and McGwin, Jenna (December 2011). The case of Diederik Stapel. MiekeVerfaellieandJennaMcGwin. American Psychological Association, Online, accessed October 1, 2020.

[450] Verma, Sahil and Rubin, Julia (2018). Fairness definitions explained. In *Proceedings of the International Workshop on Software Fairness*, FairWare '18, New York, NY, USA, pp. 1–7. Association for Computing Machinery.

[451] Vermeire, Tom and Martens, David (2020). Explainable image classification with evidence counterfactual. Technical Report 2004.07511, arxiv.

[452] Vincent, James (5 March 2021). Tom Cruise deepfake creator says public shouldn't be worried about 'one-click fakes'. https://www.theverge.com/2021/3/5/22314980/tom-cruise-deepfake-tiktok-videos-ai-impersonator-chris-ume-miles-fisher. Online, accessed 25 May 2021.

[453] Voeller, John G. (2010). *Wiley Handbook of Science and Technology for Homeland Security, 4 Volume Set*. John Wiley & Sons Inc.

[454] Strumbelj, Erik and Kononenko, Igor (2014, December). Explaining prediction models and individual predictions with feature contributions. *Knowl. Inf. Syst.*, **41**(3), 647–665.

[455] Wachter, S., Mittelstadt, B., and Russell, C. (2021). Bias preservation in machine learning: the legality of fairness metrics under EU non-discrimination law. West Virginia Law Review.

[456] WAFB (2 May 2016). 'Brittney Mills Act' fails to pass in LA. House Committee. https://www.wafb.com/story/31866353/brittney-mills-act-fails-to-pass-in-la-house-committee/. WAFB, Online, accessed 11 November 2019.

[457] Wagner, Claudia, Garcia, David, Jadidi, Mohsen, and Strohmaier, Markus (2015). It's a man's wikipedia? assessing gender inequality in an online encyclopedia. in The

International AAAI Conference on Web and Social Media (ICWSM2015), Oxford, May 2015.

[458] Warner, Stanley L. (1965). Randomized response: A survey technique for eliminating evasive answer bias. *Journal of the American Statistical Association*, **60**(309), 63–69.

[459] Washington Post Staff (15 December 2015). Transcript: CNN undercard GOP debate. https://www.washingtonpost.com/news/post-politics/wp/2015/12/15/transcript-cnn-undercard-gop-debate/. CNN, Online, accessed 13 September 2019.

[460] Weindling, Paul (2001). The origins of informed consent: The international scientific commission on medical war crimes, and the nuremberg code. *Bulletin of the History of Medicine*, **75**(1), 37–71.

[461] Weindling, Paul (2004). *Nazi Medicine and the Nuremberg Trials: From Medical War Crimes to Informed Consent / by Paul Julian Weindling*. Palgrave Macmillan, Houndmills, Basingstoke, Hampshire; New York.

[462] Wheeler, Nicole (1 August 2019). Publication bias is shaping our perceptions of AI. https://towardsdatascience.com/is-the-medias-reluctance-to-admit-ai-s-weaknesses-putting-us-at-risk-c355728e9028. Towards Data Science, Online, accessed 8 March 2021.

[463] Wikipedia. List of the most common passwords. https://en.wikipedia.org/wiki/List_of_the_most_common_passwords. Wikipedia, Online, accessed 19 July 2019.

[464] Wikipedia. Martin Handford. https://en.wikipedia.org/wiki/Martin_Handford. Wikipedia, Online, accessed 1 October 2020.

[465] Wikipedia (2021). Women's suffrage. https://en.wikipedia.org/wiki/Women%27s_suffrage. Online, accessed 8 March 2021.

[466] Wong, Chris (18 March 2014). FOILing NYC's Taxi Trip Data. https://chriswhong.com/open-data/foil_nyc_taxi/. Online, accessed 1 May 2020.

[467] Wood, Alexandra, Altman, Micah, Bembenek, Aaron, Bun, Mark, Gaboardi, Marco, Honaker, James, Nissim, Kobbi, OBrien, David R., Steinke, Thomas, and Vadhan, Salil (2018). Differential privacy: A primer for a non-technical audience. *Vanderbilt Journal of Entertainment & Technology Law*, **21**(1), 209–275.

[468] Wood, Molly (28 July 2014). Ok cupid plays with love in user experiments. https://www.nytimes.com/2014/07/29/technology/okcupid-publishes-findings-of-user-experiments.html. New York Times, Online, accessed 28 October 2019.

[469] Woodward, John D. (2001). *Super Bowl Surveillance: Facing Up to Biometrics*. RAND Corporation, Santa Monica, CA.

[470] World Health Association (1964). Declaration of Helsinki – Ethical principles for medical research involving human subjects. https://www.wma.net/policies-post/wma-declaration-of-helsinki-ethical-principles-for-medical-research-involving-human-subjects/. Online, accessed 28 February 2020.

[471] Wozniak, Steve (10 November 2019). Tweet. https://twitter.com/stevewoz/status/1193330241478901760. Twitter, Online, accessed 21 January 2021.

[472] Yang, Andrew (14 November 2019). Yes, robots are stealing your job. https://www.nytimes.com/2019/11/14/opinion/andrew-yang-jobs.html. Online, accessed 8 March 2021.

[473] Yao, Andrew C. (1982). Protocols for secure computations. In *Proceedings of the 23rd Annual Symposium on Foundations of Computer Science*, SFCS '82, USA, pp. 160–164. IEEE Computer Society.

[474] Yin, Juan, Cao, Yuan, Li, Yu-Huai, Liao, Sheng-Kai, Zhang, Liang, Ren, Ji-Gang, Cai, Wen-Qi, Liu, Wei-Yue, Li, Bo, Dai, Hui, Li, Guang-Bing, Lu, Qi-Ming, Gong, Yun-Hong, Xu, Yu, Li, Shuang-Lin, Li, Feng-Zhi, Yin, Ya-Yun, Jiang, Zi-Qing, Li, Ming, Jia, Jian-Jun, Ren, Ge, He, Dong, Zhou, Yi-Lin, Zhang, Xiao-Xiang, Wang, Na, Chang, Xiang, Zhu, Zhen-Cai, Liu, Nai-Le, Chen, Yu-Ao, Lu, Chao-Yang, Shu, Rong, Peng, Cheng-Zhi, Wang, Jian-Yu, and Pan, Jian-Wei (2017). Satellite-based entanglement distribution over 1200 kilometers. *Science*, **356**(6343), 1140–1144.

[475] Yoori Hwang, Ji Youn Ryu and Jeong, Se-Hoon (2021). Effects of disinformation using deepfake: The protective effect of media literacy education. *Cyberpsychology, Behavior, and Social Networking*, **24**(3), 188–193.

[476] Zach Epstein (25 February 2016). San Bernandino iPhone interview Tim Cook. https://bgr.com/2016/02/25/san-bernardino-iphone-interview-tim-cook/. BGR, Online, accessed 7 October 2019.

[477] Zafar, Muhammad Bilal, Valera, Isabel, Gomez Rodriguez, Manuel, and Gummadi, Krishna P. (2017). Fairness beyond disparate treatment and disparate impact: Learning classification without disparate mistreatment. WWW '17, Republic and Canton of Geneva, CHE, pp. 1171–1180. International World Wide Web Conferences Steering Committee.

[478] Zeller, Tom Jr. (22 August 2006). AOL executive quits after posting of search data – technology – International Herald Tribune. https://www.nytimes.com/2006/08/22/technology/22iht-aol.2558731.html. New York Times, Online, accessed 1 May 2020.

[479] Zemel, Rich, Wu, Yu, Swersky, Kevin, Pitassi, Toni, and Dwork, Cynthia (2013, 17–19 June). Learning fair representations. Volume 28 of *Proceedings of Machine Learning Research*, Atlanta, Georgia, USA, pp. 325–333. PMLR.

[480] Zhang, Brian Hu, Lemoine, Blake, and Mitchell, Margaret (2018). Mitigating unwanted biases with adversarial learning. In *Proceedings of the 2018 AAAI/ACM Conference on AI, Ethics, and Society*, AIES '18, New York, NY, USA, pp. 335–340. Association for Computing Machinery.

[481] Zuboff, Shoshana (2018). *The Age of Surveillance Capitalism: The Fight for a Human Future at the New Frontier of Power* (1st edn).

[482] Zuckerberg, Mark (5 May 2021). A blueprint for content governance and enforcement. https://www.facebook.com/notes/751449002072082/. Online, accessed 25 May 2021.